摄于 2016 年 8 月

1983 年于波兰获得菲尔兹奖（相当于诺贝尔奖）

Calabi(左一), 丘成桐, 刘克峰 (右一) 在哈佛大学纪念陈省身几何学会议上

2017 年 6 月，丘成桐先生荣获加拿大阿尔伯塔大学荣誉博士学位时致辞

摄于 2018 年 12 月

Truth and Beauty

Shing-Tung Yau's
View of Mathematics

真与美
丘成桐的数学观

丘成桐　著

by
Shing-Tung Yau

江苏凤凰文艺出版社
JIANGSU PHOENIX LITERATURE AND
ART PUBLISHING

从古到今，数学家都是为了找寻真理，找寻美的境界而努力不懈。

——丘成桐

谨以此书纪念

父亲丘镇英教授 110 周年诞辰

（1912—2022）

母亲梁若琳女士 100 周年诞辰

（1921—2021）

目录

真兮，无问西东

美矣，万古心胸

善哉，天地立心

序

两年前，钟秀斌先生来清华大学静斋找我，送我一本他与人合著的清华大学故校长梅贻琦的传记。我不是清华的学生，但先师陈省身先生却是清华大学数学系第一位研究生。1991年我访问新竹"台湾清华大学"时，携家人在校园散步，路过梅校长最后长眠的梅园时，我总会想起梅校长在昆明西南联大树立起的学风。昔人已逝，懿范犹存。在钟先生的书中可以看到梅校长的处事为人。

去年钟先生向我建议，搜集我从前在各地演讲的讲稿，编成一册，书名叫作《真与美》。"真与美"这名字不错，这是我一生追求的目标，于是我答应了钟先生的建议。一直以来，很多出版商都曾作过类似要求，但是他们大都是希望出版我一些语出惊人的文章，借此哗众取宠，增加销量。也有些人在没有经过我的同意下，将我十多二十年前的旧文在网上广传。由于没有署明出处和时间，这些重印的文章极容易引起读者的误会。毕竟时移世异，当年的环境和现在的迥异，当年的评论可能已经不适合今天的情况了。

本书收集的文章，有的是演讲，由不同的听众记录下来。我发觉口语和文字的表述有时并不一致，录音转成文字时，往往有所差异。钟先生做了不少编辑工作，使文章更为完善，但是小瑕难免，读者阅读时务必小心。

今年是父亲一百一十年的冥辰，去年是母亲一百年的冥辰。钟先生指出这是出版这本书最合适的一年，我完全同意。

父兮生我，母兮鞠我。抚我畜我，长我育我，顾我复我，出入腹我。欲报之德，昊天罔极！

我已年过七十，回顾一生，父母于我，岂止抚育之恩？我倘无父亲，不会知道学海的无涯，不会欣赏中外古今哲人的智慧，更不会立志成为一流的学者。我若无母亲，无以成人，无以致刚强，无以至今日。希望这本书的文章能够表达父母养育教诲之恩。

王阳明课龙场诸生说："某于道未有所得，其学卤莽耳，谬为诸生相从于此。每终夜以思，恶且未免，况于过乎？"五十年来，我和学生在一起时，每每会想起王阳明这些话。一代大贤，尚且自省自谦如此，况我幼失怙恃，未得父亲真传，我的文章必有缺漏贻笑大方之处，在所难免。

然而，求真求美确是我深信不疑的人生目标。六十多年来，我一直坚持这个原则，正如屈原所说："亦余心之所善兮，虽九死其犹未悔。"夙夜梦回，抚心自问，纯是一片赤诚，为民族为科学而已，却不为人所容。1996年杨乐教授和我在中国科学院创立晨兴数学中心。我在开幕典礼的演讲中说：为了中国年轻数学家的成长，我愿意付出心力，不求名利，看着年轻人茁壮成长，热切追求真理，便足够了。"苟余行之不迷，虽颠沛其何伤!"

父亲去世差不多六十年，母亲去世也三十多年了，没有好好去扫墓，心有所愧。然而回首前尘，总算是不辱先人了。

谨以此书献给父母，以慰他们在天之灵!

丘成桐

2022 年 7 月

绪言　数学中的真与美 [1]

> 在我看来，罗丹教导我们的，何止是艺术！他每一句话都可用在科研的创新上，我们用真挚纯朴的感情去找寻大自然的美丽、大自然的真实。

从古到今，无论是科技、数学或人文科学，内容愈来愈丰富，分支也愈来愈多。考其原因，一方面是由于工具愈来愈多，能够发现不同现象的能力也比以前大得多；另一方面全世界的人口大量增长，不同种族、不同宗教、不同习俗的人在互相交流后，不同观点的学问得到融会贯通，迸出火花，从而产生新的学问。

数学之为学，有其独特之处，它本身是寻求自然界真相的一

1　本文系作者 2020 年 11 月 30 日上午在深圳中学的演讲内容，是在《数理与人文》（简体中文版原载于《数学与人文》丛书第 17 辑《数学的艺术》，高等教育出版社，2015 年）和《数学和中国文学的比较》（原载《丘成桐诗文集》，岳麓书社，2011 年 9 月）两文基础上综合改编而成。刊于同日《数理人文》微信公众号。收入本书，略有修改。——编者注

门科学。但数学家也如文学家般天马行空，凭爱好而创作，故此数学可谓是人文科学和自然科学的桥梁。

数学家研究大自然所提供的一切素材，寻找它们共同的规律，并用数学的方法表达出来。这里所说的大自然比一般人所了解的来得广泛。

我们认为，数字、几何图形和各种有意义的规律，都是自然界的一部分。我们希望用简洁的数学语言，将这些自然现象的本质表现出来。

数学是一门公理化的科学，所有命题必须由三段论证的逻辑方法推导出来，但这只是数学的形式，而不是数学的精髓。大部分数学著作枯燥乏味，而有些却令人叹为观止，其中的区别在哪里呢？

牛顿

（注：内文照片均来自广东蕉岭丘成桐国际会议中心，后不赘述）

大略言之，数学家以其对大自然感受的深刻程度，来决定研究的方向。这种感受既有其客观性，也有其主观性，后者则取决于个人的气质。气质与文化修养有关，无论是选择悬而未决的难题，或者创造新的方向，文化修养皆起着关键性的作用。文化修养是以数学的功夫为基础，自然科学为辅，但是深厚的人文知识也极为要紧。因为人文知识也致力于描述心灵对大自然的感受，所以司马迁写《史记》除了"通古今之变"外，也要"究天人之际"。

高斯

历代的大数学家如阿基米德、牛顿，莫不以自然为宗，见物象而思数学之所出，即有微积分的创作。费马和欧拉对变分法的开创性发明也是由于探索自然界的现象而引起的。

近代几何学的创始人高斯[1]认为几何和物理不可分。他说："我越来越确信几何的必然性无法被验证，至少现在无法被人类或为了人类而验证，我们或许能在未来领悟到那无法知晓的空间的本质。我们无法把几何和纯粹是先验的算术归为一类，几何和力学却不可分割。"

20 世纪几何学的发展，则因物理学上重要的突破而屡次改变其航道。当狄拉克[2]把狭义相对论用到量子化的电子运动理论时，发现了狄拉克方程，以后的发展连狄拉克本人也叹为观止，认为他的方程比他的想象来得美妙，这个方程在近代几何的发展中起着关键性的作用。

我们对旋子的描述缺乏直观的几何感觉，但它出于自然，自然界赋予几何的威力可说是无微不至的。

广义相对论提出了场方程，它的几何结构成为几何学家梦寐以求的对象，因为它能赋予空间一个调和而完美的结构。我研究这种几何结构垂三十年，时而迷惘，时而兴奋，自觉同《诗经》《楚辞》的作者，或晋朝的陶渊明一样，与大自然浑然一体，自

---

1 约翰・卡尔・弗里德里希・高斯（Johann Carl Friedrich Gauss，1777—1855），德国著名数学家、物理学家、天文学家，享有"数学王子"的美誉。发现正十七边形的尺规作图法，导出二项式定理的一般形式，画出世界上第一张地球磁场图，定出地球磁南极和磁北极的位置，发明磁强计。——编者注

2 保罗・狄拉克（Paul Adrien Maurice Dirac，1902—1984），英国理论物理学家，量子力学的奠基者之一，对量子电动力学早期的发展做出重要贡献。他给出的狄拉克方程可以描述费米子的物理行为，并预测了反物质的存在。1933 年，和埃尔温・薛定谔共同获得了诺贝尔物理学奖。代表作《量子力学原理》。——编者注

得其趣。

捕捉大自然的真和美，实远胜于一切人为的造作，正如《文心雕龙》说的："云霞雕色，有逾画工之妙。草木贲华，无待锦匠之奇，夫岂外饰，盖自然耳。"

狄拉克

在空间上是否存在满足引力场方程的几何结构是一个极为重要的物理问题，它也逐渐地变成几何中伟大的问题。尽管其他几何学家都不相信它存在，我却锲而不舍、不分昼夜地去研究它，就如屈原所说：

亦余心之所善兮，虽九死其犹未悔。

我花了五年功夫，终于找到了具有超对称的引力场结构，并将它创造成数学上的重要工具。

当时的心境，可以用以下两句来描述：

　　　　落花人独立，微雨燕双飞。

数学的文采，表现于简洁，寥寥数语，便能道出不同现象的法则，甚至在自然界中发挥作用，这就是数学优雅美丽的地方。

陈省身

我的老师陈省身先生创作的陈氏类，就文采斐然，令人赞叹。它在扭曲的空间中找到简洁的不变量，在现象界中成为物理学界求量子化的主要工具，可谓是描述大自然美丽的诗篇，直如陶渊明"采菊东篱下，悠然见南山"的意境。

从欧氏几何的公理化，到笛卡尔[1]创立的解析几何，到牛顿、莱布尼茨的微积分，到高斯、黎曼[2]创立的内蕴几何，一直到与物理学水乳相融的近代几何，都以简洁而富于变化为宗，其文采绝不逊色于任何一个文学创作。它们发轫的时代与文艺兴起的时代相同，绝对不是巧合。

数学家在开创新的数学想法的时候，可以看到高雅的文采和崭新的风格。例如欧几里得证明存在无穷多个素数，开创反证法的先河。高斯研究十七边形的对称群，使伽罗瓦群成为数论的骨干。这些研究异军突起，论断华茂，使人想起五言诗的始祖苏李的唱和诗，与词的始祖李太白的《忆秦娥》。我们现在看另外一个例子，来解释数理与人文共通的地方：文学家和科学家都想构造一个完美的图画，但每个作者有不同的手法。

在汉朝，中国数学家已经开始研究如何去解方程式，包括计

1　笛卡尔（René Descartes, 1596—1650），法国著名哲学家、数学家、物理学家。1637 年发明坐标系，将几何和代数相结合，创立解析几何学。西方现代哲学思想奠基人之一，近代唯心论的开拓者，提出"我思故我在"。在物理学方面，证明折射定律，完整地表述了惯性定律，提出动量守恒定律，为牛顿力学奠定基础。代表作品《方法论》《几何》《屈光学》《哲学原理》等。——编者注

2　黎曼（Georg Friedrich Bernhard Riemann, 1826—1866），德国著名数学家，在数学分析和微分几何方面做出重要贡献，开创了黎曼几何，为爱因斯坦的广义相对论提供了数学基础。其工作影响了 19 世纪后半期的数学发展，许多杰出数学家在黎曼思想的影响下，论证黎曼猜想，在数学许多分支取得了辉煌成就。著名的黎曼猜想，是希尔伯特在 1900 年提出的 23 个问题中第 8 个，现被列为千禧年七大难题之一。黎曼猜想可以表述为：黎曼 $\zeta(s)$ 函数的所有非平凡零点都位于临界线上。——编者注

算立方根，到宋朝时，已经可以解多次方程，比西方早几百年，但解决的方法是数字解，对方程的结构没有深入的了解。

一个最简单的问题就是解二次方程：$x^2 + 1 = 0$

这个方程没有实数解，事实上，无论 x 是任何实数，方程的左边总是大于零，所以这个方程式没有实数的解，因此中国古代数学家不去讨论这个方程式。

大约在四百多年前，西方数学家开始注意这个方程，文艺复兴后的意大利数学家发现它跟解三次和四次方程有关。他们知道上述二次方程没有实数解，就假设它还是有解，将这个想象中的解叫作虚数。

虚数的发现，可了不起得很！它可以媲美轮子的发明。有了虚数后，西方学者发现所有多项式方程都有解，而且解的数目刚好是多项式的次数。所以有了虚数后，多项式的理论才成为完美的理论。完美的数学理论很快就得到无穷的应用。

事实上，其后物理学家和工程学家发现虚数是用来解释所有波动现象最佳的方法，这包括音乐、流体和量子力学里面波动力学的种种现象。数论研究的重要部分是整数，但为了研究整数，我们不能避免地要大量用到复数的理论来帮忙。在 19 世纪初叶，柯西和黎曼开始了复变函数的研究，将我们的眼界由一维推广到二维，改变了现代数学的发展。

黎曼又引入了 Zeta 函数，发现了复函数的解析性质可以给出整数中的质数（prime number）的基本性质。另一方面，他也因此开发了高维拓扑这个学科。

黎曼

由于复数的成功，数学家企图将它推广，制造新的数域，很快就发现除非放弃一些条件，否则那是不可能的。但是汉密尔顿[1]和凯莱[2]先生却在放弃复数域中某些性质后，引进四元数（quarterion）和八元数（Cayley numbers）这两个新的数域。

1　汉密尔顿（William Rowan Hamilton，1805—1865），即威廉·汉密尔顿爵士，爱尔兰数学家、物理学家及天文学家。发现了四元数，将之广泛应用于物理学各方面，对光学、动力学和代数的发展，做出重要贡献，其成果成为量子力学中的主干。汉密尔顿方程是一个经典力学方程，汉密尔顿函数既是一个经典物理学中的函数，也是量子物理学中的一个算子，还是图论中的一个术语。——编者注

2　凯莱（Arthur Cayley，1821—1895），即阿瑟·凯莱，英国数学家，剑桥大学教授，1859 年当选为伦敦皇家学会会员。凯莱和西尔维斯特同是不变量理论的奠基人。首创代数不变式的符号表示法，给代数形式以几何解释，再用代数观点去研究几何。首次引入 n 维空间概念，详论四维空间性质，为复数理论和射影几何开辟道

这些新的数域影响了狄拉克在量子力学的构想，创造了狄拉克方程。从这里可以看到数学家和物理学家为了追求完美化而得到重要的结果。

其实物理学上很多伟大的发现，是伟大的科学家通过一些巧妙的实验和他们深刻的洞察力得到的。

爱因斯坦创立广义相对论时，人类观察到的宇宙空间实在不大，他却得到数学家的大力帮助。

爱因斯坦

<hr>

路。首先引入矩阵概念，规定了矩阵的符号及名称，讨论矩阵性质，得到凯莱—汉密尔顿定理，成为矩阵理论的先驱。代表作《椭圆函数初论》。数学上以凯莱命名的有：八元数（Cayley 数）、凯莱定理、凯莱表、凯莱图、凯莱公式、凯莱—汉密尔顿定理、Grassmann—凯莱代数。——编者注

在爱因斯坦完成广义相对论后，外尔[1]和很多科学家开始融合引力场理论和电磁场理论。外尔率先提出规范场的理论，经过十年的挣扎，才将麦克斯韦的电磁理论看作和广义相对论类似的规范场论，在物理学上，这是一个伟大的突破。

外尔

有趣的是，外尔说："假如理论和见到的现象界有冲突，而这个理论漂亮而简洁的时候，我宁愿相信理论。"这个看法对规

---

1 赫尔曼·外尔（Hermann Weyl，1885—1955），德国数学家、物理学家，继德国数学家希尔伯特（David Hilbert，1862—1943）之后 20 世纪最伟大的数学家之一。量子论和相对论的先驱，粒子物理学规范场理论的发明者。曾任德国哥廷根数学研究所所长和美国普林斯顿高等研究院教授。代表作：《空间、时间、物质》《黎曼曲面的思想》《群论与量子力学》《典型群》《对称》。促成陈省身 1943 年至 1946 年访问普林斯顿高等研究院。——编者注

范场理论的发展，有很大的帮助！

在这里，我们看到文学家和科学家类似的地方。狄拉克在完成他的方程后，他说他的方程比他自己更有深度，因为它优美地描述了基本粒子的性质，并在实验室中得到证明，有些性质是狄拉克在创造这个方程前没有办法想象的。这是科学创新中产生的一个奇妙的现象，我们用以了解真理的工具往往会带领我们不断地向前摸索！

将一个问题或现象完美化，然后将完美化后的结果应用到新的数学理论，来解释新的现象，这是数学家的惯用手法。这与文学家有很多相似的地方，只不过文学家用这种手法来表达他们的感情罢了。

举例来说，在中国古代有很多传说，很多是凭想象，将得到的一些知识，循当时作者或当政者的需要而完成一些著作，所以我们看到东汉刘向父子作伪经，也看到《山海经》的写作，夸大地描述很多无法证明的事件。

中国诗词也有不少的例子。例如，李商隐和李白就创作了"锦瑟无端五十弦"和"白发三千丈"这两句夸大的诗句。在明清的传奇小说里，这种写法更加流行。《西游记》里面描述的很多事情只有很少部分是事实，《三国演义》里孔明借东风的事，是作者为了夸大诸葛亮的能力而写出来的。

文学家为了欣赏现象或者纾解情怀而夸大而完美化，但数学家却为了了解现象而构建完美的背景。我们在现象界可能看不到数学家虚拟结构的背景，但正如数学家创造虚数的过程一样，这些虚拟的背景却有能力来解释自然界的奇妙现象。在数学家的眼中，这些虚拟背景，往往在现象界中呼之欲出。对很多数学家来说，虚数和圆球的观念都可以看作自然界的一部分。

现在粒子物理学里面有一个成功的理论叫作夸克理论，它和虚数理论有异曲同工之妙，人们从来没有看见过夸克，但是我们感觉到它的存在。

有些时候，数学家利用几千页纸的理论来将一些模糊不清的具体现象，用极度抽象的方法去统一、去描述、去解释。这是数学家追求完美化的极致。值得惊奇的是，这些抽象的方法居然可以解决一些极为重要的具体问题，最出名的例子就是格罗滕迪克[1]在韦伊[2]猜想上的伟大工作。

物理学家在 20 世纪 70 年代引进的超对称，也是将对称的观念极度推广。我们虽然在实验室还没有见到超对称的现象，但它已经引发了很多重要的物理和数学上的思维。

1　格罗滕迪克（Alexandre Grothendieck，1928—2014），法籍德国数学家，现代代数几何奠基人，20 世纪最伟大的数学家之一。——编者注

2　安德烈·韦伊（André Weil，1906—1998），法国犹太裔数学家，先后任芝加哥大学、普林斯顿高等研究院教授，美国科学院外籍院士，1979 年沃尔夫数学奖获得者。研究领域涵盖数论、代数几何和群论，对拓扑学、微分几何学和复杂解析几何学做出了重大贡献。将数论和代数几何富有成效地结合在一起，推动了现代代数几何和数论的快速发展，影响了基本粒子物理学和弦理论。主要成就是证明了代数函数域的同余 zeta 函数的黎曼猜想，提出 Weil 猜想。代表作：《拓扑群的积分及其应用》《代数几何学基础》《数论基础》《阿贝尔流形和代数曲线》《数论，从汉穆拉比到勒让德的历史研究》。——编者注

近代数学家在数学不同的分支取得巨大的成果，与文学家的手段极为类似。所以我说好的数学家最好有人文的训练，从变化多姿的人生和大自然界得到灵感来将我们的科学和数学完美化，而不是禁锢自己的脚步和眼光，只跟着前人的著作，做小量的改进，就以为自己是一个大学者。

中国数学家太注重应用，不在乎数学严格的推导，更不在乎数学的完美化。到了明清时期，中国数学家实在无法跟文艺复兴时期的数学家比拟。

有清一代，数学更是不行，没有原创性！可能是受到乾嘉考据繁盛的影响，大多好的数学家跑去考证《九章算术》和唐宋的数学著作，不做原创性的工作。和处在同一个时代，文艺复兴以后的意大利、英国、德法的学者不断尝试的态度迥异。找寻原创性的数学思想，影响了牛顿力学，因此产生了多次的工业革命。

到今天，中国的理论科学家在原创性方面还是比不上世界最先进的水准。我想一个重要的原因，是我们的科学家在人文方面的修养还是不够，对自然界的真和美感情不够丰富！这种感情对科学家和文学家来说，其实是共通的。我们中华民族是一个富有感情和富有深度的民族。上述的文学家、诗人、小说家的作品，比诸全世界，都不遑多让！

但是我们的科学家对人文的修养却不大注意，我们有些教育者往往用一些浅显而没有深度的通识教育内容，来代替这些重要的学问，大概他们以为国外注重通识教育的缘故吧。但这是舍本逐末的事情。

坦白说，我还没有看到过哪个有水准的国家和城市，不反反复复地去教导国民们本国或本地历史的。

我敢说：不懂或是不熟读历史的国民，他们必定认为自己是无根的一代，一般来说，他们的文化根基比较肤浅，容易受人愚弄和误导。这是因为他们看不清楚现在发生的事情的前因后果。

史为明镜，它不单指出古代伟人成功和失败的原因，它也将千年来我们祖先留下来的感情传给我们。我们为秦皇汉武、唐宗宋祖创下的丰功伟绩感到骄傲，为他们的子孙走错的路而感叹！中国五千年丰富的文化使我们充满自信心！我们为什么不好好地利用祖先留给我们的遗产？

或许有人说，我不想做大科学家，所以不用走你所说的道路。其实这事并没有矛盾。当一个年轻人对自己要学习的学问有浓厚的感情后，学习任何学问都会轻而易举！

比如美国比较好的大学收学生时都看 SAT 的成绩，它最重要的部分，考的就是语文和数学。除了考试以外，美国好的中学也鼓励孩子多元化，尽量涉猎包括人文和数理的科目。美国有很多高质量的科普杂志，销量往往都在百万本以上。

我在中国博物馆看到罗丹（Auguste Rodin）的遗嘱，在这遗嘱里我们看到雕塑家和科学家有着相同的目标。节录如下：

> 生在你们以前的大师，你们要虔诚地爱他们。
>
> 可是要小心，不要模仿你的前辈。
>
> 尊重传统，把传统所包含永远富有生命力的东西区别出

来——对自然的爱好和真挚，这才是天才作家的两种强烈的渴望。他们都崇拜自然，从没有说过谎。所以传统把钥匙交给你们，依靠这把钥匙，你们能避开守旧的桎梏。也正是传统，告诫你们要不断地探求真实，并阻止你们盲从任何一位大师。

但愿自然成为你们唯一的女神。

对于自然，你们要绝对信仰。你们要确信，自然是永远不会丑恶的，要一心一意忠于自然。

在艺术家眼中，一切都是美的，因为他锐利的目光能够穿透任何人或物，发现其性格。换句话说，能够发现其外形下透露出的内在真理；而这个真理就是美的本身。虔诚地钻研吧，你们一定能找到美，因为你们将会发现真实。

奋发地工作吧！要有耐心！不要指望灵感。灵感是不存在的。艺术家的优良品质，无非是智慧、专心、真挚、意志。像一个诚实的工人一样完成你们的工作吧。

在我看来，罗丹教导我们的，何止是艺术！他每一句话都可用在科研的创新上，我们用真挚纯朴的感情去找寻大自然的美丽、大自然的真实。

我们都感谢以前的大师，我们在他们的肩膀上向前摸索，但我们也知道他们的道路不是唯一的。让我们勇往直前，建立我们自己了解大自然的道路！

真兮，无问西东

在数学和物理中的几何人生 [1]

> 对我来说，数学提供了一本普世通用的护照，允许我在世界各地自由行动，也让我用它强大的工具去理解世界。

今天将谈谈我与科普作家 Steve Nadis 合写，甫由耶鲁大学出版社发行的新书。这本书是我的自传，阐述我如何开拓数学研究的历程，并讨论在这个神奇的学科之中我最感兴趣的领域。

1949 年 4 月，我出生于中国东南濒海的汕头市。不久因战事迫近，我们举家迁到中国香港——我父亲认为这是暂时性的举措——等候政局恢复稳定。

我们在元朗西边的小村庄定居。我的父亲把微薄的积蓄都投入到农场经营，认为这样才可能供养我们的大家庭。但我的父亲是大学教授，未曾务农；农场倒闭后，家里便一贫如洗。

我的父亲在九龙及香港市区接了几个低薪教职，工作地点离

1　本文系作者 2019 年 7 月 12 日在台湾大学的演讲内容，分别刊登在《数学传播》（第 43 卷 3 期）与《数理人文》杂志上。编者略有修改。——编者注

家很远，而且要花大量时间往返奔波，这意味着我们每天几乎看不到他。我的母亲日夜辛劳，努力让家里的八个孩子衣食温饱，这是不容易的，微薄的资源让她左支右绌。

我五岁入学。当时要进公立学校需先参加考试，包括我人生第一回数学测验，其中有一个题目要求学生写下 1 到 50 的所有数字。中国传统书写由右至左，就如我目睹父亲所为，因此我认为数字也是以同样的方式书写。结果我写的大部分数字都错了，例如，当我打算写 13 时，却写成了 31。

这些错误造成严重的后果：我没考上好的公立学校，被送到一所乡村小学。该校是给程度较差的学生就读，不用说，大多数学生都无法从底层翻身。

最初几年，我的成绩并不好。三年级快结束时，我姐姐巧遇我和一位同学，她询问我们功课的情况。我的同学告诉她我表现得很好。

"多好？"我姐姐问道。

"他是班上第 36 名！"我的同学吹嘘道，其实他自己在 40 多人中名列 40。

四年级和五年级时我表现得稍好一些，但六年级时又遇到困难。六年级的学生必须参加大型入学考试。我考得不是太好，但侥幸进了培正中学。这所学校有许多杰出的毕业生，包括 1998 年诺贝尔物理学奖得主崔琦（Daniel Chee Tsui）。当时培正没有优秀的物理老师，但是数学老师十分出色，给我上了第一回真正的数学入门课。

没想到，我父亲于 1963 年去世，当时我 14 岁。这是家里难以承受的损失，家人的悲恸无法估量。家里本已岌岌可危的财务状况，因而更加不堪。我需要尽快开始赚钱，于是去当数学家教，辅导与我年龄相近的学生。

虽然我的动机是想帮忙持家，但我从这项工作获得的远远超出我的预期。让小孩子理解数学的过程，有助于厘清我自己对数学的看法。我发现教数学让我很有成就感，而这一发现促我前行，助我沿着既定的路线前进。

培正毕业后，我就读家附近香港中文大学的崇基学院。课余我还教太极拳来赚钱，那是一门我并不擅长的武术。

我在崇基认识了 Stephen Salaff，他是我遇见的第一位真正熟悉现代数学的教授。他教授一门"美式风格"的微分方程课程，鼓励学生随时发言和参与，这并不是我或其他同学习惯的方式。

与 Salaff 的互动，增长了我对数学的兴趣。他安排我在大三结束后离开中文大学，在没拿到学士学位的情况下，开始在加州大学伯克利分校念研究所。

1969 年 9 月，我人生首次搭飞机，从香港飞往旧金山国际机场。约一天后我到达伯克利，口袋里的钱不到 100 美元，一心只渴望竭尽所能吸纳数学知识。

我在伯克利的指导教授是几何学家陈省身先生，中国出身的数学家中，他被认为是史上最著名的大师。选择博士论文的题目时，陈先生建议我研究黎曼猜想（Riemann hypothesis），但我心目中另有其他问题。在伯克利两年后，我于 1971 年 6 月获得博士学位。陈先生鼓励我接受普林斯顿高等研究院（IAS）的奖学金。我采纳他的建议，那年夏天前往普林斯顿。

在高等研究院时，我探索了一个在伯克利时就感兴趣的问题，亦即卡拉比（Calabi）猜想。1954 年，卡拉比（Eugine Calabi）从几何的角度，严格地提出这个问题。他想知道，所谓的凯勒（Kähler）空间的体积，如何与同一空间内的路径长度或距离相关。但我看出这个问题与爱因斯坦广义相对论的关联。

就我所见，与卡拉比（Calabi）猜想等价的问题是：重力及非零曲率是否仍存在于真空（一个没有物质的空间）？ 这个问题让我劳碌多年。

1972 年至 1973 年，我在纽约大学石溪分校（Stony Brook）任教，除了研究之外，也要开始教课。由于没有经验，许多学生抱怨我的口音，觉得很难听懂。我受邀自 1973 年至 1974 年访问斯坦福大学，这给我很大的方便，因为我正计划 1973 年夏天参加在斯坦福举行的一个微分几何重要会议。

我和石溪分校的一名研究生，开着我那辆老福斯旅行车，沿途观光，体会美国究竟有多大多美，至少在我们去过的一些地方，比如黄石国家公园。

得以参加斯坦福大学的会议，让我备感兴奋。部分原因是我可借机见到几何领域的知名人士，并渴望与他们交谈。

会议期间有消息说，我可能找到了 Calabi 猜想的反例，意即我可以证明这个猜想是错的。某日晚餐后，我被要求就这个问题做个非正式的报告。演讲进展顺利，大多数人似乎确信我证明

Calabi 错了，Calabi 本人好像也支持我的论点。陈省身先生告诉我，我的演讲是整场会议最精彩的部分。因此我离开会场时不免洋洋自得。

但是好景不长，良好的感觉并没有持续多久。几个月后，我收到 Calabi 的来信，说他反思之后，发现我的演讲在某些方面令人费解。他问我可否把论证写在纸上，好让他更透彻地理解。

这是一个合理的要求，于是我开始专注进行，但工作并不顺遂。我一再试图证明他的猜想有反例，但每次尝试，我的论证都在最后一刻崩解。

我废寝忘食工作了两个星期，几乎无休无止，但始终无法证明我的主张。我心力交瘁，最后不得不承认自己错了。我下了结论：Calabi 猜想并没有错，它必然是正确的。我决心证明事实确是如此。

三年后（1976 年），我终于证明了 Calabi 猜想，当时我甫获加州大学洛杉矶分校一年教职，也才刚结婚一两周。由于我之前犯过错，这次想要全然确定自己是对的。我竭尽所能多次检查证明，反复核实，并尽力构想出多种不同的方式来查核。我的论证经受得住每一次的检验。

1976 年 12 月的圣诞日，我与 Calabi 及纽约大学的数学家 Louis Nirenberg 会面。Nirenberg 和 Calabi 逐步检验证明，在他们当时看来，证明是完好的，如今 40 多年后，证明依然有效。

1977 年我发出一份关于证明的简短公告，并于翌年发表完整证明。很快就有几所大学想聘用我，我也终究因这项工作荣获一些数学奖项。

然而，我仍不完全满意。Calabi 猜想与广义相对论的联系是我已知的。除此之外，我总觉得这项数学结果对物理极为重要，这种感觉让我很困扰。我不知道这个联结可能会以何种形式呈现，尽管我觉得它确实存在，将在某处找到。耗时八年后，物理学家在弦论上发现了连接 Calabi-Yau 定理的管道。这是我梦寐以求的结果，确实是值得等待。

在此期间，我进行了一趟影响深远的旅行……

1979 年，中国开始改革开放，知名数学家华罗庚邀请我，5月下旬在北京中国科学院数学研究所进行一系列演讲。

对我来说，这趟旅程意义重大，因为自 30 年前在襁褓中离乡后，我未曾到过内地。这次返乡之旅并不孤单，有大量旅外人士同行，同在长期缺席后返回故土。

降落北京时，我非常兴奋。我在机侧弯下腰，然后触地。对我来说，这个时刻如千钧雷霆。尽管许多真实的回忆现在已付之阙如，但它始终深远地影响我的生活。

除了在中国科学院演讲，闲暇时我还在北京观光，参观了颐和园。

这趟旅程里我还要走访中国蕉岭的祖厝，但是行程似乎很难安排。我后来才发现原因：官员拖延我的访问，直到他们在田垄上铺了一条几十里的黄沙路，好让我们的车子行走。

之后我回到美国，自 1979 年 9 月起，在普林斯顿高等研究院举办特别年（special year）。活动聚焦于几何分析，这是我与同事和朋友一起开发的新领域，使用非线性微分方程来解决几何问题。Calabi 猜想的证明，属该领域的第一个重大成就，之外另有许多重大斩获。

当年，一些重要的几何分析学者齐聚高等研究院，包括 Calabi、郑绍远（S.Y.Cheng）、李伟光（Peter Li）、Richard Schoen（孙理察）、Leon Simon 及 Karen Uhlenbeck。我很满意当年完成的所有工作，其中大部分都曾在每周三次的研讨会上提出。除了数学之外，会期中还有一些热烈的排球和乒乓球比赛，以及一些大型派对。据我所知，其中最精彩的活动，发生在身为"老板"的我不在时。

我认为提出 120 个几何分析的"未解决（open）问题"，来结束特别年是恰当的。陈先生告诉我，这是为该领域的学者做出贡献的最佳方式之一。正如美国发明家 Charles Kettering 所言："问题一旦妥为陈述，已经解决了一半（A problem well stated is a problem half solved）。"

所有这些问题后来都广泛流传，为从事几何分析的学者所共知。约 30 个问题至少已部分解决，其他问题一直是众人思考的素材。

1984 年，我转到加州大学圣地亚哥分校任教，主因是我的妻子在圣地亚哥附近工作。但我也有一群志同道合的优秀的同事合作，做出很重要的工作。两位杰出的数学家暨合作者 Schoen（我昔日的研究生）及 Richard Hamilton 同意转职来圣地亚哥。我们预期这里会是开发几何分析新途径的绝佳环境，也会是

Hamilton 找到冲浪新门路的好地方（这是他除了数学之外的一项主要爱好）。

很快就出现出人意表的好消息，而我其实曾模糊地预期到一些。物理学家当时正对弦论感到兴奋，设想了一个十维宇宙，试图将所有大自然中的作用力和粒子统一于单一框架。

一群理论物理学家，诸如 Philip Candelas、Gary Horowitz、Andrew Strominger 和 Edward Witten，试图找出四维时空之外"隐藏的"六维可能呈现的形状。他们认为答案可能是某类空间，而且其数学存在性已见诸我对 Calabi 猜想的证明。他们描述了这些空间需要具备的性质，我告诉他们：Calabi 证明中的空间——亦即他们所谓的"Calabi-Yau 流形"——确实具备他们想要的性质。

Calabi-Yau 流形很快就跻身弦论核心，被当作几何基础。据称从这些基础会涌现出宇宙所恪遵的物理定律。这些流形在数学及物理中的重要性速获提升。

1987 年，我再次搬迁，转赴哈佛大学，之后一直留在哈佛大学。

我很快发觉自己被一大群来自中国的学生及研究人员所包围，其规模之大引发了美国中央情报局（CIA）的关注。我被要求定期报告所有这些人的动态。但我提供的细节，尽是 Calabi-Yau 流形、Ricci 流、Yang-Mills 理论等，极其无聊，因此这类报告提交几年后，中央情报局不再找我了。

我念研究所时，初认识爱因斯坦的广义相对论，此后始终对物理感兴趣。我常喜欢在数学和物理的交界处做研究，认为此处令人兴奋。我跟上物理学发展的一种方法，是聘任恰好是物理学家的博士后研究人员。

20 世纪 80 年代后期，物理学家 Brian Greene 成为我的博士后。他与哈佛大学物理系研究生 Rosen Plesser 合作，完成了一些有趣的工作。他们协助揭示一个令人兴奋的理论，名为"镜对称"（mirror symmetry）。30 年后，这个概念仍然引起数学家和物理学家的兴趣。

镜对称是对偶性（duality）的一例：两个截然不同的 Calabi-Yau 形状可以产生相同的物理性质。它之所以重要，是因为某些物理问题或许在一个 Calabi-Yau 流形上几乎不可解，但在其"镜伴"（mirror partner）流形上却很容易解决。

在数学也是如此。镜对称已引导出许多的突破，特别是在枚举几何（enumerative geometry）领域，计算出给定的几何空间或曲面上曲线或某类物件的数量。

20 世纪 90 年代初期，学者就已证实镜对称极其有用。1996年，Strominger、Eric Zaslow 和我合写了一篇论文，提出所谓的 SYZ（Strominger-Yau-Zaslow）猜想，对这种现象做出几何解释，揭示如何构造镜流形。SYZ 仍是个猜想，除特殊情况外未经证明，但它一直是活跃的研究领域。

我一直与内地有密切联系，尽管我仅在襁褓中待在那里数月，30 岁时才又造访。我与亚洲强化联系的方法，是去努力改善当地的数学研究。迄今，我已在海峡两岸暨香港建立了六个数学研究所，并且试图在各个中心建立风气以促进研究。

我建立的第一个中心是香港中文大学数学科学研究所，成立于 1993 年。当时我为此大量筹款，整个过程进行得相当顺利。中国科学院晨兴数学中心，由香港晨兴基金会和中国科学院共同出资筹办。1996 年 6 月在北京举行奠基仪式。在奠基仪式中，北京大学某位有影响力的数学家演说时竟然誓言要将该中心搬迁到北京大学。

1998 年我提议北京申办第 24 届国际数学家大会（ICM）。一开始事情十分顺利，我和昔日的指导教授陈省身先生一起去见当时的中国国家领导人，讨论申请举办权的计划，谈话结束时，我们获得了批准。会议定于 2002 年在北京举行。但主事的委员会选择中国数学家担任大会讲者的标准并非基于学术成就，我只好决定不出席该学术盛事。

我把精力集中在我筹划的国际弦论会议。该会议也在北京举行，时间是 2002 年 8 月国际数学家大会召开前一周。诸多知名人士参加了这个会议，包括霍金（Stephen Hawking）、Witten、Strominger 及诺贝尔奖得主 David Gross。

这个为期三天的会议，令我十分欣慰，因为它汇聚了数学和物理、东方和西方的学者，而这两者正是我投注大量精力的重要起因。我也很高兴地看到，来自世界各地的 200 多名研究人员，在我的祖国召开如此高规格的会议，吸引了当地和国际媒体的关注。

会议期间，我抽空与 Hawking 及他的昔日门生，共游杭州的西湖。

同月，即 2002 年 8 月，我在杭州浙江大学创立的数学中心开张。此外，我创立了清华大学的丘成桐数学中心、海南三亚国际数学论坛，以及目前位于台湾大学的数学中心。

当然，我投注的心力不全在东方。2014 年，我率先在哈佛创设了数学科学与应用中心（CMSA）。虽然我主要以纯数学方面的工作而知名，但我相信在许多不同领域——包括生物学、化学、经济学、工程学，以及物理学——应用数学日益重要，因此值得关注与支持。

我在哈佛和中国的诸多职务，致使我必须频繁地游走美国及亚洲之间。我如此来回奔波，以至于很难说哪里是我真正的家，或者我是否有两个家，我从未全然归属于何地。

这种感觉让我位处奇特之地，不能在传统地图上定位，而是居于两种文化及两个国家之间——它们在历史、地理和哲学上截然有别，也因烹饪美食的显著差异而彼此隔阂。

但我还有第三个家，我待在那里的时间更长久得多，那里就是数学。对我来说，数学提供了一本普世通用的护照，允许我在世界各地自由行动，也让我用它强大的工具去理解世界。

数学具有一些看似神奇的性质：它可以弥合距离、语言和文化的差距，能够引领那些善于驾驭数学威力的人，瞬间到达同一交流空间或同一思想平台。

数学的另一神奇之处，在于它不需要太多资金来进行重大研究。许多问题的解决，需要的只是一张纸、一支笔，以及专注的能力。有时你甚至不需要纸笔，在脑中就可以进行最重要的工作。

2018 年，从我的祖籍地广东蕉岭，有官员来与我接洽。他们正在石窟河岸兴建公园，想要放置一座我的雕像。我转而建议他们安放一座 Calabi-Yau 流形的雕塑，由我的朋友 Andy Hanson 及另一位共事的艺术家设计。

我思忖，一个好奇的孩子可能会被这座雕塑吸引，甚至可能会好奇地阅读基座的铭文，其中描述了 Calabi 猜想的证明，以及它如何影响我们对数学、物理，甚至宇宙的想法。

一个年轻人如果被这件艺术品吸引，进而投身数学研究，也许将卓然有成。因为在我的领域，赋予一个人一点天赋、冲劲和运气，是可以有一番作为的。

我的兴趣是数学[1]

> 学平面几何之后，学会推理的方法，可以从简单的定理推导出复杂的结论，这让我兴趣盎然。

平面几何令我兴趣盎然

陈金次教授（下文简称陈）：我想首先从您的求学过程开始采访，您为何决定这一生走到数学中来？

丘成桐教授（下文简称丘）：其实我当初没想到要念数学，倒想念历史。数学我兴趣当然大，比历史的兴趣高。对于历史的兴趣，跟家庭教育有关系。我父亲研究哲学，所以当时我读了不少哲学著作。我父亲英年早逝，我上初中三年级时，他就去世了。

1　本文系 1991 年 10 月 19 日作者在中国台湾溪头接受陈金次教授采访时的内容，由吕素龄记录。原载《丘成桐的数学人生》(浙江大学出版社，2006 年 9 月)。收入本书时，编者略有删改，重新拟定文中的标题。——编者注

不过，我念数学跟父亲研究的哲学有关。一方面，数学是哲学的一部分，一种自然的推广，父亲鼓励我念数学。另一方面，父亲在文史哲方面的兴趣大，我对历史很自然地有兴趣。

这跟学校也有一点关系。我开始对数学发生兴趣是念了平面几何后。之前我的数学水平普通，算得对也好，不对也罢，对我没有一点刺激和兴奋的感觉。"鸡兔同笼"这类题目代入公式加加乘乘，也没有什么意思。念平面几何之后，学会推理的方法，可以从简单的定理推导出复杂的结论，这让我兴趣盎然。

此外，当时老师教得不错，数学要学得有趣，其实老师很重要。我记得上中学时，同样一个题目，在物理课上教，与在数学课上教，学生的感受就不同。同样的题目，在数学上很容易，但在物理考试时可能考不过。我想原因是物理老师不懂得引导学生。一些老师不懂，不懂又吓唬学生，说这个东西很难。老师说难，学生自然觉得也难。难有时是心态问题。当时觉得数学老师教得不错，老师跟我们说不难，同时也讲些数学史上的故事，引起我的兴趣。

我真正开始对数学有兴趣是初三、高一念平面几何时。除了教材外，我还看参考书，现在不记得看了哪些参考书，当时一般中学生都不大看参考书。我看过很多参考书，觉得基本上都懂了，就自己想题目来做，自得其乐。那时老师懂的也不多，所以我学的也有限，不过考试考得很好，慢慢地兴趣也愈来愈大。我高二时开始自学大学的微积分和线性代数，有些看不大懂，也有些书本来就写得很糟糕。

陈：有没有人讨论？

丘：很少讨论。同学基本不太想学数学，因为数学不赚钱，大家想念工程。他们对数学兴趣不大，所以很少讨论，基本上是我自己看。我看参考书有些看不懂，不过也没有什么关系，看多了以后就慢慢看懂了。现在很多中学生、大学生的一大毛病是，有的知识看不懂就放弃了，其实有些知识多看几次就慢慢吸收了。现在有些学生还有另一毛病是，听不懂的课，就不想再听了。

陈：现在的学生不肯吃苦。

丘：不吃苦是个原因，不过主要是兴趣不大。做学问的人，所谓兴趣很多是要自己培养的。有的事情还没看到时，你并不知道自己有无兴趣。譬如爬山，爬到山顶之前，你不大清楚这座山究竟好在哪里，也想不出什么名堂。兴趣有时候和努力、时间关系甚大，还没到达"山顶"时，兴趣不见得能培养起来。到达以后眼界慢慢打开，才能感知美妙而兴致勃勃。

兴趣要培养，不只是年轻时，就是我们现在也要培养，因为学问在不停地进步。有时候你很懂某门课，但一门新的学问出现，跟你懂的这门课有点关系，很多人可能因为不懂就会认为新学问没意思，不想去了解它。假使不了解的话，兴趣就没了。兴趣没了，怎么提得起精神来？所以如何培养做研究的兴趣，是门大学问，兴趣是一种驱动力，与对自己的要求有关。

中学毕业上大学时，我就决定要做个好的数学家。一开始我就对各种数学课感兴趣，觉得要学的功课以后都有很大的关系。进大学时，一些基本的数学课我都懂了，所以就没有再去听，而是去修比较难一点的课程，因为我想学到新东西。

我对数学发生大兴趣，是在大学二年级，因为开始学到很多不同的课程，有比较自由的想法。有些学生因为大学里较自由反而不习惯。大学二年级时我接触了更多数学知识，图书馆也比较好，可以接触较深奥的学问，对于物理等其他学科的知识也开始逐渐了解。不过，当时好的数学教师也不多。二年级时，恰好有位刚在加州大学伯克利分校拿到数学博士的新晋教授 Stephen Salaff，对我影响颇多，他的课让我深受启发。

香港中文大学是一所小学校，有个好处，学生和老师方便经常在一起，当然那时教员也不多。学校小，同学间也方便交流。数学系不见得很强，但有做学问的气氛。当时大家大多在讨论学问，偶尔也会谈论社会问题，都是些健康的话题。当时我比同学念得好，大家对学问兴致高，学校学术气氛浓郁。最近这几年我觉得学校的学术气氛一般，大家聚在一起想生意，想赚钱，谈的是赚钱的事情。我们当时没有这种想法，有些人讲如何救国，但不会影响追求学问。那时我读了不少书，但对数学的了解还不够。跟几位美国来的老师谈了后，眼界开阔了，懂得多一些，也做了点东西，但对数学的理解还不深。

我当时想做泛函分析，可能因为泛函抽象一点，严格一点，所以喜欢它。其实我并不是真正喜欢它。我对泛函分析有兴趣，慢慢地对数学有了真正的了解，可是方向没定下来，还不懂他人在做什么，这和眼界有关系。

当时有几位老师介绍我到伯克利去深造，陈省身先生也帮了大忙。到伯克利以后，我的视野大开。伯克利是所名校，光数学就开出许多门课程，我念了很多门课。那时我从早到晚都在上课，虽然有的课不是必修的，但我也去听。伯克利的校园大，教室分散在好几个地方，有时候从一个教室到另一个教室要走六七分钟，我连吃饭的时间都没有。

当时我就想多学点，选修了多门课程。我必修的课有三门，旁听的课有五六门。我花很多功夫去学，慢慢地对整个数学有了比较确定的观点。知道要学些什么，开始明白什么课程对自己比较重要。

第一个学期中段，我开始念了一些参考书。看书时，我同时思考微分几何问题，不仅做完书上的习题，还解决了许多自己提出的问题。当时看的书并不都是微分几何，不过从中也可以引申出一些几何上的问题。我跟当时教课的老师讨论，还合作发表了一篇文章，这篇文章也成了我博士论文的主要内容。我当时发表的两篇论文，虽然别人觉得不错，但我自己并不太满意，所以又下了一番功夫去学其他方向的学问，尽量多看不同领域的文献，学会了不少东西。陈省身先生认为我的文章已够作为博士论文，就让我提前毕业了。

走向微分几何

博士第二年，我没修很多门课，倒是想了一些问题。最重要的是，我学的一些课程是做几何的人不大愿意学的。当时做几何的人认为微分方程跟几何无关。可是我觉得微分几何的工具，很多来自微分方程里，我没什么道理不去学。教我微分方程的老师，名叫 Charles Morrey，是微分方程领域第一流的数学家。当时他想找我做他的学生，但我论文已写得差不多，所以我没有跟他。

这是一个转折点。微分几何学家当时都认为微分方程不主流。可我觉得研究数学所需要的工具，都得学懂了才行，不能光去问人家。我跟 Morrey 学了一阵子，虽然当时觉得不是很懂，但掌握了些基本工具。当然这门学问也不是那么容易学，过了五六年以后，我才能真正用上。

第二年在伯克利做研究的时间没有第一年多。我毕业后到普林斯顿高等研究院去做研究员。当时那里是有名的数学中心，我对拓扑关注得比较多。虽然没有花很多时间跟他们学习，不过也受到一些影响，后来我做拓扑方面的文章跟这里有关。

一年后，我到纽约大学石溪分校教书。当时石溪分校是微分几何的研究重镇，不少著名的微分几何学家在那里，我跟他们一起讨论微分几何问题。待了一年，我就去斯坦福大学，主要原因是我不想久待在石溪分校，受度量几何想法的左右。我希望发展自己在微分几何上的想法。

到斯坦福时，碰到几个年轻人对我颇有影响。来自澳洲的 Leon Simon 做微分方程，Richard Schoen 是我的研究生。以前跟 Morrey 学的微分方程，现在重新看就不再觉得深奥了。从那时起，我重视微分几何和微分方程之间的关系，逐渐发展这方面的学问，很多想法都是那时候产生的。

斯坦福对很多人来说是孤立的，但是我觉得满意。因为一方面有志同道合的年轻人一起讨论，另一方面我在想问题的时候，不必受他人的影响。需要找他人合作，无论去伯克利，还是去别的地方，都不太远。我在那里待了好几年，渐渐地把自己的学术想法培养出来。

我那时很用功，当然做学问不用功不行。我早上 8 点多到办公室，晚上 11 点多才离开。从早到晚都在办公室，当然不是每时每刻都在看书，有时教教课，有时跟学生聊聊天，有时玩玩。我在办公室里看各种书籍和文献，教课对我做学问大有帮助，有好的学生也很重要。从某方面来讲，在一个孤立的地方，不见得不好，但也不能太孤立，因为得和人交换看法。学问的成长有些是偶然的，有些是自我要求才能做到的。我去斯坦福时并不晓得那边怎么样，只希望在一个安静的地方，能够坐下来慢慢地想重要的问题。当时我没有什么杂念，全心在读书，想学问。我想这是能做出成绩一个很重要的因素。

陈：刚才您提到早期做的论文，自己觉得不很满意，为什么？您对自己有怎样的要求？

丘：做学问总是这样，有时候做得下去，有时候做不下去。那时做的东西不是很落伍，人家基本上是晓得的，可是我觉得我做的方法没有什么了不起。文章的结果看起来不错，不过我做学问是希望对整个几何学有一定的观点。当你将整个学问看清楚以后，你就会知道什么地方比较关键。世界上有很多问题，当你解决其中一个之后，尽管大家都认为不错，但是如果对于整个学科进步没有大的影响，我觉得这类问题虽可做，只是意义不大。

学问要义在于解决自然的问题

陈：在美国，纽约大学石溪分校和加州大学伯克利分校是两个微分几何的中心。您离开石溪分校主要是不愿受他们想法的左右。他们的想法有什么局限吗？

丘：他们的想法有大局限。现在看法跟当时有些不同。我基本上可以将他们的想法搞懂，不需要他们再对我有任何的影响。当然后来的发展有些是我想不到的。我了解他们当时做的研究，受他们的影响，也做了几篇重要的文章。可是我不能一辈子做他们方向的研究，觉得他们方向上的问题是几何的分支，看起来不是主流，所以想走其他的方向。

我受到 Morrey 等人想法的影响。Morrey 是用微分方程来做一些微分几何的问题。当时微分几何学家都不懂他在做什么。我知道当时微分几何学家有缺陷，很多学问他们自己不了解，也不愿意去了解。像 Morrey 这套理论，他们就不完全了解。在石溪分校，他们也不可能发展这些方向。所以我希望离开去拓展自己的看法。

微分方程与微分几何关系密切。我们不能期望每一个领域总是处在高潮期，难免会有高低起伏。判断学科发展的高峰低谷依赖于重要问题的解决。有时候可能比较低沉一点。最近微分方程又有些重要的工作，所以大家比较重视。有些微分几何的命题可以用微分方程来定义，从几何看是微分几何，从微分方程看就是微分方程。

数学各学科的发展不可能截然分开。微分几何的相关领域是代数。微分几何的人不太了解代数学。其实微分几何、微分方程、代数这三个方面都很重要，微分几何差不多从一开始定义，就跟微分方程有密切关系。代数是个强大的工具，三门学科不可能分得开。只是有些时候这种联系可能紧密一点，有些时候松散一点。

有许多重要的问题我们还不了解，但是要解决这些重要的问题，因此我们不会停顿向前探索的脚步。很多问题我们可以做，只是还没有成功，数学仍在不断发展中。

要研究自然界明显的问题，我们因对自然界有兴趣而研究，否则不可能去做它。这是我对数学研究的基本看法。有些问题很做作，是人为创造出来的，跟自然界的关系不大。这类问题我觉得没有多大研究价值。在几何上研究的问题，一定是自然的问题才有意思。这一观点对数学的发展很重要。

我们可以为做学问而做学问，但不能为发表文章而发表文章。可是很多人就是这样，浪费时间在无聊的问题上面。有的重要问题，就算只能得到很小的进步，从整个数学来讲，也算是大进步。在一个无聊的问题上，即使有大进展也不能算大进步。比如你懂得一个方法，用它去解决问题，因为问题并不存在，你就自己造了一个问题来解决。很多人会写这种文章，我就觉得没什么重要性。像湍流问题，是个自然现象。我们研究它，即便做了很小的一部分，也是一种成就。

要做胸怀大志的学问

陈：您说做研究，选择问题时要胸怀大志。但是选好题后，要处理这一问题的工具，并不是随随便便就可以找得到的，跟自身的学术训练有关系。

丘：这当然是个问题。为什么要到一个学术好的地方去，原因也在此。你选好一个题目后，要多找些人，尤其是在这领域做出名的，多与人讨论，了解人家懂得多少，文献有多少，将它们搞懂后再去做。

有些人不一样，我有些朋友能干，根本不理他人讲过什么，觉得这个问题自然，就去做。有时候干脆将人家已经做好的问题用不同的方法做出来，不过他们总还是会受到一些人的影响。

许多学生以为问专家问题就够了，但其实还是缺乏创意，提不出一个好问题，一定要靠自己才行。如果是全部听别人讲而做的问题，那么这个问题没有多大原创性。当你达到一定的程度后，你解题需要的工具也要自己来创造，这样做学问才有意思，因此选题很重要。有些学生说选题难，甚至根本还没碰过这一问题，没看到问题就说难，不敢动。有些著名的问题，其实年轻人可以解决，只是他们看这一问题是出名的难题，不愿去碰，不愿找出新的方法去破解。有时候要看胆子够不够，不光有胆子，还要花时间去钻研。譬如，我虽然不怕做泛函分析，但并非梦想就会实现。要钻研前人用过什么方法，解过什么问题，再去做。

从学问中寻找人生乐趣

陈：您提到念书风气很重要。现今功利主义盛行，不光是美国，经济比较发达的国家，很多人都不愿意吃苦，不愿念数学。我记得念初中时，李政道、杨振宁他们得了奖，对年轻人的影响很大。当时物理系是许多年轻人高考第一志愿和理想追求。您是中国第一个得菲尔兹奖的数学家，能否谈谈您对年轻人的期望和勉励？

丘：其实整个社会的风气要改不太容易。很多时候说容易，做到难。

我有时问朋友：你赚了很多钱，到了一定程度后，是不是觉得很快乐？我看不见得。我的一些有钱的朋友，有的本来家里有钱，有的是自己做生意赚的，他们倒是觉得有点空虚。

我觉得我们学问做得好，社会在物质上不会亏待我们。做一名教授，不论在美国还是在中国，生活上都没有什么问题。要说奢侈办不到，但至少小康之家是可以的，内心满足，生活愉快。只要学问做得好，受到人家尊重，自己就有大的满足感。就像钓鱼一样，钓得多固然高兴，有时候虽然坐很久，才钓到一条，但你也觉得满足。这跟做学问一样，坐很久，想了老半天，才想通了一个问题，你会觉得满足。这种满足感和赚钱不大相同，赚钱的快乐不能够持久。

对一般年轻人和大学生，要多想以后做什么事，做到什么地步。假如觉得有钱能够使你极为满足的话，当然可以去做生意。我觉得赚钱能对社会有贡献也很好，不一定勉强在学问一途，但也要记得回报社会。无论赚钱或做其他的工作，只要是你想做的就好。现在许多年轻大学生对学问有兴趣，数学也学得好，可为了要赚钱，宁愿学其他学科，毕业后都去公司或经商，这样有些可惜了。

陈：一个社会的风气，常常会诱惑一个人。好比说研究数学，要做到一个层次，可能要下很大的功夫。

丘：我觉得很多人以为是这样，因为做学问谁晓得以后自己能够做得多好？在我来看，有能力念数学的大学生，只要他脑筋不错，肯用功，念书方法对，不用多久就能够把学问做得不错。

陈：很多优秀、聪明的人关心政治，并且投身进去。之后，书也念不下去，课业差不多都放弃了。经过长时间洗炼后，发现以前自己所认为的真理，也不见得是真理，但是年轻的岁月已经过去了。您对此的看法如何？

丘：这很难讲。一个人的能力有限，不可能把脑袋分两个地方同时做事。真要做好学问，需要朝思暮想。如果一半功夫在社会活动上，一半功夫在学问上，我想这是基本上做不到的。社会活动跟赚钱活动一样，当你想静下来，人家不见得想让你静下来。譬如你今天想坐下来做研究，可中午接到电话，要你去见某人，他对你的政治活动大有助益，你不可能不想去见他。你明明正在解决问题，即使不参加也得花功夫考虑此事。所以这就受到了影响，也就很难再做下去了。

今天有今天的麻烦，明天有明天的问题。这就会影响你，使你不得安静，除非你告诉他们不再参加了。所以像刚才讲的，环境很重要。就像去某个学校做研究，你的朋友、同事都在做研究，大家讨论的基本上是学术问题。不太可能有同事跑来跟你讲股票之类的事情，因为他晓得你不会有兴趣听。

有的人不重视合作。就个人而言，往往做得很好，但不大愿意合作。从小考试，一班四五十个同学，总希望考第一，别人比自己差，所以明明自己懂的知识，也不愿意告诉其他人。美国学者有个优点，你做得好，他佩服你，我跟 Schoen 什么问题都谈，互相都毫无保留地把自己的见解讲给对方听。我想这些跟从小教育有关，跟排名的观念有关。美国考试，只分 A、B、C、D 几等，我想这是有好处的。

一些人不太能同心协力，这不仅是数学界的问题。文人相轻，自古以来如此。我想这跟教育有很大的关系。

古时科举也就是考排名，最高是状元，然后依次排名，直到名落孙山。因此，人们总要争取排名靠前。

对数学家而言，重要的是应当自己想做事。数学的好处是不一定非得实验才能做到。要走自己的路，才能将整个风气树立起来。

陈：这个时代在改变。像陈省身先生他们那一代人年轻时环境很差，那么坏的环境都可以出现一流的数学家，我们这一代环境好得多了。

丘：他们那时候全部回国，我们这一代没做到，这当然跟观念有关。当年留学生大部分都回国，他们在美国留不下来，好多是因为观念问题。到了20世纪80年代，即使拿个博士回来，他们也认为是丢脸。因为出去时，父母都希望他们能留下来。从前中国的发展与美国相比，差了好多。现在就差距不大，回国没有人说丢脸了。经济发展使中国慢慢改变，以后越来越多的年轻人会回来的。韩国也如此，韩国留学生原来也没人愿意回国。日本人在20世纪60年代时，很多留学生到美国，70年代初期也有。现在日本数学不错了，他们没有必要非到美国去留学。

我想中国慢慢会改善，因为经济发展了。现在与我1985年首次到台湾来，感觉完全不同了。当年许多台湾留美学生不想回来，现在就不会了。

父母亲的影响

陈：您的一篇文章[1]里提到您的父母亲，您对父亲的感情很深厚。能不能谈谈父亲对您的影响？

丘：我初三那年父亲去世了。我父亲生前常教我读不同的书，中国小说、历史、文学和哲学等。我很小时他就教我看，有的东西当时不懂，不过慢慢学一点。他是教授，我常常看到学生来家里看他、谈学问，也谈些政治问题，但主要是谈学问。我在旁边听得不少，慢慢吸收了不少他的想法。那时候小，不大懂，长大后回想起来才明白。

我父亲在做人方面深深地影响了我。那时我家很穷，父亲跟我们讲过，做人要讲人格，做学问也一样。这些话令我印象深刻。当时全家人靠父亲薪水吃饭，家里有钱时，不大觉得困难。到了缺钱时，我们感受太深了。

母亲对我的影响也很大。父亲去世以后，很长一段时间我家生活压力极大。此后多年，还有人欺负我家，你可能想象不到。但母亲没有向苦难的生活屈服，坚强地抚育我们兄弟姊妹，想方设法地供养我们读书成才。受到父母亲的影响，后来做学问时，我不一定跟着人家走，要走出自己的路来。做学问和生活一样，不能老是看别人怎么做。

1　*On the Ricci Curvature of a Compact Kähler Manifold and Complex Monge-Ampère Equation*.I.，Comm. Pure. Appl. Math. 31(1978)，339—411.

陈：影响一个人的学问事业，有时候往往是跟学问无关的一些事情。

丘：你要清楚什么事情比较重要，要不要坚持重要的事情。我父母亲都是农村读书人家出身，家境清贫，注重诗书。清朝末年有些学者待在乡下教学生，学生中就出了许多出名的学者。我教过不少农村出身的学生，他们的成就都不错，可能是杂念比较少，对钱财考虑不多。赚钱对国家也有裨益，而做学问则是不同的志向。

陈：这就像有的人跑步很快，有的人擅长游泳。有的人数学很有天分，若受风气左右，跑去炒股票，这是一种人才的浪费，很可惜。时代的风气常会使人才流失。

丘：是这样。我跟人谈过，很多人能力不错，但不愿在学问上花时间。我有时候告诉他：你学问和能力都不错，如果将时间全部放在学问上，会做出很好的成果。况且从学问正途出身，比从其他手法出身更有意思。

陈：这跟一个人的成长环境很有关系。假如说一个人能力很好，但是家里环境比较喜欢逢迎，从小这样，会影响他做学问的。

丘：有些人能力很好，不需要这样。比如，你的荣誉是靠自己的本领得到的，是不是这样你会更高兴些呢？

中国数学可以做得很好

丘：展望很难讲，不过微分几何总是跟自然界的现象有关，跟物理上的很多问题有关。除了微分几何本身发展以外，微分几何未来会跟科技发展密切相关。举个例子，最简单的就是计算机图形学。计算机为了传送图片，会牵涉微分几何。要将一张图片用最简单的方法电传到对方去，怎么处理图片，用最快捷的方式传给对方，这都是几何问题。其他还有很多高科技与微分几何有关。譬如，在医院照 X 光，立体断面扫描。工业上的很多应用也都是几何问题。现在许多微分几何学家还没有注意到这一情况，慢慢会改变。

陈：您对数学在中国未来的发展有什么看法？

丘：这与政府本身的需求有关。比如，香港的大学对数学研究的投入就不够。国家现在经济发展，社会稳定，对数学研究在加大投入，我想前景会越来越好的。中国缺乏的是领袖型数学家，希望年轻人能够回来，当然仅靠留学生回来还不太够。一方面要请著名数学家来，另一方面年轻的数学家要多讨论。现在数学家聚在一起讨论学问的时间还不够。如能解决这一问题，中国的数学一定能做好。

很多刚在国外毕业的年轻数学家做得很好，他们能不能回来也是一个问题。他们能否回来与国际的环境好坏有关，也就是研究的条件够不够好。现在我们研究环境比 30 年前好得多。政府应该多投入研究，这点投入是小钱。中国可以做得很好，就像决定要将体育做好，就真的发展起来了，中国人多是一大优势。

陈：跟学生一样，好比在数学上有点好表现，老师一句话，给他一个鼓励，对他影响终身。国家、社会要重视学问，很多做学问的人不一定要物质条件怎样，生活基本安定，精神得到鼓励，社会给予认同，就很好了。

丘：我们的乒乓球在世界上很厉害嘛！游泳也是。说明有决心真的可以做到。研究并不需要太大投入，但领导阶层不能短视，应坚定基础科学是一条长远的道路。不仅仅数学，整个纯科学的投入也不需要多少。中国数学可以做得很好，没有什么问题。

数学与数学教育 [1]

> 从古到今，数学家都是为了找寻真理，找寻美的境界而努力不懈。向来真正好的数学或有深远影响的数学，即使在开始研究的时候是从美学的观点出发，但结果无不和现象界有密切的关系。

我今天能够回来和大家见面，觉得十分荣幸；母校如此盛意，我尤其觉得感激。我1966年至1969年在这里念书，那个时候，常在这个礼堂聚会。十一年后，再次回到这里，见到这个礼堂，真是十分高兴。记得当年我在崇基学院念书的时候，同学们相处得十分融洽。我在这里过的那一段日子，比起后来在外面深造和做事的时候，实在更令人怀念。在美国大学念书，普通同学之间的感情，绝对不能跟在香港中文大学比，一方面固然因为

1　本文系作者1980年12月13日在香港中文大学崇基学院的演讲内容，作者时任美国普林斯顿大学高等研究院教授，繁体中文版原载于《中文大学校刊附刊》。经作者同意，收入本书，编者略有修改。因当时社会环境和时代背景与现在不同，请读者阅读时注意。——编者注

港中大人数少，另一方面由于港中大师生之间，往往都能互相关心，互相照顾。

我在美国工作了许多年，经常想到内地和香港的大学的数学教育。一方面，这是因为香港中文大学是我的母校，心里总是希望她能好好地培养数学人才；另一方面，也由于港中大是以中文为主要授课语言的学校，这对我们在美国的数学工作者来说，尤其对我来说，有一种很特殊的感情。近年来，港中大培养出一种清新的气息，给我很深的印象。因此，每次经过香港的时候，都希望到母校走一走，希望能够对母校、对中国的数学教育尽一点力。所以当陈炜良主任叫我演讲的时候，我就挑选了"数学与数学教育"这个题目。但本人从来没有学过教育学，所以讲数学教育，也只能根据自己的一些经验和体会，讲讲我们对数学应该采取什么态度。因此，如果我说的有什么不妥，请各位教育专家多多指教。此外，我又听说听众的程度相当参差，有的是中学毕业生，有的中学尚未毕业，有的可能不是念数学的。因此，我演讲的内容，如果对专家来说太过肤浅的话，希望他们原谅。

数学与具体现象界

大家知道，数学的发源是很早的，差不多自有人类、有文化以来就有数学。数学是一切近代科学的根基，几乎所有能够做系统性研究的科学，都不能脱离数学。这是什么原因呢？跟一般人所想象的相反，这主要是因为数学所考虑的对象是一些很具体的问题。

我今天的演讲，首先要强调的是：数学家不是一堆怪物。其次是数学家所研究的事物，并不是一些奇妙的符号或诸如此类的东西，而是具体现象界的问题。我们跟其他科学家一样，研究的都是客观世界里面所需要解决的问题，但不同的地方在于：数学家很看重解决问题的方法或结果所产生的美感。从这方面来说，我们跟文学家十分相似。数学家可以因为某个定理或某个现象漂亮而不断追寻下去。另外一点跟其他科学很不相同的是：物理学、化学或其他科学研究出来的结果或结论，一定需要用实验去印证，但数学就不需要用实验去印证。所以，数学家有两个特点：一是他们要解决实际问题，一是他们同时也以文学家的观点，去欣赏数学。

数学的价值观

从古到今，数学家都是为了找寻真理，找寻美的境界而努力不懈。乍听起来，似乎这两点——真理（或抽象的真理）和美丽的境界——跟真实的、具体的问题毫不相干，但事实恰恰相反。经验告诉我们，向来真正好的数学或有深远影响的数学，即使在开始研究的时候是从美学的观点出发，但结果无不和现象界有密切的关系。

具体现象界不断向数学家提出新的问题——工程学、物理学以及其他科学上的新问题，这些问题引导数学家走向许多不同的、新的方向。数学家把这些问题抽象出来，设法去解决。当然，我们不敢说一定能解决这些问题。不过一般来说，经过数学家研究到某一个程度以后，大致上是可以得到完满的解决的。但数学家不会就此停止，因为一个问题解决之后，还会发现新的问题，这样我们又会继续做系统性的研究。这个系统性研究，大部分来说，是由美学观触发的。我们把现象界所得到的经验抽象出来，然后不停地用美学观点来指导，推动数学的发展。这在其他科学工作者看来，可能是很可笑的，或许有人会问："你们数学家为什么爱干这么玄妙的、脱离现实的工作呀？人家要求你解决的，只不过是这个或那个具体的问题罢了。"举个例说，好些工程学上或其他科学上的问题，都是三度空间的问题，但数学家竟然进一步去研究高维空间究竟是什么一种现象，当时其他的科学家都认为这和现实是完全无关的。但是经验告诉我们，即使是所谓抽象的问题，只要我们处理得当，结果都会发现它跟现实界可以再结合。所以，很快我们就发现了有关高维空间的定理，跟现实界的现象是息息相关的。这种情形，无论古今数学，都曾经不断出现。

那么，怎样从美学观点来衡量数学定理呢？这是很难定出一个十分客观的标准来的。就像文学家对文章的评价一样，数学家也讲风格，讲许多不同的方面；但跟文学家可能不同的地方是，我们基本上有一个重要的衡量标准。数学家一般认为，好的数学的基本规律应当是简单，不是复杂的；即使是很复杂的定理，都应该可以用简单的定理推导出来，并且可以用简单的语言写出来。用繁复的语言写出来的，大概就不能算是好的定理。

"简单"的定义，要视乎时代和环境而定。两千年前的所谓简单跟两千年后的，显然不会相同。由于时代的限制，人类在两千年前所了解的东西，所见到的现象界当然比现在狭窄许多。因此，我们评论什么叫简单的时候，仍然是受到主观方面的影响的。

一个好的数学家所受到的第一个最重要的训练，就是要学习评价什么是简单，什么是美。在中学或大学里面，可能还未提到这一点，但在研究院，这是一个最重要的训练课题。就是说，要学会评价什么数学是好的数学，是美丽的数学，或者不好的数学。总而言之，数学所研究的，是真理和美丽，而这两点其实和现象界是有密切的关系的。当我在准备这一次演讲的时候，我跟我在普林斯顿的一个学生讨论有什么可以讲的，他提到普林斯顿高等研究院的院徽。院徽象征的是真理和美丽，那是用什么来表现的呢？原来是用裸体女郎表示真理，用穿衣的女郎表示美丽。从数学的观点来看，真理和美丽也是同出一源的，有着密切的关系。

数学研究的对象

现在，我想讲讲几千年来数学所研究的对象，并且把这些对象分类。大致上它们可以分为四类（当然，这只是我个人的看法，其他数学家可能未必同意这种分类法）：第一，是数字，尤其是对整数的研究。在这方面，我们产生了数论、整数数论、解析数论、代数数论。第二，是几何形象。从古到今，几何图形，尤其是美丽的几何图形，都使我们印象深刻。数学家为了追求美，当然不会放过研究几何形象，结果产生了平面几何、射影几何、微分几何、代数几何等各种各类的几何。第三，是函数。中学生可能不太清楚什么叫函数，也可能有一些印象：函数研究数与数之间的关系，几何形象与几何形象之间的关系，等等。第四，是概率，即有关概率论的研究。这几方面的研究对象，看起来很不相同，但是经验告诉我们，它们其实是十分接近的，甚至是分不开的。

数字的研究

整数的发现比任何数学，甚至任何文化的发展都要早。我们伸出手指，就可以一、二、三、四……这样数下去。当然有的动物也会数，但是最聪明的动物也只能数有限的一二三四，人类却有办法把数字观念抽象出来，可以数任何大的数字。可以这样说，由于实际的需要，数学家引入了极大的数字，因此可以计算很大的加数。同样，因为有加减乘除的需要，所以也引入了相应的数。例如，为了方便减数，引入负数；为了方便除数，引入分数；等等。于是数学家建造了所谓"有理数"。从发现正整数，发现负数，然后发现分数这个过程，听起来好像很简单，但是人类用了很长很长的时间才能达到这个水平。这个过程对近代数学的发展，仍然有着十分深远的影响。在代数几何上，在代数上和在代数拓扑上，这个方法，也是法国数学家 Grothendieck 用来建立 K 理论的主要方法。人类发现了有理数之后，由于几何上的发现和发展，结果又出现了无理数。这是第一次发现几何和数字有密切关系。那么，无理数是怎样发现的呢？大家都学过平面几何，学过勾股定理。勾股定理是这样的：直角三角形斜边平方，等于其他两边平方的和。大家知道，这是几何上最重要的定理，甚至可以说是数学上最重要的定理。由勾股定理推导，结果发觉到一个直角三角形，如果两边的长度等于一的话，那么，斜边就不是有理数，而是 2 的开方（$\sqrt{2}$）。无理数的发现，是抽象方法的一个大胜利。从计算，或者从测量的观点看，无理数和有理数的分别不是很大的。但是无理数——例如 $\sqrt{2}$ 或圆周率（π）——在实际用途上、在物理上或其他方面不断出现，使我们无可避免地一定要去研究它们。如果纯粹用经验上的计数方法或测量方法来看，我们便无法了解实际上出现的 π，或其他无理数。如果我们对无理数无法深入了解的话，也就等于对许多不同的科学方法无法深入了解。由此我们知道，历史上几何和数字的第一次结合，产生了一个十分重要的现象，开辟了一个新的研究领域，那就是超越了数的发现和研究。

几何的研究

由于实用需要，也由于自然界出现美丽的几何图形，平面几何在远古的时候就已经开始发展，并且进展得很快。但是，当时所发现的定理，彼此之间的关系似乎并不很大，直到欧几里得做了系统的研究，才对平面几何进行整理，把几何学公理化。这在数学史上具有重要的意义，我们从此知道了重要和繁复的定理，可以用几个很简单的公理推导出来。这在逻辑上的意义已经够大的了，但更重要的是，它给我们指出，形成数学定理的最基本的定律，是简单而不是繁复的；而且确立了数学家一致的要求：定理本身一定要简单，简单然后才能显出它的美丽。

大家多学过几何，都会记得欧氏公理里面有个平行公理：一条直线外面的一点，一定存在着一条经过这一点的平行线。但是一两千年来，数学家对这个平行公理始终感觉不满意，认为不够公理的标准，所以一直都希望能够用其他比较简单的公理把它推导出来。其他科学工作者，甚至很多数学家，都觉得这是一件可笑的事情，因为不值得把一两千年的功夫都花在它身上。但是，数学家的努力不是白费的。到了 19 世纪，这个问题终于由几个大数学家解决了。高斯、罗巴切夫斯基（Lobachevski）、波尔约（Bolyai）等发现平行公理不一定能由其他公理推导出来。发现过程中所用的方法，倒使他们发现几何学上的新概念，并引进了非欧几何。这在近代几何史上是一件盛事，不但对数学，甚至对物理学也产生了极大的影响。比如说，要研究相对论，就得研究它。在数学方面，高斯和黎曼都受到它的影响，他们发展的黎曼几何，在近代数学上有极大的意义。这些例子足以用来说明数学发展的过程。数学家因丈量田地或类似的活动而发现了平面几何。由于认为某个公理不能令人满意而用美学观进行了十几个世纪的探索，因此发现了新的几何，发现了它在科学上的用处。这样的过程，在科学发展的道路上，是屡见不鲜的。

再举一例。在研究平面几何方面，大家可能都知道有一个著名的三等分角的问题。那就是：给定任何一个角，看看怎样用圆规和尺规把它三等分。这是个古老的问题。数学家为了解这个问题，也不知花了多少时间。这个问题在实用上当然没有多大的意义，因为实在没有什么理由一定要用图规和直尺去三等分一个角，我们早就知道，用其他的工具是可以把一个角三等分的。但数学家仍然不罢休，继续不停地研究下去。结果，直到伽罗瓦发现了群论和方程的关系，这个问题才算解决了。答案是，这个问题是不能解决的，即一般来说，圆规和直尺是不能够用来三等分一个角的。这是个具有重大意义的发现。意义之所以重大，不在于指出这个问题不能解决，而在于发现了群论及其重要性。群论在近代科学上有极大的贡献，尤其在量子力学方面。由此可见，我们研究的问题虽然看来十分抽象，但我们对真实科学的贡献仍然存在。此外，虽然群论的贡献到了这个世纪才被发现，但有关的研究早已经做了很久。这告诉我们，假如我们一定要看数学对实际用途的贡献的话，有时候，是要等相当长的时间的。但是，可以肯定，好的数学，在科学史上一定会有它的贡献。

函数的研究

在数学应用上，我们所要求解答的答案，一定要符合某种定律，比如有关天体运行的，就要符合牛顿的万有引力定律。一般来说，这些定律是由多项方程式或微分方程来说明的，所以我们所要求的就是这些多项方程式或微分方程式的解。工业革命以后，方程式出现得特别多。为了解决这些方程式，我们发展了函数论。函数论是18世纪以前数学中的主要科学，几乎大部分数学家的精力都花在函数上。比如研究波震动的问题，数学家发现了傅里叶级数；研究电磁学，或流体力学，或数论上问题，又发展了复变函数。这些数学分析性的问题，在19世纪陆续出现的原因，主要是牛顿和莱布尼茨发展了微积分以后，数学家有了所需的工具来研究函数。我们不再把自己局限在简单的方程式里面了，例如线性方程、二次方程等，可以研究一般曲线、曲面了。一般曲线或曲面，无论在物理上或者在任何其他科学上都会出现。因此，由于实际的需要，数学家一定要研究比以前更复杂的方程式。微积分和已有的科学相结合之后，就发展了许多不同的新的科学。例如微分几何，其研究对象就是一切高维或低维的曲面和几何形象之间的关系。

概率的研究

概率论在17、18世纪已经开始发展。20世纪俄国数学家柯尔莫果洛夫（Kolmogorov）把概率论严格化，引入了数学分析的方法，微积分的方法使概率论产生了绝对革命性的进步，影响到运筹学等的发展。由此可见，各种不同的数学，开始时好像没有什么关系，但实际上都是有关系的。

20世纪的数学

20世纪以前，出色的数学家也同时是物理学家或天文学家。但是到了19世纪末、20世纪初，数学就跟天文学、物理学分了家。为什么呢？第一个原因是，由于每一门学问都开始有自己的分支，而且分得很细，几乎没有人能够对所有科学全部了解，即使在数学方面，我们所知道的，也极为有限。第二个原因是，到了19世纪末叶，数学家发现，数学理论本身的证明不够严格，以前所证明的定理很多时候有反例，于是许多知名的数学家提倡数学严格化。严格化过程，有好处也有坏的影响。先从好的方面来看，严格化直接影响到近代数理逻辑的发展。由于证明定理时极端严格化，数学家就可以有绝对的自信，知道一条定理一经证明，就是证明了，不会再有任何怀疑的余地。这是正面的影响。但是坏的影响是，由于需要严格的缘故，数学开始更加抽象化，并因此而产生了很多种不同的数学，但基本上都是辅助性的。这些辅助性的数学，例如集合论或点集拓扑学，对数学的发展有过极大的贡献，但目前对这些数学的需要已经渐渐减少。十多年前提倡的"新数"，就是集合论等理论。其实，这种"新数"并不是我们真正要研究的数学。我们研究的数学，要有实际意义，而不是符号的堆砌，或者仅仅是表面上严格的推导。严格的推导虽然重要，但是我们不要忘记主要研究的对象是什么。

20世纪的数学开始进入高维空间，19世纪以前基本上是三维空间的数学。数学家为了研究代数方程，发展了代数几何；为了研究整数方程，发展了代数数论；为了研究微分方程和天文物理，发展了代数拓扑、微分拓扑；为了研究物理上和工程上的现象，发展了偏微分方程和常微分方程。爱因斯坦提出广义相对论，对微分几何发展产生极大的、革命性的影响。近代微分几何约起源于19世纪中叶，高斯提出微分几何新的研究方法以后，黎曼把它推广，发展了黎曼几何。此后，微分几何虽然有空前的进步，但是由于工具上的限制，只能有局部的研究。到了近三四十年，偏微分方程和拓扑学上的发展，把微分几何带入一个全新的境界，而微分几何对拓扑学或偏微分方程也有它的贡献。

微分几何已经成为数学的一个重心。爱因斯坦研究统一场论遇到极大的困难，当时一位数学家外尔（Hermann Weyl）引入纤维丛的概念，到了20世纪40年代陈省身教授又研究纤维丛和陈氏特征类。到了70年代，数学家发现50年代时，物理学家杨振宁和米尔斯（Mills）的规范场论，其实就是纤维丛的观念。所以杨振宁后来曾屡次表示，惊异于数学家能够在没有物理现象指示下产生这些观念。规范场论在近代有非常重要的发展，对解决统一场的理论有很大的贡献。近代数学蓬勃发展，这只不过是其中一面而已。

数学教育

我个人认为，教数学当然要培养学生对数学的兴趣，对数学本身的美丽的欣赏能力。但是，我们教学生，最主要的还是要学生弄清楚学习数学的真正目的在哪里。它绝对不是为了学习集合或者诸如此类的一大堆符号，而是要知道在推导思想方面，数学的方法是什么，是用什么方法去培养的，借此训练学生主动思考。因此，虽然有的数学，我们认为已经没有什么用了，比如平面几何，其中比较繁复的定理，大部分在近代科学里面都没有用了，但是，平面几何对学生来说，是很好的逻辑训练，所以还是要学。美国教育有很多失败的地方，但有一点很重要，就是他们十分鼓励学生讨论。学生之间的讨论，往往能够互相启发。因此，希望学校不要制造太大的考试压力，以便学生能够尽量发展自己。

其次，我觉得大学数学教育要平衡发展。近代数学发展的结果，使得各种数学之间的关系越来越密切，沟通也越多。因此，学生对所有不同数学的知识，应有基本的了解。目前在国际上能够称得上好的数学家，至少都懂得两种不同的数学。比如读几何学的人，好多都懂得拓扑学上的理论或微分方程上的理论。假如只懂其中一种而不懂其他的话，以后会产生极大的弊病。

第三，要在大学里面大力鼓励学生多读参考书，多做研究。这与鼓励学生之间进行讨论一样，都是值得提倡的。

最后，而且是最重要的一点，希望大学教师在指导学生时，不要太过强调一些抽象性名词的重要性，因为它们只是数学上的语言，不是目的。数学最重要的研究对象是数字，是几何的形象，是函数上的构造，是概率上的分布，等等，而它们和抽象的语言的关系并不是那么大。

　　我想讲的，主要就是这些，就讲到这里吧。

数学的内容、方法和意义 [1]

> 数学家不只从自然界吸收养分，也从社会科学和工程中得到启示。人类心灵中由现象界启示而呈现美的概论，只要能够用严谨逻辑来处理的，都是数学家研究的对象。

今天要讲的是数学的内容、方法和意义，这原是苏联人写的一本书的书名，今天将其借过来作为演讲的题目。

今天是北大百周年校庆，五四运动是北大学生发动的。作为演讲的引子，让我们先简略地回顾一下"五四"前后中西文化之争。

19 世纪中叶以后，中国对西方科技的认识是"船坚炮利"。在屡次战争失利后，张之洞提出了"中学为体、西学为用"的主张，即以传统儒家精神为主，加入西方的技术。

到了五四运动前后便有了科玄论战。以梁漱溟为主的一派以

1　本文系作者 1998 年 5 月 5 日在北京大学百年校庆学术报告会上的演讲内容，原载于《数学与人文》丛书第 19 辑《丘成桐的数学人生》(高等教育出版社，2016 年 5 月，第 93—102 页)，编者略有修改。——编者注

东方精神文明为上，捍卫儒学，认为西方文明强调用理性和知识去征服自然，缺乏生命之道，人变成机械的奴隶。中国文化自适自足，行其中道，必能发扬光大。其时正值第一次世界大战结束，西方哲学家罗素等对西方物质文明深恶痛绝，也主张向东方学习。

另一派以胡适为首，持相反意见。他们以为在知识领域内科学万能，人生观由科学方法统驭。未经批判及逻辑研究的，皆不能成为知识。

科玄论战最终不了了之，并无定论。两派对近代基本科学皆无深究，也不收集数据，理论无法严格推导，最后变得空泛。其实这便是中国传统文化之特点。一方面极抽象，有质而无量，儒道皆云天人合一，禅宗又云不立文字，直指心性。另一方面则极实际，荀子批评庄子"蔽于天而不知人"。古代的科学讲求实用，一切为人服务。四大发明之指南针、造纸、印刷术、火药，莫不如此。要知道西方技术之基础在科学，实用和抽象的桥梁乃是基础科学，而基础科学的工具和语言就是数学。

历代不少科学家对数学都有极高的评价。我们引一些物理学家的话作为例子。

理查德·费曼[1]在《物理定律的特性》一书中说："我们所有的定律，每一条都由深奥的数学中的纯数学来叙述，为什么？我

1　理查德·费曼（Richard Phillips Feynman，1918—1988），美籍犹太裔物理学家，加州理工学院教授，因量子电动力学的杰出成就，获得1965年诺贝尔物理学奖，第一位提出纳米概念的学者。1942年加入美国原子弹研究项目小组，参与秘密研制原子弹项目"曼哈顿计划"。——编者注

一点也不知道。"

威格纳[1]说:"数学在自然科学中有不合常理的威力。"

弗里曼·戴森[2]说:"在物理科学史历劫不变的一项因素,就是由数学想象力得来的关键贡献。"

基础物理既然由高深的数学来表示,应用物理、流体等大自然界的一切现象,只要能得到成熟的了解时,都可以用数学来描述。写过《瓦尔登湖》的哲人梭罗也说,有关真理最明晰、最美丽的陈述,最终必以数学形式展现。

其实数学家不只从自然界吸收养分,也从社会科学和工程中得到启示。人类心灵中由现象界启示而呈现美的概论,只要能够用严谨逻辑来处理的,都是数学家研究的对象。

数学和其他科学不同之处是容许抽象。只要是美丽的,就足以主宰一切。

数学和文学不同之处,是一切命题都可以由公认的少数公理推出。数学正式成为系统性的科学,始于古希腊的欧几里得,他

---

1 威格纳(Wigner Eugene Paul, 1902—1995),美国数学物理学家。量子力学的创始人之一,因量子力学的对称性理论对物理学和数学所作的分析而著称,1963年获诺贝尔物理学奖。1945年当选美国科学院院士。——编者注

2 弗里曼·戴森(Freeman Dyson, 1924—2020),英籍美国理论物理学家,普林斯顿高等研究院教授,量子电动力学巨擘,自旋波是其最重要的物理学杰作。他是一位关心人类命运、向往无限宇宙的哲人,在数学、粒子物理、固态物理、核子工程、生命科学、天文学领域,探索未知的世界。著有《全方位的无限》《武器与希望》《宇宙波澜》《想象的未来》《太阳、基因组与互联网:科学革命的工具》《想象中的世界》等名作。——编者注

的《几何原本》是不朽名作。明末利玛窦和徐光启把它译成中文，并指出"十三卷中五百余题，一脉贯通，卷与卷，题与题相结倚，一先不可后，一后不可先，累累交承，渐次积累，终竟乃发奥微之义"。复杂深奥的定理都可以由少数简明的公理推导，至此真与美得到确定的意义，水乳交融，再难分开。

值得指出，欧几里得式的数学思维，直接影响了牛顿在物理上三大定律的想法。牛顿巨著《自然哲学的数学原理》与《几何原本》一脉相承。

从爱因斯坦到现在的物理学家，都希望完成统一场论，能用同一种原理来解释宇宙间的一切力场。

数学的真与美，数学家体会深刻。西尔维斯特[1]说："它们揭露或阐明的概念世界，它们导致对至美与秩序的沉思。它各部分的和谐关联，都是人类眼中数学最坚实的根基。"

数学史家 M. 克莱因[2]说："一个精彩巧妙的证明，精神上近乎一首诗。"当数学家吸收了自然科学的精华，就用美和逻辑来引导，将想象力发挥得淋漓尽致，创造出连作者也惊叹不已的命题。

1　西尔维斯特（James Joseph Sylvester，1814—1897），英国数学家，牛津大学教授。伦敦皇家学会会员，伦敦数学会主席。曾任美国约翰·霍普金斯大学数学教授。在代数学领域，同凯莱一起，发展了行列式理论，奠定了关于代数不变量的理论基础。在数论方面，特别是在整数分拆和丢番图分析，亦有非凡贡献。《美国数学杂志》的创始人。——编者注

2　M. 克莱因（Morris Kline，1908—1992），美国数学史家、数学教育家与应用数学家、数学哲学家，代表作《西方文化中的数学》《古今数学思想》。——编者注

大数学家往往有宏伟的构思，由美作引导。例如，韦伊（Weil）猜想促成了重整算数几何的庞大计划，将拓扑和代数几何融入整数方程论中。由格罗滕迪克（A. Grothendieck）和皮埃尔·德利涅（P. Deligne）完成的韦伊猜想，可说是抽象方法的伟大胜利。

　　回顾数学的历史，能够将几个不同的重要观念，自然融合而得出的结果，都成为数学发展的里程碑。爱因斯坦将时间和空间的观念融合，成为近百年来物理学的基石；三年前安德鲁·怀尔斯（A. Wiles）对自守形式和费马最后定理的研究，更是动人心弦。数学家不依赖自然科学的启示而得出来的成就，令人惊异。这是因为数字和空间本身，就是大自然的一部分，它们的结构也是宇宙结构的一部分。然而，我们必须谨记，大自然的奥秘深不可测，不仅仅是数字和空间而已。它的完美无处不在，数学家不能也不应该抗拒这种美。

　　20世纪物理学两个最主要的发现——相对论和量子力学，对数学造成极大的冲击。广义相对论使微分几何学"言之有物"，黎曼几何不再是抽象的纸上谈兵。量子场论从一开始就让数学家迷惑不已，它在数学上的作用仿若魔术。例如，狄拉克（Dirac）方程在几何上的应用，使人难以捉摸。然而，它又这么强而有力地影响着几何的发展。

　　超对称是最近20年物理学家发展出来的观念，无论是在实验还是理论上都颇为诡秘。但借着超弦理论的帮助，数学家竟解决了百多年来悬而未决的难题。超弦理论在数学上的真实性是无可置疑的。除非造化弄人，否则它在物理上也终会占一席位。

19世纪末数学公理化运动，使数学的严格性坚如磐石。数学家便以为工具已备，以后工作将无往而不利。

20世纪初，希尔伯特便以为任何数学都能用一套完整的公理，推导出所有的命题。但好景不长，哥德尔（Gödel）在1931年发表了著名的论文《数学原理中的形式上不可断定的命题及有关系统》，证明了包含着通常逻辑和数论的一个系统的无矛盾性，是不能确立的。这表示希尔伯特的想法并非是全面的，也表示科学不可能是万能的。然而，由自然界产生的问题，我们还是相信希尔伯特的想法是基本正确的。

数学家因其禀赋各异，大致可分为下列三类：

一、创造理论的数学家。这些数学家工作的模式，又可粗分为七类。

1. 从芸芸现象中窥见共性，从而提炼出一套理论，能系统地解释很多类似的问题。一个明显的例子，便是19世纪末李（S. Lie）在观察到数学和物理中出现大量的对称后，创造出有关微分方程的连续变换群论。李群已成为现代数学的基本概念。

2. 把现存理论推广或移植到其他结构上。例如将微积分由有限维空间推广到无限维空间，将微积分用到曲面而得到连络理论等。当里奇（Ricci）、克里斯托夫（Christofel）等几何学家在曲面上研究与坐标的选取无关的连络理论时，他们很难想象到它在数十年后规范场论中的重要性。

3. 用比较方法寻求不同学科的共同处而发展新的成果。例如，Weil 比较整数方程和代数几何而发展算数几何；30 年前朗兰兹（Langlands）结合群表示论和自守形式而提出"Langlands纲领"，将可以交换的领域理论，推广到不可交换的领域去。

4. 为解释新的数学现象而发展理论。例如，高斯发现了曲面的曲率是内蕴（即仅与其第一基本形式有关）之后，黎曼便由此创造了以他的名字命名的几何学，成就了近百年来的几何的发展；惠特尼（H. Whitney）发现了在纤维丛上示性类的不变性后，庞特里亚金（Pontryagin）和陈省身便将之推广到更一般的情况，陈示性类在今日已成为拓扑和代数几何中最基本的不变量。

5. 为解决重要问题而发展理论。例如，纳什（J. Nash）为解决一般黎曼流形等距嵌入欧氏空间而发展的隐函数定理，日后自成学科，在微分方程中用处很大。而斯梅尔（S. Smale）用 h—协边理论解决了五维以上的庞加莱猜想后，此理论成为微分拓扑的最重要工具。

6. 新的定理证明后，需要建立更深入的理论。如阿蒂亚—辛格（Atiyah-Singer）指标定理，唐纳森（Donaldson）理论等提出后，都有许多不同的证明。这些证明又引发了其他重要的工作。

7. 在研究对象上赋予新的结构。凯勒（Kähler）在研究复流形时，引入了后来以他的名字命名的尺度；近年瑟斯顿（Thurston）在研究三维流形时，也引进了"几何化"的概念。

一般而言，引进新的结构，使广泛的概念得到有意义的研究方向，有时结构之上还要再加限制。如 Kähler 流形上，我们要集中精神考虑 Kähler-Einstein 尺度，这样研究才富有成果。

二、从现象中找寻规律的数学家。这些数学家或从事数据实验，或在自然和社会现象中发掘值得研究的问题，凭着经验把其中精要抽出来，作有意义的猜测。如 Gauss 检视过大量质数后，提出了质数在整数中分布的定律；帕斯卡（Pascal）和费马（Fermat）关于赌博中赔率的书信，为现代概率论奠下了基石。20 世纪 50 年代期货市场刚刚兴起，布莱克（Black）和斯科尔斯（Scholes）便提出了期权定价的方程，随即广泛地应用于交易上。Scholes 亦因此而于 1997 年获得诺贝尔经济学奖。这类的例子还有很多，不胜枚举。

话说回来，要作有意义的猜测并非易事，必须对面前的现象有充分的了解。以《红楼梦》为例，只要看了前面六七十回，就可以凭想象猜测后面大致如何。但如果我们对其中的诗词不大了解，则不能明白它的真义，也无从得到有意义的猜测。

三、解决难题的数学家。所有数学理论必须能导致某些重要问题的解决，否则这理论便是空虚、无价值的。理论的重要性必与其能解决问题的重要性成正比。一个数学难题的重要性在于由它引出的理论是否丰富。单是一个漂亮的证明并不是数学的真谛，比如四色问题是著名的难题，但它被解决后我们得益不多。反观一些难题则如中流砥柱，你必须将它击破，然后才能登堂入室。比如一日不能解决庞加莱猜测，一日就不能说我们了解了三维空间！我当年解决卡拉比猜测，所遇到的情况也类似。

数学家要承先启后。解掉难题是"承先"，再进一步发展理论，找寻新的问题则是"启后"。没有新的问题，数学便会死去。故此，"启后"是我们数学家共同的使命。我们的最终目标是以数学为基础，将整个自然科学、社会科学和工程学融合起来。自从 A. Wiles 在 1994 年解决了费马大定理后，很多人都问这有什么用。大家都觉得费马大定理的证明是划时代的。它不仅解决了一个长达 350 年的问题，还使我们对有理数域上的椭圆曲线有了极深的了解；它是融合两个数论的主流——自守式和椭圆曲线——而迸发出来的火花。值得一提的是，近十多年来椭圆曲线在编码理论中发展迅速，而编码理论将会在计算机科学中大派用场，其潜力不可估量。

最后我们谈谈物理学家和数学家的差异。总的来说，在物理学的范畴内并没有永恒的真理。物理学家不断努力探索，希望能找出最后大统一的基本定律，从而达到征服大自然的目的。而在数学的王国里，每一条定理都可以从公理系统中严格推导，故此它是颠扑不破的真理。数学家以美作为主要评选标准，好的定理使我们从心灵深处感受到大自然的真与美，达到"天地与我并生，万物与我为一"的悠然境界，跟物理学家要征服[1]大自然完

1　在编辑本文时，作者对此处"征服"二字特意做了解释："文艺复兴后，科技大发现的一个重要事情是欧洲国家的航海时代，大量的殖民。他们自称 rule the wave！他们认为他们是海洋的统治者，从这里可以看到他们的想法。我没有说这是正确的想法。只不过反映西方某些科学家的想法，但是这样的想法并不是一成不变，很多科学家的想法也与时并进，尤其在环保的问题上。"——编者注

全不一样。物理学家为了捕捉真理，往往在思维上不断跳跃，虽说不严格，也容易犯错。但他们想把自然现象看得更透更远，这是我们十分钦佩的。毕竟数学家要小心翼翼、步步为营，花时间把所有可能的错误都去掉。故此，这两种做法是互为表里，缺一不可的。在传统文化中，我们说立德，但从不讨论如何求真。不求真，则何以立德？我们又说"温柔敦厚，诗教也"，但只是含糊地说美。数学兼讲真美，是中华民族需要的基本科学。

关于数学学习 [1]

> 世界上没有一种学问是不花功夫，就可以得到很好的
> 结果。

从前我们念中学和大学时，能够挑选的科目不多。现在大不同，可挑选的比较多。如果想赚钱，可以念工商管理，它有很多不同的课程，教你怎么赚钱。其实对整个国家来讲，也需要懂经济或工商管理方面的人才，赚钱没有什么不好，人们没有必要都来念数学。可以谋生的学科很多，也可能比较容易，而念数学不仅仅是为了混口饭吃。假如不想念数学，建议早做决定。如果要念数学，那就花功夫在这上面。

1　本文根据 1992 年 1 月作者在"台湾清华大学"（新竹）的演讲内容，由赖鹏仁先生记录并整理，原载《丘成桐的数学人生》（浙江大学出版社，2006 年 9 月）。编入本书，编者略有修改。——编者注

懂得越多，才知兴趣所在

决定要念数学，就得花全部精力到数学上。希望你对数学有兴趣，在数学里得到大的乐趣。这对以后的成就，也会有很大的影响。

我觉得最不好的，是你对数学有兴趣，却为了赚钱而学其他科目，其实也不见得赚得到钱。因此你的决心要下得很大，不能三心二意。"让我念念看，假如不行的话再转。"很多人这样想，尤其是中国学生，进了大学再试试看。这儿不行就转转，最后搞得两边都不如愿。为什么一定要这样呢？

我很早就下决心要念数学，从来没有想过要转其他学科，或是为了其他事情而不念数学。

数学有很多不同分支。在大学里，你可能对每一门数学分支的了解有限。因此你当时难以明确对哪一门数学兴趣大。

兴趣大小和你对学科了解的深浅有关。你可能对某样东西有兴趣，可当你不了解它时，你就不可能对它有兴趣。譬如爬山，爬过了小山才看得到大山。你还没有看到后面的山以前，就不可能对后面的山有兴趣。所谓兴趣和了解多少有一种非线性的关联。

这个兴趣和你当时所处的地理环境和时间有关系，也就是说和当时的时空关联比较大。譬如，你刚好在台湾，周边的教授们若是专做某一领域的研究，那么你了解其他领域的机会就少。或者你恰好到世界某个机构，也许时机不对，当地大部分数学家不太关注你的这一领域，而是感兴趣其他领域的问题，虽然这并不说明其他领域的问题就更重要。所以数学家对数学的了解跟时空有关，兴趣也会跟此有关。

一个年轻的学生，首先要开放心胸。你所念的学科，很多时候跟其他的学科关系甚大，不要以为你念的跟其他学科完全无关，就不学其他学科了。比方说，我对泛函分析有兴趣，而跟泛函分析关系不大的，就算有一点关系的其他学科，我也不想去学，这是一个错误的观念。其实泛函分析跟偏微分方程及很多不同的理论有关。大学是一个通才教育，就算你只对代数有兴趣，除了代数以外，微积分也要懂，微积分对代数有很大的影响。大学所能提供的课程，你们年轻人都应该去学。不但要学，而且要尽量学好。

基础打好，对研究帮助很大

很难想象有什么大学课程在研究院时是不重要的。在大学里念的每一门课，和以后研究都有关系。在研究院一二年级的课，对以后的研究也大有好处，应该尽量将基础打好。到真做研究时，你会发现需要很多工具。很多知识如果你在大学和研究院时没有学好，那就不幸了。因为到了博士阶段，常常要赶写论文，如果发现工具不够，就得花很多时间去补课。如果工具不够又不想去补课，那就会很麻烦。博士毕业以后，将面临很多不同的其他压力。你要尽力发表文章，一下子没有那么多时间将所需要的那些工具重新学。所以念大学和研究院的那几年时间，要尽量将所有基本工具全部学懂，这很有必要。

我很多朋友是代数几何做得很好，可是需要用到分析做工具时，他们就觉得很怕。分析学得好，可是需要代数时就很怕。我觉得好的数学家，至少要懂得两门以上的数学。这样当题目来时不会恐惧，才能活跃地做一个好研究。

每一门学科你要学到什么程度呢？当遇到一个研究课题时，虽然不见得能够解决掉，但至少要知道你可以对这个问题产生一些想法，同时可以找到这方面的文献，将它基本的术语弄懂。明白怎么去攻克这个问题，然后开始解题。这个问题不一定能够解决，至少你不觉得不着边际，知道怎么去对付。要做到这一点，其实是要懂很多知识，要经过相当久的训练，才能够达到这一程度。

问问题是一个重要的训练

因为个人能力所限，一个人不可能通晓每门学科，这并非我们不想。当遇到一个题目时，它不见得正好是熟悉的领域，我们往往会产生很多不同的相关问题，希望能够找文献或至少找合适的做研究的人，问他们碰到这种题目时要怎么对付。

你们在大学或研究院要懂得怎么提问，这是重要的基本功训练。提问的训练，从小的方面来讲，就是问老师或同学；从大的方面来讲，就是自己做一些还没有人问过的问题。要判断一个数学家的优劣，往往决定于他所问问题有没有意思，是不是重要，有没有深度。当你成为一个专家时，才知道你问的问题有没有意思。

对年轻人来讲，问一些自己认为有意思的问题，是一个很好的训练。你问的问题，可能是专家们熟知的，或是人家已经解决了，其实也没有什么关系。问问题并不容易，但要尽量在这方面训练自己。

大学念到一二年级时，应当通过跟同学讨论来训练自我，也要通过向老师问问题来训练自己。

你们清华的同学间，彼此讨论问题的情况怎么样？我觉得这也是重要的学习过程。无论是懂的问不懂的人，或是不懂的问懂的人，这对双方都大有裨益。

自己不懂的问题去问懂的人，当然对自己有好处。反过来讲，你跟不懂的人解释自己懂的知识，也是一个很好的训练。因为往往人们认为很懂的知识，当向别人解释时，才发现自己其实不懂。向对方解释数学命题时（一般地，大学读到的多是已知的命题），常常会发现本来以为是对的理解，原来是错的。所以无论是自己学得不大好的，还是自己学得很好的，互相讨论对双方都有好处。

高年级同学知道，在看课外书或是参考书时，前面的第一章，往往觉得很容易，第二章也容易，到第三章可能模糊，到第四章时好像很形式化，并不懂什么意思。为什么会产生这种现象呢？这很简单，因为第一章比较浅一点，你看懂了。第二章其实你不懂，你就跳过去了。比如，书中的证明没看懂，但自以为明白。越看越多时，前面没有掌握的知识越累积越多，到了最后，根本没办法控制学习。

假如你看一本书时，可以对着一个人讲，甚至对着一个黑板讲。对着同学讲，不仅有意思，而且同学往往会问些问题，让你明白什么地方没有搞清楚。经过这一过程后，你会知道什么地方懂，什么地方不懂。所以我鼓励学生一定要教书。

做研究的人也一样，一定要经常参加讨论班，在讨论班上讲课，不能仅仅做研究就算了。教书的好处跟上面讲的一样。在讲自己的研究时，或者在讲一个命题时，你往往一路讲一路发觉自己有什么不足的地方。不讲自己的研究，你对自己有哪些不足好像很模糊，甚至搞不清楚。当你向别人讲时，一点一滴讲出来，你就晓得自己有哪方面不足。你所做研究各部分中间的联系，并不像你想象的那么完善。因为发觉研究不够完善，所以我们还要继续向前做。假如研究已完美，就可以告一段落了。

所以同学跟同学间、同学跟老师间的讨论，是很重要的。

任何一门科学，包括数学，都在不断地发展和完善中。在每一个层次上，人们都可以问一些重要的问题。一般地，数学里即使很简单的知识，你也可以问出重要的问题。这些问题你并不一定能够解决，但可以跟老师或者跟同学讨论。

在问问题时，可以将自己的整个思考过程梳理清楚，这是个重要的训练，我鼓励大家尽量多提问。

我从很早时就常问问题。我在中学时开始找问题，研究过很多问题，看有没有办法自己解决。

其中有一个问题：给一个三角形多少数据，就可以完全决定一个三角形呢？一般地给定三个数据，例如一条边两个角（ASA）或三条边（SSS），都可以决定三角形。假如给的是三个分角线的长又如何呢？三角形的数据一般有边长、角度、分角线长、中垂线长等，随便抽三个出来，是否就能决定一个三角形？

这个问题，我考虑了一年多，最后发现它并不简单。那时上学每天需要坐火车，我就在火车上想。最后看了一本参考书才知道能不能解，不过整个思考过程对我的帮助很大。

中学二年级时开始学平面几何，在三年级时我开始想这个问题的。还有一些问题比此更复杂，所以在最简单、最平凡的知识中，你也可以找到许多有意思的问题问自己。

在自然界里或数学中问题多如牛毛，关键是自己要去找或怎么去找。这就需要自我训练，方法很多，要自己努力，同时要多跟别人来往和探讨。训练要花功夫，要动脑筋，不是随便讲两句就行了。要清楚从早到晚究竟花了多少功夫在研究上。

做学问用功很重要

我从前有一个博士生，资质不错，想法也不错。我跟他说：你一天最少要花六个钟点在数学上想论文。他说不行。后来他也没有再做下去。你们能否每天花六小时思考数学，或学习数学？做学问全神贯注很重要。假如不能全身心投入，那就干脆不要念数学。

大学毕业后，我一天至少有十多个钟头在想数学。你不一定要这样，但至少也要花一定时间钻研，才能做一个好的数学家。如果愿意花很多功夫，那么你一定会有收获。

一个好的数学家，除了用功之外，也需要有些运气。天赋有影响，你们能考上清华，天赋应该不差。真正重要的，还是全神贯注的能力。

以前我在香港念中学和大学，当时很想看参考书，可是书既昂贵又不易找到。你们现在在清华念书，要找什么都找得到。找比较好的教授来讲课，现在也容易。所以，要学好数学，主要是我们自己想不想做好学问，不要找借口。

国外很多大学学生多，不大容易找到好的老师，研究的机会可能也比这边少得多。我读大学时的经验就是这样，要靠自己用功。

做学问和研究要靠自己。一般来讲，你到一个学校，刚好跟你做同一领域的人并不多，顶多两三个而已，基本上靠自己去开拓。参考书籍有了，不一定要靠别人，得培养自己的能力。只要肯问问题，靠自己就不会差太远。

一旦决定学数学后，就要享受数学的乐趣。好比下棋，假若对下棋没有兴趣，被逼去下棋就很痛苦。如果你对下棋有兴趣，你就越下越有意思，下到难处更有意思。做数学也一样，碰到难题更有意思，所以一定要培养兴趣。

兴趣需要培养。如果问一个小学生："你对微积分有没有兴趣?"他当然会讲对微积分没有兴趣,因为他根本不懂微积分。同样地,如果我问你对微分几何有多大的兴趣,在还没有开始学之前,当然不晓得,因为你根本不懂微分几何。你现在有无兴趣,其实是个空洞的问题。只有你真正做进去后,才会发现你对它的兴趣有多大。

【问答录】

问: 请问您当初是什么原因或机缘选择做几何研究的? 另外,我已经大四了,想学数学。现在好像对分析、几何比较有感觉,可是学到代数和拓扑,觉得很有挑战性,也很想去应战。以您的经验,有什么建议吗?

答: 我从前在香港念书时,觉得泛函分析有意思,我想念泛函分析。那我为什么后来对几何有兴趣? 因为我去伯克利后,刚好很多人在谈几何,我自己也在看一些几何的问题,就这样做进去了。其实我的兴趣在很多方面,不光在几何。我觉得数学不应当将它们分界得很明显,我也做很多几何以外的其他研究,这是第一点。

弄懂第一个问题后,也容易回答你的第二个问题。因为整个数学的走向,不应当有很大的分界线。你现在念大四,既然对代数、拓扑也大有兴趣,那就应该花很多时间去学习,将这方面的基础打好。你要开放心胸,不要局限在有兴趣的那几门学科上,争取把每一门都尽量念好。

譬如念微分几何，因为微分几何是在一个拓扑流形上才能做，因此要学懂拓扑，才能做微分几何。假如你要学分析，现在有很多人用拓扑的方法去做，用不动点原理，用比较不同的拓扑去做，所以拓扑也要学。不然就像我很多朋友一样，分析学得很好，可是一遇到所谓微分流形上的方程，或一些与此有关的问题就通通不敢碰。将数学分界得太清楚不一定不好，但会有一定的局限性。

一个好的数学家，每一门分支都要学得很好。你现在大四，学了几门数学课？在大学的课程里，每一门都该学好。不要说没有能力做到，事实上你一定可以。现在不把大学课程学好，你以后还是要补课的。因为数学本来无分彼此，不能分科得太厉害。在大学时，不一定就固定喜欢哪一门，但你现在可对某门课兴趣比较大，兴趣也随时可以改变，我想这样比较好。

数学是自然的科学，研究自然的现象。你明白这点，就知道什么重要，什么不重要。有一些数学题目我不愿意做，因为矫揉造作（artificial）。每一个人的观点可以不同，我不愿意做矫揉造作的数学题。我这样看待数学，而不像你们那样按门分类。

数学历史上有许多科目发展到了某一阶段后，不是不行了，而是它们成熟之后，被吸收融合到其他科目中去了，这一领域基本上便不再独立存在。如一般拓扑学，在历史上曾起了重要作用。可是在变成基础知识以后，就被吸收到所有数学领域中去了，我们现在根本就不谈了。一般拓扑学变成一个数学工具后，就不再成为一个领域。数学里面有很多这种课程，讲到某一程度以后，我们对整个理论理解透彻了，就不再需要独立出这门课。假如你刚好学到这门课，而又不愿意学且不懂其他门课，那做数学研究就会遇到麻烦了。

问：听说有些数学家会对哲学等其他领域感兴趣，不知道实际情况怎么样？

答：每一个人在课余的时候，都会有不同的兴趣，这是很重要的。凡是对思考有帮助的科目，你去学它总是有好处的。

哲学对人们的思考有帮助。爱因斯坦就对哲学大感兴趣。他开始在做广义相对论时，讨论过哲学上的问题，也受了哲学一定的影响。我们学数学，主要的精力要用在数学上。学其他对你思考有帮助的学问，对你的专业本身也会有明显的好处。每个人兴趣不同，你可能对文学感兴趣，而我则喜欢看历史，我觉得历史对我帮助大。

问：历史对数学的帮助在哪里？二流数学家做一流题目也算是一流数学家吗？历史经验能帮您选取一流问题吗？

答：历史就是看从前的经验，对不同事物的经验。经验对你在做题目时是有好处的。研究题目的取舍，表面上看很简单，其实有大学问。

第一流数学家，假如他选取的问题总是第二流的，那么他顶多也只能做个二流数学家。一个二流的数学家，假如他选取的题目都是第一流的，虽然他不一定做得完这个题目，可是他如果做到这个题目的二分之一，他也算是第一流的数学家，因为他对整个数学的发展有一定的贡献。

什么叫二流的学问？就是研究琐碎的问题。我们对这类问题都有一定的认识，有很多人不太愿意做，或是有其他的原因不大愿意去做。因为做二流的问题，虽然用了很大功夫做出来了，但对整个数学的进展没有大的帮助。

对研究题目的取舍，往往跟个人的经验有关。如果了解哲学或者历史，这些经验对你会有帮助，念其他书对你也有帮助。比如文学，看某些小说，尤其看经典小说《红楼梦》或《三国演义》（武侠小说不行），你就晓得取舍的问题有大不同。

问：过去数学家发展了很多理论，后来物理学家发现有许多物理理论的结果跟数学的结果一样。最近十年超弦理论的发现，是因为物理学家认为应该用到更复杂的数学，来研究高能物理，所以他们把代数几何或更抽象的数学引进来，您觉得这样走的路会不会是错的？杨振宁说过，这种从抽象数学出发的路对的机会不大，您的看法如何？

答：这个问题看你是怎么讲。爱因斯坦开始做广义相对论时，并没有物理学的支持。他是从哲学或者科学哲学的角度入手，知道要什么，同时有数学工具支持，做成了广义相对论。过了没有多久，就有实验在某种程度上证明了广义相对论是对的。

超弦理论最大的问题，是它不像爱因斯坦相对论那样，有一个坚实的哲学背景。另一方面，我们深信这个学问有很好的想法，某种程度是正确的。目前的问题不是数学上的，而是物理上的哲学背景在什么地方。就好像在钓鱼，你看到鱼竿在那里剧烈地摆动，可是看不到鱼在哪里，也不知道是什么鱼。

不过，从种种迹象来看，它在数学上具有惊人的相容性。作为一个数学家，我认为，超弦是在描述自然界的现象，否则不应当会有这样一个融洽的数学理论在它里面。我们在找它的哲学背景，只是现在还没有找着。现在所有的物理理论都是摄动出来的。摄动和非摄动的关系差得很远，我们希望超弦能找到非摄动的方向。

问：我们用量子场论的方法，也就是用摄动的方法非常好，为什么突然一下跳到超弦这个层次？

答：我想问题不单是超弦，自然界有四种力：强作用力、重力、弱作用力和电磁力。在强作用力下，摄动方法是不够的。超弦中的对偶方法可以将非摄动的现象变成摄动方法加以处理。

问：量子色动力学 (QCD) 还是一个摄动理论？

答：QCD 已经无法完全解释宇宙一些微妙的结构，但是并没有证据显示超弦理论不对。它是有极端美妙的数学来支撑的。这个研究会继续下去。

问：俄罗斯有一位物理学家，认为重力甚至不是一个基本力，他觉得重力不该量子化。如果从这个角度来看，那整个超弦理论就错了，因为超弦理论是为了要把重力量子化。

答：我记得陈省身先生常常跟我讲，四个力在那里很好嘛，为什么要统一它？假如你相信宇宙是在一个很简单的基础上建立起来的，那为什么会有四种不同的力？我们没有办法解释它，那就一定要统一它。就好像数学，平面几何有许多不同的公理、定理，可是为什么我们很高兴找到几个公理，全部将它解释清楚？这个问题是同样的，这是一个信念，我们相信宇宙是由一个简洁的基础建立起来的。我们要找几个公理可以假设，或是几个简单的定律可以解释不同的现象，越简单越好。如果你相信的话，这个问题不存在了。

问：对于大学高年级同学，若是对微分几何有兴趣，有哪些书较适合读？

答：我不晓得你们大学的微分几何念什么书。（答：通常是DoCarmo的书）DoCarmo的书念懂了也很好。微分几何的书其实不少，看你自学还是跟老师学。自学的话，Spivak的那本书写得很详细，好像还不错。Spivak书的好处就是解释得清楚。你要是跟一个讨论班学的话就大不同，因为Spivak不是特别出色的专家，他的书没有涉及微分几何的深奥内容。Spivak的书学完后，将基本内容搞懂，应读其他好书。Milnor的几本书写得好，我从前念微分几何就是从Milnor那本《Morse理论》开始学的，这本书写得简洁紧凑。

问：大学除了数学以外，还有很多其他的学科，我们会想去碰文学或其他的学科。作为一个数学家，您对数学以外的世界有什么看法？

答：我刚开始讲过，第一件事，你一定要决定自己想做什么。无论做什么学问，你都要全神贯注一段时间，一定要学懂这门学问，达到自认是专家的地步。你做得很专以后，其间可能会牵涉到其他学问。不过，你主要的注意力还是在专业上。我一天花十多个小时念数学，当然有其他几个钟头是跟人谈谈其他事情。有时候听听数学课，有时候也听听物理课。不过，我始终都有一个主要的方向和研究课题。我不反对你们去看历史、学哲学、念文学，但要晓得自己的主业在什么地方，什么东西最重要。

一个人的精力毕竟有限。假如一个人认为可以同时既做文学又研究数学，我想他两头都做不好。这种同时做两个完全不同领域的学问，且能做得好的所谓天才，我还没见过。有一些人说要多做社会工作，我不反对，因为你关心社会与研究数学并无矛盾。做数学的同时，可以花点时间去关心社会。即便你花全部精力从事社会活动，我也不反对。不过你在做这个决定的时候，就要知道你的数学会做不好，因为你事实上没有这么大的才能，能够同时专心在两个不同领域的问题上。

可是这并不排除你将数学搞懂以后，你再去搞文学，或者做完文学再来做数学，当然做完文学再做数学要困难一点。很多数学家弹琴弹得很好，唱歌唱得很好，有几个弹琴弹得一流。不过，他们晓得什么是主要的，什么是次要的。偏微分方程做得很出名的 Morrey，弹琴也是第一流；Banach 空间上算子代数做得很出名的 Enflo，跟我共事过，年纪和我差不多，他弹钢琴在瑞典是数一数二的。他是在做好数学再去弹琴的，这里有个先后次序。

问：老师刚刚说做学问要全神贯注。年轻人感情的问题常会造成困扰，老师当年求学是不是也有这种困扰？如何处理这种事情？能不能给个建议？

答：不应当有矛盾。做学问和其他事务，如感情，可以分得很清楚的，我看不出有什么特别大的矛盾。出名的数学家，如 Euler，他有十多个小孩，家事很忙。从前做数学与现在不同，比现在辛苦，他要支撑整个家庭，照顾一大堆小孩。可你去图书馆看 Euler 写的著作，至少几十本文集，单抄书就得抄很久，才抄得完。由此可见，学问和感情并不一定有矛盾。你不可能整天在想女孩子吧？

问：爱因斯坦说过一句话："专家不过是训练有素的狗。"您怎么评价这句话？

答：首先我不相信爱因斯坦说过这句话。其次什么叫作专家是个很难讲的问题。假如单是重复人家做的，就叫作专家的话，你可以说你的话是对的。你可以做一个擅长考试的学生，每次考试都考得最好，这是训练有素的，你叫他狗也好，叫什么也好。专家不专家实在很难定义，有时候你看小孩子玩电脑游戏，我觉得他们比我懂，他也算是专家。

不要讲一条狗，一条狗其实比机器聪明。现在很多人在做计算机应用，训练计算机研究题目或者定理。目前还差得很远，最简单的就是"品味"的问题没有办法解决，对选题是否有意义的感觉。一条定理好或是不好，这个问题机器没有办法决定，狗也没有办法决定。假如你所谓的专家是这样子的专家，他当然没有办法决定。

我觉得怎么认定你做的题目有没有意思，是第一流的还是第二流的，这是一个严肃的问题。微积分和加减乘除既然有区别，那么研究当然也有高下之分。假如你连这点都没办法分开，我们就不能讲是高层次的研究。

问：我们大一要念计算机概论。有人说懂一些计算机对我们将来学数学会蛮有用的，又有人说没有用。请问，计算机跟数学有多大的关系？

答：我前面讲过，只要你学到一门严谨的学科，对你的学问总是有好处。计算机基本上也是一样。尤其是我们做数学研究，开始时并不一定清楚我们要什么东西，不晓得什么是对的，什么是不对的，但做研究的趣味就在这里。

假如我们自己知道什么是对、什么是错的话，当然还是可以再去证明。不过，最有意思的是，无法确定什么是对、什么是不对的时候，这时我们往往要做实验。数学上的实验很多是用计算机做的。现在因为计算机比从前高级多了，所以对纯数学研究有很大的帮助。跟刚刚找题目的意思一样，我们找找看有没有办法找到一定的规律出来，然后再找我们要求的定理是什么。你除了单在脑子里猜外，还可以让计算机帮你算。譬如研究非线性常微分方程和非线性偏微分方程，你很难预测它大范围的行为是怎么样的。假如你精通计算机，你可以用计算机算算它怎么走法，这对你帮助就很大。我不懂怎么做数学实验，就找人家帮忙。所以你能够在大学学懂编程，做一个好的数学实验，本身是一个很重要的素质。

问：16、17 世纪的数学家，好像涉及领域比较广，比如物理、天文方面，现在的数学家好像比较专注于数学，似乎不大一样，对不对？

答：其实没有不一样。问题是现在的天文、物理比从前难，我们观测到的数据多得多。就实验物理来讲，我们做数学的很难去接触，并不是我们不想，是因为数据实在太多了，很难处理。我们现在跟理论物理的关系，和 16、17、18 世纪也差不多。不过那时学问分得没有这么细，所以当时看起来好像数学和物理密切一点。过 100 年重新看 20 世纪的数学跟物理的关系，我想不见得差很远。

首先因为我们生在这个时代，很多东西看起来比较散乱；其实过了 100 年后，我们现在做的学问大部分都被忘掉了，剩下几个重要的，所以到那时候看可能清楚一点。16、17 世纪的学问，很多东西根本就不见了，所以你看不出来。只看到几个主要的人物，比如牛顿、莱布尼茨。因为你单看到这几个人的工作，所以看起来好像每个人都涉猎很广的样子。过100年以后，你再看这个世界的工作，也是只能看到几个人而已。图书馆里面，每天可以找到很多发表的文章，可大部分文章都会消失不见了，这是你可以想象得到的。

问：那些看不见的东西，有没有它的价值？

答：你的问题应这样理解。就像打仗一样，几十万人去打仗，结果几十万人你都不记得他们的名字，只记得几个将军，或者几个国家。他们不重要吗？他们当然重要。

问：您会不会觉得我们现在学的东西相对以前要困难很多？譬如说平面几何，以前是第一流的数学家在做的，现在我们拿来当基本工具。

答：跟我刚才讲的意思是一样的。很多东西当时是难，过了50年以后，你再看这些东西就简单了。想想在几十年前，除了几个出名的物理学家以外，可能所有的物理学家都认为量子力学是很难的问题，而现在每一个人都在运用它。

我们刚做研究时，会觉得难。因为有不同的理论在里面，不同的理论可能会有错的或不完美的，最后你要丢掉它。当你丢掉这些有错或不完美的理论以后，所做学问就干净，容易懂。这样我们一边做，一边将整个学问了解得清楚很多，之后这个学问变得清晰，吸收了其他不同理论的概念，其他不同理论就不见了。

举个例子，当年高斯计算很多微分几何问题，对当时而言都是很神秘的。高斯的一个著名定理说，曲率是内蕴不变量。记得我上大学时，写得很复杂的等式，看起来难得不得了。可是在你懂微分几何后，你就觉得这是很简单的结论。很多计算或很多重要的理论，时代久远以后，慢慢将它融合，变成一个数学观念，就不再是工具。这个观念你接受后，根本不会觉得困难。

所以我不觉得我们现在的科学会比以前难得多，而是我们刚好在这个时候发展科学，很多观念还没弄清楚，才觉得困难。

问：可是整体上知识的累积还是越来越多？

答：目前为止，我们的脑袋可以容纳这些知识，并不见得特别困难。因为知识不断地累进，我们不断地消化它。一个好的定理在刚出来时，往往难得不得了，几百页的证明。比如 Picard 定理，当时 Picard 证明这个定理时，写了一百多页的证明。现在 Picard 定理的证明可以一页多就写完了。这是什么原因？如果说这个定理重要，人们就会花大力气慢慢将它消化，直到最后的定理变得简洁易懂。一般地，重要的定理在十年二十年后，它的证明会变得简单，因为人们通常会将这些定理的证明分解成很小部分，各个小部分吸收到不同地方去，最后剩下的是一个普通的证明，历史上所有的理论发展都是这样。比如平面几何，在古埃及时代，由于阿拉伯人一把火把埃及亚历山大图书馆烧掉了，埃及当然是没有多少文献留下来。不过我相信埃及造金字塔两千年，图书馆中一定收存了很多关于平面几何的定理和事实。当时没有欧氏公理，所有的现象很乱，乱得不得了，这边一条定理，那边一条定理，你可能觉得很难很难。可是等你将定理整体了解之后，就变简单了。

问：通常一个数学问题，会衍生出好多个问题来，但是数学家增加的速率远比问题增加的速率小，会不会造成一大堆问题做不完？

答：这个问题不大。譬如平面几何，到现在还有很多难题。你去看 Erdős 的问题集，很多平面几何问题还没有解决。没解决并不表示我们不懂平面几何。我们对平面几何基本上是懂的，可是有未解决问题，这并不表示不好，而是表示这个领域还是很活跃的，还有很多问题可以做。反过来说，一个领域里面，如果没有未解决的问题，表示这个领域已经被我们了解透彻了，没有东西可以让我们继续再做下去。这个领域就可以说是枯竭了。

问：如果您现在从头再当大一学生，整个生活可以按照自己理想安排，您会怎么安排大学一直到研究所的生活？

答：我从前当学生的过程和现在不一定一样，因为时代不同。那时的香港和你们这个时代不同。譬如，你们比我们富有得多，我们那时根本没有钱。你们现在找图书没有问题，没有人会抱怨图书不够，现在专业工具也完备多了。我们那时在香港要找一篇文章或一本书都很难，找到后有没有钱去买，也是一个大的问题。那时老师水平也不如你们现在的老师，老师拿博士学位就很了不起，大部分有硕士学位我们就觉得很不错了。所以我的大学经验和你们的相比有很多不同。你们现在跟我在研究院时差不多，有好的研究条件，借书什么都不成问题。

但是那时候我能够全神贯注于数学。我在研究院一年半里，伯克利能够讲授的所有数学课程我基本上都听过。有时还在课堂里讲课，不单是听课，所以要花很多时间。我不相信你们愿像我一样花那么多时间去做数学。大学和研究生时期，最容易花时间去念书，也是了解数学全部基本工具的最好时候。毕业以后，有种种不同的因素限制，要重新再学基本工具就困难得多了。所以你有多少时间就尽量花多少时间学习，基本课程要尽量学，甚至你能去念理论物理，去念理论化学都很好，看自己的兴趣，这对你会有很大的帮助。当然你对实验物理也有兴趣最好，只是这样你不会来念数学了。

问：在大学时代，尤其像我们大一学生应看些什么课外书或杂志？因为大一，很多东西还没学，应该多看多学不同的东西还是多做练习？譬如平面几何的练习或高中、大学的练习？

答：不能笼统地这么讲，要看每一个人的程度。如果大一基本功课还没学懂，你还能看什么课外书？你们大一线性代数学不学？主要是学微积分，念懂了没？念不懂就不要讲什么了。要将微积分学得很透，不要以为你要学代数，所以就不念微积分，这是不可能的事。微积分在代数里面很重要，所以你要将微积分学得透彻。

教科书一定要读懂，习题要懂得做，这是第一点。做习题不是为了考试，而是检验一下你对书里面内容了解多少，然后根据你自己的兴趣再去看课外书。比如 Hardy-Littlewood 很多文章和书，其实跟微积分都大有关系，或者你去看 Fourier 分析，可以研究分析怎么应用到数论。参考书很多，尽量多看一些。当然这跟每个人的兴趣有关系，代数、线性代数都可以。

问：现在教科书，像微积分这类书，越写越厚，习题一大堆，您的看法如何？

答：微积分至少有一千多本书，我不可能都看过。我们从前读的老教材，其实都不错。我们大学时读 Apostol 写的书，有两本，到现在还觉得挺好。在大学一年多时间里，我从那两本书中学了不少东西。里面习题有一本容易做，另一本较难，都可以学学。英国学者如 Courant 或 Hardy 的书，都写得不错，他们是分析专家，写的书有一定深度。其实我在中学时看过 Hardy 写的《不等式》，是本好书。这本书对你以后的学习帮助会很大，了解不等式是怎么推导的，多学怎么用不等式这个技巧，我觉得很有意思。

一般认为，奇特的东西不一定就重要，像泛函分析、希尔伯特空间，并不见得最重要。微积分里许多基本工具很重要，解题方法也很重要。

问：我们上数学课时，往往感觉证明很长很长，弄不懂为什么这么证，又是怎么想出来的，念完整个领域，也搞不懂它在干什么。

答：这是一个很重要的问题。学生往往背下方法，记下证明，以为基本上将定理背懂了，当然考试可以得高分。不过，对于一个定理，首先你要了解，这个定理有什么意义，为什么要证明这个定理，为什么要这样证明，这是第一步。然后，你想想假设你不懂这个证明以前，你怎么看待整个问题，会怎么去做，这是很要紧的。为了了解这个定理，你应该想办法，将整个定理看看有无办法推广，推广这个定理，最广泛的情形是什么样子。我不是要你为了推广定理而推广，而是因为这是一个学习的方法。从推广的过程，你会慢慢地了解这个定理的证明。你随便找个定理给我，我可以跟你们讲大概怎么去推广它。

问：像隐函数定理？

答：你虽然没有学过希尔伯特空间，不过你可以在二维空间上，试试看你有没有办法写下隐函数出来。隐函数定理就是从一个方程式，比如两个变量的，$F(x,y)=0$，试试找出 $y=f(x)$ 满足这个方程。想想怎么去找，你自然就会明白，隐函数定理是怎么证的，回家试试看吧！

隐函数定理是用迭代的方法证明的，整个隐函数定理的步骤也是如此。你可以试写下一个具体的方程，试试怎么证明，你就可以知道整个思路的过程。如果有计算机，你可以试试整个迭代过程，计算机是怎么一步步操作的。运行几次以后，你就可以比较清楚怎么走，然后你可以改进算法，了解整个思路是什么样子。这类方法很多人不一定想过。不过，在不断改进的过程中，你对这个问题会了解更多。

隐函数定理推广到希尔伯特空间上面去以后，就成为一个重要的偏微分方程的方法。你可以试试隐函数定理在希尔伯特空间是怎么做的，这个推广很重要。你可能还没有学过希尔伯特空间。不过你大可试试，因此将希尔伯特空间学好，明白无限维空间是怎么回事。应用隐函数在希尔伯特空间上，这可以用来解微分方程。

隐函数定理是不动点定理的应用，你就会知道整个不动点怎么用，迭代压缩映射，可以有很多不同的做法。有很多人一辈子在做隐函数定理的应用。

一个数学问题，可以找到很多不同的讨论角度。最简单的问题都可以找到很多不同的有意思的地方，这样才会将数学学得比较活一点。

问：请问丘教授在大学时代，对数学就是这样尝试的吗？

答：为什么不呢？反正有时间嘛。上大学其实最舒服，你做问题做不到也没有关系，做得到最好，就有兴趣。譬如，你玩玩计算机，觉得好玩，就玩下去，不好玩就找另外一个问题再做，没有谁讲你今天做不出来就不行。所以，我想这跟游戏差不多，其实跟念文学也差不多，主要是看你有没有兴趣。你觉得有兴趣就继续玩下去，没有就算了。

问：您以前上学的时候，有没有碰到念书的压力？

答：这个问题看你说的是什么样的压力。比如，你总是希望考试拿到高分，尤其微积分考算式，看你算得准不准，但你怕算错了，这种压力当然有。不过如果你将整个微积分学懂了以后，这压力就不大了。要你微分、积分，你基本上会做，不过就是要稍注意下细节而已。譬如做积分考题，积分结果是否刚好是它的答案，你当然会有这种压力。同时积分要用到不同的技巧，有不同的方法，你当然希望多学一些技巧，担心考试刚好要用到这个技巧，这种压力总是有的。另一方面，如果你对整个学问基本懂了，那么你会比别人更没压力。中学、大学都会有这种压力，有压力好过没有压力。假如没有压力，有时候你会觉得根本没有意思。

不可否认，每个人都有惰性。无所事事，不写文章，你就慢慢吞吞、松松垮垮的。可是做学问没有这么简单，你要全盘了解学问，一定会有压力，这种压力对你进步是好事。

当学生时，会把考试看得较重。其实考试的压力比以后要写篇好文章的压力轻多了。考试的压力，就是在考前几天，顶多十几天，你觉得备考很辛苦。可你毕业以后，要作篇好文章，有时你会觉得很渺茫，怎么晓得有无好想法。当然，只要用功的话，你总有一些好的想法。只要坚持不懈，你可以试 10 次，10 次不中，也许第 11 次中了就行。这跟下棋不同，下棋下错了落子无悔，不能重新改变。做研究你改变 10 次都没有关系，错了就用另一种方法。问题是，你错了 10 次，假如没有压力，不成就算而放弃不做了。如果有点压力的话，就再试第 11 次，你可能就成功了。所以我觉得有压力是好事，不是坏事。

据我所知，所有好的数学家或是科学家，在研究学问时都面临压力。有些人吹牛他完全没有压力，很潇洒的样子，那是装出来的。近代科学家，最出名、最潇洒的是 Feynman，他的物理课讲得很出名，他演讲潇洒，举手投足之间，什么东西都讲得清楚，一副轻而易举的样子。其实每一个人都知道他花了很多功夫备课。Milnor 写书写得好，他也是花费了很多的时间。

世界上没有一种学问是不花功夫，就可以得到很好的结果。有的人可能是思考了很久以后，突然有段时间暂时放下，然后重新再想想出来的。他想出结果时，好像不费吹灰之力，其实是已经花了很多时间。爱因斯坦是著名的物理学家，他研究广义相对论、量子理论花了很多功夫，天天都在想这个问题。

比如同行间为了竞争做同样的课题，就会产生学术竞争的压力。这压力说是其他人给的也好，说不是也可以。其实并没有特别理由一定要将那个题目解出来，所以这种压力跟你的兴趣和好胜心有点关系。科学家总是面临一定的压力。很多人吹牛说："我是一个大天才，我今天要想出来就能想出来。"其实根本没有这种事，很多人是做样子给你看。第一流的数学家不会跟你这么讲，因为第一流的工作是尝试了很多次才做出来的。

问：请问丘老师，好几年前，我们常常听到美国有一些很聪明的华人学生，得到西屋 (Westinghouse) 科学奖。可是，过了一阵子后，这些人好像都消失了。那些聪明的华人都跑到哪里去了？以您在美国多年的经验，怎么看这件事？是不是就像您刚才讲的，都跑去赚钱了？

答：得西屋奖（现美国科学天才奖）我觉得很好。一个学生要多方面思考才做得出来，当然也离不开老师、家长的帮忙。据我所知，拿西屋奖的华人，大部分都是很能干的科学研究人才。华裔拿了西屋奖以后，因为其中大部分人都不念数学，所以我不太了解他们的前途是怎么样的。

很多出名的公司里面有很多出色的华裔工程师，因为他们与学术界的联系并不是那么密切，所以我不一定听过。

前些年中国学生念数学的不多，原因就是学工程学、商学赚钱比较容易。最早出国留学，尤其到美国留学的学子，基本上念理论科学。那个时候出国学数学、物理的很多，他们也很用功。有不少为了学问而学问的人，不过多数是为了出国而念的。大部分学数学的，可能是对数学兴趣大点才来学的。中国有十多亿人口，要找到学数学的人和好的人才还是有的。

问：我们在做作业解题的时候，常常想了很久都不知道该怎么办，可是翻开解答一看，它的想法实在非常怪异，我们要如何去了解这种怪异的想法？它在我们学习数学的过程中扮演什么样的角色？对我们整个思想又有什么影响？

答：我不懂你说的什么叫怪异。一个数学题目的解决，往往有很多不同的途径，尤其你们还没有做研究的经验。你讲的怪异是花了很多功夫来解决，或是很自然的解法？

问：只需几个步骤就解决了，令人惊讶。

答：其实你能够惊讶就很好，说明看懂了解决的方法，就很难忘掉解决的方法。假如你不惊讶就背下来，可能很快就忘掉了，这对你根本没有好处。每一个解决问题的方法，假如跟标准的书里的解法不同，这是多了解决一个题目的方法和工具，逐渐积累起来以后，就是等于一个工程师口袋里有很多不同的小工具。等你做其他问题的时候，这个工具可以重新再用。所以为什么学生应当去解题目就是这个缘故。一方面你了解一门数学的大方向，另一方面你口袋里面能储备很多工具。

有很多人爱讲哲学、讲理论，"认为数学什么什么样子"，结果真正到了要解决问题的时候，口袋里面没有什么工具。就像盖一个大房子，你可以知道大概的工程是怎么做的。可是仅仅这样是不够的。因为要去盖房时，就会发觉这边要上螺丝，那边要上铁条，你不懂这些就盖不起来，做题目也是如此。如果你没有想之前就看那个解答，看了以后，这很简单嘛！基本上就是这边乘一乘，那边除一除就行了。可是，你先想那个题目，再去看解答，你才了解，这个解答并不是那么容易的，你做就做不出来，为什么他就做得出来？所以你一定要先想题目再看解答，一定要学会这种工具。要学会这种很奇异的解答方法，学会以后，第二次再出现同样的问题，你就可以用。

我研究数学的经验 [1]

> 无论是谁在真理面前，必须要谦卑，努力学习。

今天我想讲讲自己做学问的经验。很多中国研究人员做研究的方法并不见得是最好的。我发现有些年轻人在国内做研究并不杰出，但在国外却做得很好，这是值得思考的现象。所以，我想讲讲我自己的经验，包括我对数学的看法，让大家参考一下。

做学问贵在求真和热忱

做学问最重要的是要有热忱，要有求真的精神，但这种精神

---

1 本文系作者在新竹交通大学（1997 年 6 月 9 日）、湖南大学（2020 年 9 月 17 日线上讲座）、清华大学数学英才班与学堂班座谈会（2020 年 10 月 10 日）、上海交通大学（2020 年 11 月 6 日）演讲的讲稿修订而成。原载于《数学与人文》丛书第 19 辑《丘成桐的数学人生》(高等教育出版社，2016 年 5 月），修订稿刊于 2020 年 10 月 23 日《数理人文》微信公众号。编者略有修改，文中小标题均由编者拟定。——编者注

是需要花功夫去培养的。我们在对自然界做深入的了解，或是寻找数学问题答案的时候，都会碰到不同的现象和观念，而真和美却是始终如一的。发现大自然的真和美，是做学问的终极目标。追求真与美需要无比的热忱，因为我们在做学问的路上会碰到很多不同的困难，假如没有热忱的话，就没有办法继续走下去。知道自己追求的目标无误，热情才不会消减。所以要做大学问，一定要想办法培养自己追求真和美的热忱。

几天前我读父亲的遗作，其中提到屈原说的话：路曼曼其修远兮，吾将上下而求索。做大学问的路长且远，我们一定要看得很远，才能够成功，因此我们要上下去求索，要想尽办法去求真。如何去寻找真与美，并且能够始终不断地坚持下去，是我们成功的一个重要因素。

一个活跃的科研团队，往往要和其他团队激烈竞争，尤其是实验科学的研究，可以说是分秒必争。当一个重要的科研题目出现的时候，大家都知道其他团队也在做同样的问题，研究团队会聚在一起，往往工作到深夜，甚至通宵达旦。他们一致的目标，就是比别人快一点，早一点将实验做出来，早一点发表文章，这样做固然是一个同行竞争的激烈场面。只要是光明正大的竞争，这是健康的，无可厚非的。另一方面这也是因为求真的热忱鼓舞着他们，激励着他们不要松懈。否则的话，已经有终身教职的研究人员没有必要这样拼命，他们愿意这样做，热忱的求真求美的精神是其中一个重要的原因。

培养好基本功夫

做研究的道路是很漫长的，我们需要在研究低潮的时候还能够坚持做下去。很多做研究的人，觉得自己若不在世界科研中心，便做不出重要的研究。可是有些人在科研最负盛名的地方做研究，也不敢去碰困难的题目。这种现象有很多不同的原因，等一下我们再慢慢谈，可是我想最要紧的是基本功夫没做好。在我们上中学、大学或者在研究院做研究生的时候，基本功夫都要赶快培养好，很多学生在年轻的时候没有将基本功夫做扎实，以后做研究时就很吃力。

另一方面，现在大家都喜欢谈应用数学，其实大部分应用数学的主要工具和想法都是从基础数学来的。但是很多学生认为，他们既然是学应用数学就不用学基础数学，或者是学应用物理就不必学理论物理了，这是很大的错误。其实没有基础数学和理论物理的支持，应用科学不可能有重要的突破。

基本功夫一定要在做学生的时候学好。为什么呢？因为在这段时间，我们会愿意去做习题，并且会大量地练习，这是学习基本功夫的必要过程。

我相信很多本科毕业或是拿了博士学位的学生，做研究时不会再去做习题，遇到一些比较复杂的计算时，也不愿意仔细地去计算，殊不知很多基本的想法就是从复杂的计算里面领悟出来的。一项研究，最终只看到很简单、漂亮的结果，但是中间可能经过大量的计算。好的研究不是一朝一夕得来的，往往做了100

次的计算，99次都是错的，最后一次才是成功的。但作者只会宣布成功的结果，不会告诉你他前99次失败的经验。

错误的经验往往是很好笑的，很多错误要在做完题目的时候才发现。有些错误其实是很明显的，可是当作者描述自己的结果给别人听的时候，不会讨论错误的那部分，一方面作者可能不知道自己的错误在什么地方，另一方面发生错误的地方可能很模糊，讲不清楚。其实了解到自己如何犯错后，我们的眼睛会更加明亮，犯错的经验反而会帮助我们了解问题，让我们找到新的方向向前走。其实能够得到错的结果，已经是很不错了，因为很多初学者连怎么着手做题目都不知道。譬如说，你给我一个化学题目，该从什么地方入手我都没有头绪，因为我没有掌握任何化学的基本功夫。

要掌握两门以上学科

一个好的数学家至少要掌握两门以上很基本的功夫。数学有很多分支，如代数、分析、几何等种种不同的方法，我们在中学的时候就开始学。有些人喜欢几何，觉得代数没有什么意思不想学，或者是学代数的人不想学几何，各种想法都有。可是最后我们发现，真正做数学研究的时候，全部方法都需要用到。

有些人做了数学中某个特殊方向的题目后，就用全部精力继续做这方面的工作，不去做其他题目了。少数学者能够精益求精地做出深入的工作，但是大部分人却只能在同一个方向做一些琐碎的工作，连原来那方面的问题也不见得做得好。数学不停地发展，不断地改变，自然界提供给我们的问题，不会因为你是几何学家，就持续不断地提供几何方面的问题，而往往是与几何结合在一起的。这些题目需要用到其他工具，如果事先没有掌握这些工具，那就比其他人吃亏了。

例如，数学中有一门很重要的学科，叫"群表示理论"。很多高校不教这门课，可是它在许多应用科学与理论科学中都要用到。很多著名数学家和物理学家都能够熟练地运用"群表示理论"来分析问题。假如我们没有学过这些办法，就吃亏了，这是基本功夫没有做好的缘故。在中国，"群表示理论"大概是进了研究院或者大学后半期时，才开始学习的。中国数学家在这方面的训练不够，因此在应用群表示论时不如国外学者。由此可见基本学科一定要学好，同时要很早就学。

学数学也要学物理

我们学数学的人不单要学数学上的基本功夫，也要学物理上的基本功夫，同时在大学时就要学。力学、电磁学和量子力学，我们都要有一定的了解，近几十年物理跟数学越走越近，很多数学问题是物理学提供的。假如对这些基本的观念完全不了解的话，我们看题目就比不上懂得这方面的学者，他们能够很快地融会贯通。理论物理、应用数学或其他的科学引发出很多数学问题，它们甚至提供了这些问题的直观看法和解决方法。数学中有很多悬而未决的问题，往往因为其他科学带来的想法而得到解决。假使我们从来都不接触其他科学的话，就完全落伍了。

举个例子，代数几何学近七十年来有了长足的发展。可是到了近三十年，一些古典方法无法解决的问题，理论物理却帮助我们看到了以前看不到的地方。由于本身知识的局限，很多代数几何学家遇到这些困难的时候，没有办法接受这些专家的看法。可是物理学家却确实指明解决一些代数几何问题的方向，代数几何学家又觉得很难为情。因为他们不懂物理学，没有办法去了解他们的想法，这是一个令人困扰的现象。假使我们年轻时不肯学物理学上的基本功夫，就没有能力接受这些新的挑战。

记得我看过一本 Joseph Wolf 写的书，在序言里，作者感谢芝加哥大学代数学教授 Adrian Albert，为什么感激他呢？作者说："Albert 教我代数，使得我坐下来的时候，看到代数的问题不会恐慌，使我能够有信心地去解决这些代数上的问题。"我们的基本功夫能不能做到如此，就是当看到数学的问题时，能够坐下来有信心地去想办法对付它，我想这是做学问很重要的过程。我们往往看到数学问题时，恐慌得不晓得怎么办，因此就放弃了，我想大家都有这个经验。做基本功夫一定要做到看一个题目时，即使是历史上未解决过的问题，你还是可以坐下来，花功夫想办法去解决它。即使你不能够解决它，你至少要有一定的想法去对付这个问题，不会恐慌或放弃它，我想这种训练是最重要的。往往我们因为基本功夫没做好，当一个深奥的题目出现的时候，我们拒绝去接受它，认为这些题目不重要，这是能力有缺陷的学者解释自己为什么不能去做某些问题时最常见的想法。结果是："重要的问题来了，却眼睁睁地看着别人解决它，自己却无能为力！"著名物理学家泡利（Wolfgang Pauli）就曾经说过这样的话。爱因斯坦是个伟大的物理学家，但是他不懂得几何的想法，他找同学格罗斯曼（Marcel Grossmann）帮忙，才知道黎曼的重要工作，否则广义相对论发展不出来。

基本功夫要从中学开始

训练基本功夫要在中学生、大学生或研究生的时候。怎样学好基本功夫呢？有时看完一本书后，就将书放在一边，看了两三本书后就以为懂了。其实单看书是不够的，重要的是做习题，因为只有在做习题的时候，你才能知道什么命题你不懂，也理解到前人遇到的困难在哪里。习题不单在课本里找，在上课和听讲座时也可以找得到。

很多学生上课的时候不愿意做笔记，三十年前不做笔记的话根本不可能去念任何学科。尤其是有时候讲者讲的题目根本不在书本里，又或者是还没有发表的。现在有了电脑方便多了，但是笔记还是重要的。通过手写的经验比看电脑来得扎实。我常觉得很奇怪，为什么学生不做笔记？他认为他懂了，其实明明不懂。因为可能连讲课的人自己都还没搞懂。听讲的人不愿意去做笔记，也不愿去跟演讲的人谈，或去跟其他老师讨论，这是很可惜的事情。

基本功夫的另一个训练就是要找出自己最不行的地方在哪里。我们在学习"群表示理论"的时候，会遇到一大套抽象的理论。单看抽象的理论是不够的，在应用时往往要知道群表示是怎么分解的，如果不能够将它写下来，漂亮而抽象的理论对你一点好处都没有。又例如，在研究微分方程时，往往会遇到方程式的估值问题。你有没有真正了解其中的方法，就全靠你的实际计算经验，不是光念一两本书就足够的。

记得我的儿子在中学时学多项式的因式分解，老师教了他一大堆怎么分解整数方程的方法。他学得很好，也学了怎么找根的方法。可是有一次考试时他就是不知道怎么做因式分解。我跟他说：你明明晓得怎么找根，为什么不能够做因式分解？主要是他学的时候没想到找根与因式分解是同一件事情。问题就在于训练基本功夫的时候，要想清楚数学命题间的关系，以及为什么要解这些命题。

动笔做题很重要

我们去看一些人写的前人的学术历史，会读到很多很漂亮的介绍和批评。可是如果你自己没有经历过这一条路的话，事实上很难了解困难在什么地方，为什么人家会这样想。要得到这个经验，不单要做习题，还要做比较困难的习题。做难题有什么好处呢？难题往往是几个比较基本的问题的组合。我自己看书的时候，常常会一本书一下子就看完了，觉得很高兴，因为看完了。

可是重新再看，还是觉得什么都不懂。我想大家都有这个经验，主要的原因是什么呢？我们没有学好这学科，做比较难的题目时，就会束手无策。

我们做一些题目的时候，往往觉得似是而非。在脑子里面想，以为已经懂了，可以解决了，就一厢情愿地想这个问题已经解决了，于是很快地看完那一本书。事实上这是欺骗自己，也不是训练基本功夫的方法。一个好的题目，你应当坐下来，用笔写下来，一步一步地想，结果你会发现很多基本的步骤你根本没有弄清楚。当你弄清楚的时候，你去看你以前需要的定理在哪里，怎么证的，我想你就会慢慢了解整个学问的精义在哪里。

所以说，动笔去做题目是很重要的。我们做大学生时还愿意做题，往往做研究生时，就不会动手去做了，毕业以后更不用讲。一个题目在书本里，我们以为自己懂了，有些是很明显，但有些是似是而非的，好像差不多了，事实上不是，里面蕴含很多巧妙的东西。我们一定要动手去做，才知道这些巧妙的内容在什么地方。我们把基本功夫搞得很扎实以后，就会发现书里面很多是错的。能够发现书本里的错误时，你的基本功夫就不错了。现在的一些学生不看课外书，连本学科的教科书也不看，很令人失望。

做研究时，自己要去找自己的思路。单单上课听听，听完以后不看书，做几个习题就算了，怎么做都做不好。因为你没有想自己的思路要怎样走。我大一念到一半时，刚开始了解到数学严格化的过程，觉得很兴奋。从逻辑去看，所有数学命题都可以一点一点地推导，从前有些几何或分析上的问题，我发觉都可以将它们用逻辑的方法连接起来，所以很高兴。

我讲这段经历是什么原因呢？我觉得现在很多大学生或研究生对于宏观的数学看法并不热情，只是看到课本上有些题目，能够做完它，就觉得很满足，而没有去想整体数学，整体几何，或者整体代数的内容。我们需要研究的是什么事情？我们需要追求的是什么对象？考虑这些事情其实并不会花你太多时间，可是你要有一个整体性的想法。整体性的想法是非要有基本功不可的，就算很琐碎的知识，你也要晓得，以后才能对整个学科有一个基本的、宏观的看法。

去发现书本中没有的问题

现在谈谈我个人的经验。念中学的时候我学了平面几何。大家都知道平面几何很漂亮，我也觉得很有意思。书本上平面几何的问题，大概我都懂得怎么做，可是我觉得还是不太够。所以我将很多基本的几何问题连在一起，之后开始慢慢想，去发现一些书本没有的问题，去想书本的方法能够有什么用处。是不是大部分平面几何上的问题，都可以用我知道的定理去解决？

上初中的时候，我想过用圆规和直尺构建一个三角形的问题，自己没有办法去解决它。我花了很多功夫去想，看了很多课外书，最后在一间书局里很高兴地找到一本书，指出这个问题不可能用圆规和直尺来解决，这是可以用代数的方法来证明的。对这个问题，我花了一年的时间，有过很多不同的想法，但完全不晓得圆规和直尺解决不了这个问题，因此看到人家将这个问题解释得很清楚，就觉得很高兴。那时候我还是初中学生，并不了解伽罗瓦理论，所以不太搞得清楚它是怎么证明的。可是我至少晓得有些问题是不能用圆规和直尺来解决的。也因为经过长期的思考，所以我对这类问题有所了解，也开始欣赏到做数学的精义。

我想，做习题或研究，最好花些时间去想想这些问题的来龙去脉，多看一些参考书，这对你的帮助很大。因为数学无非是很多方法放在一起去解决很多不同的问题，我们需要很多数学作为工具。了解到已知方法的局限性后，对学习新的基本功夫大有助益。基本功夫是工具，不是终点而是起步。基本功夫没搞清楚的话，没有办法去判断某种学问好和不好。即使大物理学家批评数学的发展时，也会产生错误的结论。最近看到海报上某个数学院士在基本的线性代数上作了一些小文章，却大言不惭地说他改变了量子力学百年来的大问题，真叫人啼笑皆非。

多看名家文章

记得我从前在香港念大学的时候，当时的环境比现在差很多。图书馆根本没有什么书，也没有什么好的导师，但是还是看了很多课外书，也看了许多不重要的文章。现在看来浪费了一些精力，这是眼界太浅，坐井观天，不知数学的发展与方向的缘故。以后我到伯克利（加州大学伯克利分校，下文同，编者

注），也看了很多文章，得益良多。但是我不后悔当年的努力，毕竟我可以做一个对比，知道什么叫作好文章，什么叫作不好的文章。总之，开卷有益是至理名言。

伯克利实在是一个好地方。一方面当地图书馆藏书丰富，一方面有良师益友的交往，心中开始建立对数学的看法。我念中学的时候，有一位中文老师说：好的书要看，不好的书也要看。数学里面不好的书我也看，你可能奇怪为什么不好的书我也看。我是觉得，你一定要晓得什么是好的书，什么是不好的书。所以你看文章的时候，一定要明白作者写的文章不见得是了不起的好文章。有些作者的著作是出色的，可以多看。从不好的文章里面，你也可以看到许多现代数学的发展。因为有时候从简单的写法里面，反而会看得比较容易一点，可是一定要记住，它里面讲的命题并不见得是有意思的，我们要运用大脑去深入思考。这些不太出色的文章的作用还是有的，它们往往也会引用有名的文章，介绍它们的内容，所以还是有一定的参考价值的。这是我的经验，建议大部分时间看大数学家的文章，小部分时间浏览一般文章，并作比较。

我读研究生的时候，从早到晚都在图书馆里面看期刊和图书。当时伯克利的研究生没有办公室，这样也好，我就整天坐在图书馆里面。主要期刊的文章我几乎都看过，看过并不表示仔细地看，但至少有些重要的定理都看过。当时大部分都看不懂，看不懂也没有什么关系。往往你要花很多功夫才能够在细节的部分，搞清楚一篇好的文章。第一眼看得懂的文章并不见得太好。

并不是讲一定不好，简单的文章有时也有创见。多看文章就会明白，当时的人对于哪一个方向的问题感兴趣，这对你有很大的帮助。

很多学生跑来问我问题，我跟他讲某某年有谁做过、做到什么阶段，他们听了很惊讶。为什么我晓得？没有谁讲给我听，是我自己在文章上看到的。这很重要，因为你做研究的时候，你要知道什么人做过、解过哪些问题。因为往往做研究的时候，你需要了解的只是谁做过，和在什么地方可以找到这个方面的文献，有了这个印象以后，你可以跑回去找这个文献。甚至你只要晓得哪一年代谁碰过这个问题，对你也大有益处。

有很多名家的文章往往比人家快一步，就是因为他知道谁做过这件事情，他可以去找这方面的文章，或者去找某人帮忙。否则的话，做数学研究的有几万人，你根本不晓得谁做过这个方面的问题，谁没有做过。所以多看一些人家做过的问题，无论出名的文章也好，差的文章也好，都看一看。我当然建议多看一些出名的文章，因为差的文章等于是消遣性的，像看武侠小说一样，看完就放在一边。等你有追求的热情以后，慢慢地再将不同的看法放在一起。到了这一步以后，我觉得你可以开始找自己的题目，因为你开始晓得整个数学界主要在考虑什么问题。

要找重要的问题解决

一个好的数学家怎么找自己的问题是很重要的，当然有不同的找法。有些人要发展一套理论，有些人要解决难题。理论的目标最后还是要解决问题的，所以解决重要问题是发展一般理论中一个很重要的一环。

举例来说，像庞加莱猜想，它是三维拓扑中最主要的猜想。我们知道前人花了很多心血去解决它，有很多不同的尝试方法，各自形成一个气候。这个命题已经变成一门学科，而不再是一个独立的问题。这是三维空间的结构问题，需要彻底解决此猜想才算圆满。另一方面为什么有些人对庞加莱猜想有兴趣，对其他问题兴趣不大，那是因为它是公认的难题。我想选题方面每个人有不同的看法。我有很多朋友是很出名的数学家，他们只想解决出名的问题，我认为这不见得是最佳的选题方法。在数学上，我们应该有宏观想法，思考整体数学的目的在哪里，应当解决什么样的问题。

做大学问的第一阶段：远望

大家可能都念过王国维讲的做大学问的三个阶段。第一阶段是晏殊说的："昨夜西风凋碧树，独上高楼，望尽天涯路。"这是王国维讲做大学问的第一个阶段。要解释这一段话，我要再说明基本功夫的重要性。

如果基本功夫没有做好，你根本望不远。你叫中学生去望尽天涯路，根本是不可能的事，最后只能是讲一些空话。对数学或者科学的历史不了解的话，你根本没有资格去谈以后的事。否则，得出来的结果一般来说不会太深入。

有些研究生，我觉得比较头痛，教他做一个小题目之后，他一辈子不愿意放弃原来的想法，不停地写小文章。写了文章当然可以发表，对某些年轻人来说，他认为这样很好，不想重要的问题，今天能够写一篇小文章，明天能够写另一篇小文章，就可以升职。假如写不出来的话，生活上会受到困扰。这都是对的，可是你真要做一个好的题目，其实也不见得那么难。一些研究生的论文是历史上有名的著作。为什么他们能够花三四年的功夫，做出那么出色的工作？他们也是从不懂到懂，然后还要再向前进。

所以真要做好的题目，并不是像你想象的要花很多的时间才能够做到，问题是你的决心怎么样。昨夜西风凋碧树，如要远望，就得将前面遮眼的小树去掉，才能看得远。假如我们眼里看的都是小题目，就很难看到远处的风光。我们要懂得怎么放弃这些渣滓，才能够做一些好的题目。不愿意放弃你明知不会有前途的问题，就永远做不到好的问题。这是一个困难的选择，如果你觉得要毕业、升职，而不愿放弃你明明知道不会有前途的问题，那你永远不会成就一个大学问。

我记得刚学几何学的时候，当时流行度量几何，所有工具都是从三角比较定理来的，我始终觉得对几何的刻画不够深刻。后来我和我的朋友以及学生开始做一系列用微分方程做工具的几何研究，我也很庆幸当时愿意放弃一些小的成果，走一条自己的路。

我们选题的时候，可以跟出名的数学家、导师讨论或者从书上去看，可是最后的思考一定要有自己的想法才能做成大有规模的学问。没有自己的想法，始终跟着人家走，是没有办法做好学问的。我讲了这么一大堆，就是希望你们把基本功夫做好，要晓得这一门学问里的不同命题。就像你去购物，你要了解百货公司里面有可能出现什么东西，然后才去挑。

有些人从来没有搞清楚什么是基本科学，有些人认识的基本科学已经过了时，五十年前的学问了。

做大学问的第二阶段：热情

王国维谈学问的第二阶段是柳永的诗："衣带渐宽终不悔，为伊消得人憔悴。"寻找真理的热情就如同年轻的恋人追慕自己的对象一样，那是很重要的事。

在追求一个好的命题的时候，中间要花很多功夫，有时候甚至是很痛苦的。可是我们只要明白，最后的成果是值得的，我们就会花很多时间去做，就像追求爱情一样。很多年轻人找对象时，会朝思暮想，但做学问却没有这种态度。假如你对做学问没有热情、没有持久力的话，你就不可能做成大学问。战国时屈原的《离骚》也说过："亦余心之所善兮，虽九死其犹未悔。"他的话比柳永说得更彻底。

做大学问的第三阶段：豁然

王国维讲的第三阶段是："梦里寻他千百度，蓦然回首，那人却在灯火阑珊处。"这是辛弃疾的词句，基本上我们做学问，完成一篇好文章时，都有这种感觉。我们花很多功夫做一个好的命题，有想法的时候，总会考虑这个想法对不对。有时候晚上睡不好，想得很辛苦。有时候想得太累了，就一睡睡很久。假如做学问有这样的热情，就会解决很多意想不到的问题。

我们做学问跟人谈恋爱一样，有时候不一定看到一个固定目标，也会看到其他。就像我刚才说的，我们要解决庞加莱猜想，即使最后还没解决它，可是解决了其他的命题，这是数学历史上常常有的情况。许多人都有这个经验，你明明是想要解决这个问题，结果却解决了其他的问题。这是因为我们做这个题目的时候，不晓得解法对不对，可是将工具全部搞清楚以后，基本的想法、有意思的想法搞熟以后，就可以解决很重要的问题。

他山之玉，大开眼界

在做学问这条路上走的时候，思想不能故步自封，要知道还有其他有意思的问题。当发展了一套方法以后，往往有其他的问题你刚好可以解决。因此，在整个做研究的过程中，眼睛要睁开。眼睛怎么睁开呢？很多学生不愿意去上讨论班，也不愿意去听别人的讲座。不听讲座就不知道人家在做什么。明明你的方法可以解决他们在做的问题，但你眼睛闭起来，看不到，这是一个大问题。很多学生尤其是中国学生，觉得这个讲座与我的论文无关，不愿意去听，不愿意去看，不愿意去跟人家来往，不愿意去跟人家谈。结果你做的论文可能不是你能解决的问题，可能你的方法刚好可以解决人家的问题。因为你不愿意去听、去看，你就解决不了任何问题。

　　一个人的思维或能力毕竟有限，不可能不靠他人帮忙。什么是他人帮忙呢？一方面是看他人的文章，听他人的讲座，另一方面就是请教名家。你去请教别人的时候，大多数时候人家不晓得你在做什么，也不可能给你提供直接的意见。假如能够直接提供给你意见，帮你直接地解决问题的话，那么你的这个问题不见得是很重要的问题。可见你刚开始没有搞清楚这个问题有多重要。但不要紧，多请教别人总是有好处，至少知道这个问题有多好，还是不好。假如你怕提问，就在上讲座或讨论班的时候要多听，多听的好处数不胜数。因为即使你听不懂，至少也晓得最近人家在做什么问题。你可能觉得莫名其妙，可是事实上却开阔了眼界，这是很要紧的。所以能够有机会尽量去听不同的课，对自己是大有裨益的。念纯数学的人，也应当去听应用数学或物理方面的课。听讲座时，即使放松一些，也没有什么关系，反正总比在家里面无聊或看电视好。

大异其趣的乱象

好的研究必须从根基做起，只知用功读书和听课是改变不了现状的培训方法。有些人甚至认为去听课是给讲课老师的面子。反过来说，很多学者又不愿意为学生上课。一些学问还未成熟的学者，居然认为自己是天王巨星，为学生上课，是二流学者的工作，他们不需要去做这种教授分内的工作！其实大部分中国名校教授负责教书的责任，已经比一些世界名校教授的负担轻松得多。有一部分名教授的薪资，亦不比美国教授的薪资逊色，而且开公司、腰缠万贯的名教授亦不算小数，但是抱怨要上课这种基本责任的教授却是不少。

在国外，大部分教授被邀请做数学讨论班的讲者，除了旅费外，很少再去收取大量的演讲费，这是因为讨论学术的目标是互相交流，大家都会得到科学研究交流的好处，不用过分地计较钱财。中国有的学者和教授则不然，不单单要收费，还往往讨价还价，即使没有内容的演讲也在收费上作不合理的要求。这种不以学问为主，以名利为主轴的做法，已经对学生学习的态度造成了极为不好的负面影响。

我记得自己做学生的时候，为了听一个一小时的演讲（不一定是名学者的演讲），走路、乘车、乘船花两个钟头，从来不觉得浪费时间。可是现在有些学生往往睡在床上，打开手机，听网络上的演讲，但也还是心不甘，情不愿，有时连网课都不听。这样不良的风气，没有办法孕育一流的学者！当然还是有学者带着学生一起去参加讨论班的，希望他们能够坚持下去，毋忘初心，努力向前。学术气氛自然浓厚得多。

很多家长花尽全力要孩子进入美国名校，殊不知，名校的优势，除了学习最前沿的知识以外，就是学习做研究和做人的态度。有些富豪却不重视后者，甚至鼓励孩子炫耀自己家中的富贵权势。

像古人那样学习

其实，除了王国维说的三大境界以外，古人读书的态度还是有很多值得学习的地方。唐朝韩愈说："将蕲至于古之立言者，则无望其速成，无诱于势利，养其根而俟其实，加其膏而希其光。根之茂者其实遂，膏之沃者其光晔。仁义之人，其言蔼如也。"这确是做大学问的基本态度。

如何养其根？除了上述要多看多读外，还要多问。中国家长一般不喜欢孩子发展奇思妙想，不许随便发问。上课时，有如一潭死水。我听说犹太人教育小孩，从两三岁开始，每日必须要问一个问题。有了这个习惯后，才能够寻根到底，找到事物的根源。我想我在数学上比较成功的原因，是我从小就习惯于问问题。问题支持我的好奇心，有了强烈的好奇心，做学问会无往而不利。加其膏则是不断地多读书，多和学者交流。

创新要专心于学问本身

至于创新，我们可以参考韩愈的说法：

> 当其取于心而注于手也，汩汩然来矣。其观于人也，笑
> 之则以为喜，誉之则以为忧，以其犹有人之说者存也。如是
> 者亦有年，然后浩乎其沛然矣。吾又惧其杂也，迎而距之，
> 平心而察之，其皆醇也，然后肆焉。

要创新，必定能够专心于学问本身，而不是处处关心别人的
评论，多拿两顶帽子而已。就如酿酒，其皆醇也，才能够见到新
的境界。

现在我们来讨论一个历史上极为杰出的例子。

爱因斯坦的遗憾

爱因斯坦是历史上最伟大的科学家之一。在 1934 年他发表
的题为 "Notes on the Origin of the General Theory of Relativity"
的论文中，回顾了他发展广义相对论的历史。

很多人以为爱因斯坦的思想受到一些哲学思想的影响后，完
成了他的大学问。其实爱因斯坦在这篇文章说哲学观点对他有帮
助，虽然很有趣，但对于发展他的引力新理论，没有提供可操作
的基础。在建立一个有实际用途的理论时，没有具体有效的基本

功夫是不行的。事实上，爱因斯坦在建立广义相对论时，他知道他自己的数学工具远远不足！只有找他的同学格罗斯曼（Marcel Grossmann）帮忙。挣扎了好几年，以后还找来当时最伟大的数学家希尔伯特（David Hilbert），才完成了引力场的方程。

哲学的看法很重要，就如王国维说的"望尽天涯路"。但是空谈哲学是不够的，最终还是需要脚踏实地、"衣带渐宽终不悔"地做学问，才能完成深厚的学问。很多学术界的大人物年纪大了，不去参加讨论班，知识慢慢淡薄，没有办法做出有意义的学问。我们可以尊敬他们，但是不见得要走他们建议的研究路线。

举例来说，爱因斯坦一直怀疑量子力学，花了不少功夫去找量子力学的毛病。他年轻时，深思熟虑，结果做出了量子纠缠的伟大贡献。但是当他年纪大了以后，和他直接交流的年轻科学家已经不多。他既没有加入量子场论的研究，也没有去了解当时在高等研究院做研究的陈省身先生发展出来的规范场理论。所以他没有足够的工具，去完成他晚年梦寐以求的统一场论。

直到今天，统一场论还是物理学上最重要的难题。大家的共识是，统一场论需要大量的物理和数学的工具，不可能是一时一人能够完成。一些年纪大的物理学家，忘记了现代物理学已经进步到了一个境界，需要大量的现代数学，而并非是普通的组合数学就足够应付的学科。但是他们往往凭着自己几十年前的知识，来论断一些崭新的学问。

通识教育望得远看得深

欧美大学注重通识教育。望得远，看得深，确是重要的事情！无论是谁在真理面前，必须要谦卑，努力学习。

有意义的通识教育需要在学术前沿工作的教授指导下，才有意义。在哈佛大学一年级有个新生研讨班（freshman seminar），总共有一百多班，每班 12 个同学，指导的教授都是工作在学术前沿的学者。内容多姿多彩，对学生确有益处。但是坦白说，中国目前的高校没有足够的师资来做这件事。我认为不在前沿工作的教师，强加给年轻学子过时的观念，非但无益，而有害之！一般来说，年纪老迈的学者喜欢空谈。正如爱因斯坦说的，马赫（Ernst Mach）对于引力的观念确是很漂亮，但是要完成一个完整的引力理论，这种哲学概念没有具体的好处！

最近有人建议减弱基础科学的学习时间，转型去学习一些科学哲学。他们认为这样做才能培养学生做大学问，是一流大学的关键。但是细细推敲后，我发觉目前中国缺乏真正有能力的科学哲学家，过分强调某人的特别观点，恐怕会产生香港通识教育这二十多年来不教历史，而只学一点模糊不清的通识的灾难性错误！我认为中国现阶段，年轻人还是脚踏实地去学好基础，由自己去摸索科学的哲学观点至关重要。有了结实的基础以后，同学们互相讨论，一同摸索会产生更好的结果。

培养做大学问的胸襟

在中国现阶段，如何去培养好数学家的胸襟，确是重要的事情。有的数学家缺乏宏观的科学观，他们的心灵已经被种种帽子和院士的荣誉束缚，对于大自然赐予我们的真和美，已经模糊不清。哲学、文学、音乐等都可以启发我们，让我们的心灵和对大自然的真和美的直觉发生共鸣。能够引起共鸣的作品水平必须要高尚，中国古代文学水平极高，诗词歌赋，古文、小说、史书都能摇荡人心，都可以学习。数学史积聚了先贤的想法，尤其是文艺复兴以来的数学家，值得我们学习的极多。不幸的是，有的人谈数学史却不懂近四百年来数学的发展，他们谈的历史对于我们研究近代数学毫无裨益。我们要花更多时间去组织研究近代大学者的历史和思想源流。

我本人受到父亲的影响，在心情绷紧时，喜欢用中国文学和中国历史来陶冶性情。父亲在他的著作《西洋哲学史》引了《文心雕龙》中一段话："嗟夫，身与时舛，志共道申，标心于万古之上，而送怀于千载之下。"古文学、古代史让我与古人神交，吸收到了他们的风骨气概，比登高楼看得更远、更阔。古人的成就激励了我的志向，使我衷心地希望学业有成，送怀于千载之后。我读《诗经》，读《楚辞》，读汉赋、五言、秦汉古文，朗朗上口，往往情不能自已。自然之美，慷慨之情，油然而生。读左丘明《国语》，读太史公《史记》，仿佛与古人游乐，凛凛有生气，不会觉得自己是吴下阿蒙，与日月并驰矣。

现在来谈谈个人做研究的经验。

我的专业虽是数学，但是影响我学问取向的不单只是数学家。先父早逝，我十四岁丧父，但自念一生为学做人，受他的教诲最深。先父早岁研习经济学，后转中国历史、文学和哲学。为了更深入了解中国哲学，他曾花了十多年去研究西方和印度的哲学。他的学生每星期都来我家聚会，围绕着他讨论学问，天南地北，无所不谈，兴高采烈。年幼的我一知半解之余，深深地感觉到做学问的乐趣。印象最深刻的要算是古希腊的哲学家，他们在自然科学和数学的成就对后世的影响巨大。这些先贤对学问看得透彻，每每从哲学层面提问，并且通过逻辑推论，得出重要的结果。我虽然对其中详情不大了解，但认为古今伟人功业，莫过于此矣。

父亲教我古文，读叔孙豹说的"立德、立功、立言"三不朽。又读到《史记·孔子世家》赞曰："天下君王至于贤人众矣，当时则荣，没则已焉。孔子布衣，传十余世，学者宗之。自天子王侯，中国言六艺者折中于夫子，可谓至圣矣。"我想这样子的人生才堪称伟大，"虽不能至，然心向往之"！

攻克卡拉比猜想

我少年时，志向不小，确是希望"究天人之际，通古今之变，成一家之言"。

志向大则大矣，但要通济彼岸谈何容易！想我父亲为了研究中国哲学，花了十多年光阴研究西方和印度哲学。可见要干大事，必须要花功夫，做好严谨的准备工作。我成长后从事数学研究，采取的就是这种态度。我的成名作是证明卡拉比猜想，我对它一见钟情，觉得能够完成这项工作，"死且不朽"！姑不论它真确与否，这种激情支撑着我，让我前后花了六年功夫去攻克它。

在这里，我需要指出，我选择卡拉比猜想这个问题，不是因为它有名气。事实上，我"泥足深陷"于这个问题时，我的老师陈省身先生说，数学上的猜测多如牛毛，你为什么要去做这个问题？陈省身先生是20世纪伟大的几何学家。他在1945年建立的陈类，是规范理论中最重要的概念，在理论物理中也举足轻重。即使到了今天，陈类仍然在科学论文中屡见不鲜，可谓流芳百世了。

陈省身先生研究几何从拓扑学入手，我则是从几何分析即偏微分方程的角度来看问题。陈类提供几何的不变量，卡拉比猜想则是通过偏微分方程来深究第一陈类，从而找到一类重要的几何物体，足以描述超对称空间中的物质分布。

为什么当时很多几何学者都对卡拉比猜想有兴趣？因为它使人们对空间的里奇曲率（Ricci curvature）有深刻的理解。曲率这概念在几何中至为重要，广义相对论在描述时空时就得用到它。我下了决心，无论卡拉比猜测是对是错，非解决它不可。

这猜想对空间的描述简洁得令人难以置信，很多人心生疑惑，认为猜想不可能成立。他们反对的理由是：假如这些空间存在的话，为什么这么多年来没有人找到它？开始时，我也是他们中的一员。只有几经挫折后，我才大彻大悟，对它深信不疑。正如孟子所说"自反而缩，虽千万人，吾往矣"。

坦白说，形成这样的信念不是容易的事。为什么呢？首先，我比大部分几何学家更熟悉非线性微分方程，我在研究院时曾经跟随莫里教授（C. B. Morrey）学习，他是这方面的大师。1973年我已经开始在这方向探索，做了一个梯度估值，得到另外一位大师尼伦伯格（L. Nirenberg）的赏识，因此有了信心。1973年我在纽约大学石溪分校（Stony Brook）任教，当时石溪是度量几何的世界中心，很多人认为学习几何非要在石溪不可。但就如父亲对于哲学有自己的看法，我对数学也有自己的想法。度量几何虽说有趣，但稍嫌深度不足，要深入了解微分几何，必须另辟蹊径。当时学者热衷讨论空间的各种性质，但是几乎没有人研究这些空间的存在性。正如我们可以巨细无遗地描述一所房子如何华丽，但是最彻底的做法却是了解它的结构。为了盖好房子，我们既需要有一个整体的概念，又要研究各项细节，过程并不简单。

不久，我离开石溪到了斯坦福大学（Stanford University）。当时斯坦福没有几何学家，但是数学分析很强。我很幸运，在那里碰到两个年轻人，一个是李安（Leon Simon），另外一个是孙理察（Richard Schoen），他们成为我一辈子的朋友。我们互相交流，我从他们学到了很多有用的数学工具。我的老朋友郑绍远也从伯克利跑来，参与研究几何分析这门新兴的学问。

开始研究卡拉比猜想时，总是试图证明它不对。经过三年时间，才发现走了冤枉路。纵然如此，但我仍旧坚持将问题做下去。重大挫折后的反省，使我看到成功的曙光。

正如韩愈所说："苟余行之不迷，虽颠沛其何伤！"

成功不是一蹴而就的，校正了方向后，还要花上三年的努力，终于在新婚两个星期后，我完整地解决了这个问题。有些媒体问我当时的感觉，我用两句宋词答复："落花人独立，微雨燕双飞。"后来，我填了一首叫《临江仙》的词，描述我当时的心情。

临江仙（记七六年事）

宇形雾笼烟锁，遍寻缱绻难持。灵犀一点倩谁知？落花人独立，微雨燕双飞。　记得好事新谐，笙调心印人依。弦琴天籁寄相思，大钧玄秘在，物数竟同归。

注：余弱冠读书柏城，受业于嘉兴陈氏。少年气盛，意有所作为。遂不自量力，欲解宇宙之形，究天地之变。然而六年辛勤，终无所成。学然后知不足，思而后知殆。浩浩乎虽存大志，惘惘乎不知其所以。侯七六年秋，友云来归，凤愿得偿，心旷神怡。不旬日竟得灵犀，解估值之谜，见时空之雅致。仿若天人合一，抑亦精诚所至，金石为开乎？心结既解，诸学为通！分析几何，送怀于千载之后矣。今日情怀依旧，当年伴侣犹在。唯愿薪传有人，家国双兴，慰我平生也。

二〇一四年七月十三日

发展几何分析

我从研究生开始，就准备发展几何分析这门学问，也对基本物理学产生兴趣。我有一个信念，即自然界的大部分现象都可以由几何来描述，而几何图形，无论抽象或具体，都是弯曲的和非线性的。描述自然现象的关键在见微知著。古典的物理现象可以由微分方程描述。同样地，广义相对论认为时空的曲率决定引力场的变化，而爱因斯坦方程可以看作曲率的波动方程。

因此我意识到非线性微分方程才是研究几何学的钥匙。我和才华超卓的同行、弟子一起努力，在前人的基础上发展几何分析，为数学开拓了一个新的领域。我们解决了一大批数学和物理学上的难题，卡拉比猜想仅仅是个开端。20 世纪 70、80 年代，孙理察、Simon、Uhlenbeck、Hamilton、Taubes、Donaldson 等人的工作都可说是划时代的，大家载欣载奔，群策群力，促进了代数几何、数学物理、拓扑学的进展，可以说是无愧于先哲矣！

卡拉比猜想的解决，让人们对第一陈类的几何有了更深入的认识。那时我在加州大学洛杉矶分校（UCLA）数学系访问，刚好哈佛大学 David Mumford 到了南加州访问，他是菲尔兹奖得主，当代几何学大师。他要做两个演讲，最后一个在加州大学尔湾分校，离我家两个半小时的车程。我当时正在想如何把卡拉比猜想用到代数几何上去，于是老远地驾了我的老爷车去听课。没有想到 Mumford 在讨论班中，指出俄罗斯代数几何学家的一个突破，并由此提出一个猜想，而这猜想竟是我给卡拉比猜想找反例时推导过的一个不等式!

我把结果告诉 Mumford，他很惊讶。当时我虽在微分几何已经崭露头角，在代数几何圈子却籍籍无名。回家后，我将想法写出来寄给 Mumford，并且指出同样的方法可以解决代数几何另外一个老问题，那是意大利数学家 Severi 提出的重要猜想。Mumford 找了专家验证无误，宣布以后，震惊了数学界。

这方法建立了一道由非线性微分方程到微分几何再到代数几何的桥梁。全新的观点解决了一连串数学上的难题，促使"核心数学家"对分析学另眼相看，这次成功使我士气大振。

解决正质量猜想，联通数学和物理

我想，数学上有两个重要分支也可以通过分析学结合起来，它们一个是拓扑学，一个是数学物理。

在那一年，我和伯克利的老同学 William Meeks 合作，用三维拓扑空间的方法解决了一个古典的极小子流形的奇异点问题。然后反过来，用极小子流形来解决三维空间的拓扑问题。紧接着我和孙理察用几何分析解决了广义相对论中一个古老问题：正质量猜想。

那是 1977 年的事。正质量猜想在爱因斯坦创造广义相对论时就出现了。爱因斯坦和希尔伯特都曾讨论在广义相对论中如何定义能量。这个问题的出现有很多原因，基本是由于引力场的方程式是非线性的，同时在一般的引力场中，没有任何的对称群作用。结果是古典物理学中定义能量的方法，不能用到广义相对论上。

爱因斯坦花了不少功夫，在孤立的引力系统下，构造了大家都觉得满意的能量的定义。紧跟着的一个重要问题：是否一如其他物理系统，这个能量是正的？为什么爱因斯坦问这个问题呢？因为负能量的引力系统会导致整个系统倒塌，这样一来，广义相对论就不能够描述现实世界了。这个问题困扰物理学家多年，在很长的时间里，广义相对论每年的年会中，都有一组学者专门讨论这问题。1957 年，某著名广义相对论学者宣称物理学家要正视引力场出现负能量的可能性。1973 年斯坦福的国际几何学大会，邀请了芝加哥大学物理系的名教授 Robert Geroch 做报告，在演讲中他呼吁几何学家帮物理学家解决这个问题。

我就是在这场演讲中第一次听到这个问题的。然而苦思其中关键毫无头绪，直到 1977 年的秋天，和理察在伯克利校园散步时，才找到所需的一个重要不等式，从而建立了正质量猜想中的第一个重要情形。我们都很年轻，解决难题的门户稍开，就勇往直前。一年内引进了新的方法，彻底地解决了这个问题。当时广义相对论学家，其中包括我的中学同学，毫不相信，他率直地说：两个无聊的数学家，居然跑到我们地头大言不惭，你们究竟搞清楚了问题没有？不久，相对论权威霍金说我们的结果有道理。他邀请我到剑桥去访问，见面交流，得益良多，而物理学家也不再轻视我们了。

从几何分析到广义相对论

1979 年普林斯顿高等研究院聘请我当教授时，我年方三十。初生牛犊不畏虎，和年轻的伙伴在科学的广袤原野上奔驰，倍觉兴奋。"金戈铁马，气吞万里如虎。"很幸运，我遇见了两位年轻的博士后，一个叫 Gary Horowitz，他成为我的助理，另外一个叫 Andy Strominger，后来他们都成为美国科学院院士。我也带领了一批出色的博士生，其中佼佼者叫 Robert Bartnik。以后他们在广义相对论的贡献，都是出类拔萃的。

在英国科学家彭罗斯（Roger Penrose）和霍金（Stephen Hawking）的著名工作以前，古典广义相对论并没有完好的数学基础。当时新西兰相对论学者找到可以旋转的黑洞方程的解，他们随即证明在这些解中出现的奇异点是稳定的，从而奠定了黑洞理论的基础。但是黑洞如何形成，除了一般的猜测外，问题并没有解决。理察和我利用证明正质量猜想的办法，第一次严格地证明了当物质的密度在某个半径内足够大时，黑洞就会形成。

为了更仔细地描述这些深入的引力问题，1980 年，彭罗斯指出核心是找到拟局部质量的合理定义。几乎所有广义相对论的学者都考虑过这问题。Bartnik 首先提出一个很好的定义。直到十多年前，王慕道和我在 Brown-York 和刘秋菊及我的定义上完成了这项工作。这工作可以说是几何分析的重要成果。从 1973 年第一次接触到广义相对论的前沿，到如今差不多五十年了，跟着我们这个方向走下去的学者不在少数。近几年来，我和几位物理学和天文学教授在哈佛大学成立了黑洞研究所，参加者甚众，讨论极为踊跃。

2020 年的诺贝尔物理学奖颁给三位研究黑洞的学者，其中一人为彭罗斯。主要是他了解黑洞形成的机制。一般讨论黑洞的文章都会说当物质密度太大时，星球会倒塌成为黑洞。彭罗斯虽然在黑洞理论有伟大的贡献，事实上，他并没有证明这个机制，这个机制是由理察和我在 1983 年首度完成的。

我和理察的工作吸引了很多物理学家的注意。1980 年我在普林斯顿高等研究院当教授时，和大批物理学家来往，开讨论班。数学学院的同事说："丘成桐忘记了我们正在和物理学院吵大架呢！"我不以为然。有一次，我告诉杨振宁先生说："André Weil 是一个伟大数学家，脾气虽然很大，也会骂人，但还是很可爱的。"杨先生说，他看不到 Weil 有什么可爱的地方。

卡拉比—丘空间与弦论

1980 年，我和 Horowitz，Strominger 和 Edward Witten 等人讨论时都说过，由卡拉比猜想构造出来的空间自然而又漂亮，又满足爱因斯坦的场方程，它们在物理上应该占有重要的位置，但是他们坚决不信。直到 1984 年，弦理论在理论物理中炙手可热，他们遂把这个空间命名为卡拉比—丘空间，一大批物理学家参与这个空间的研究，硕果累累，甚至反过来影响到数学主流的发展了。

刚开始时，建立弦理论的真空模型是当务之急。他们写下了一些条件，但是不知道满足这些条件的时空存不存在。他们记起了我四年前讲的话，Strominger 很兴奋地打电话给我。当时我正在圣地亚哥看望家人，在太太的办公室里欣赏 La Jolla 的蓝天碧海，听到这个消息，也兴奋莫名。紧接着 Witten 的电话也来了，他从东岸飞到圣地亚哥，和我谈了一整天。我向他解释这些空间的特征，及如何利用代数方法去构造它们，同时纠正了他的一些想法。

临走前，Witten 意味深长地提议我多花一些时间去研究这些空间。他说，六十年前量子力学刚刚起步，天下群雄并起，争相研究这门新学问，沾上边的都留名青史。言下之意，当前正是数学和物理千载难逢的时机，我们都未过四十，宝刀未老，当可大展拳脚！

1985 年理论物理学家在芝加哥阿贡国家实验室（Argonne National Laboratory）召开大会，很多杰出物理学者与会，我也被邀做一小时报告，解释卡丘流形的性质和构造方法。我指出，现在已经能够构造出十万个以上的卡丘空间，听众很是惊讶。为了满足物理的要求，我构造了一个刚好有三簇费米子（leptons and quarks）的空间。直到如今，这样的卡丘空间并不多。

就在这个时候，我和 Uhlenbeck 刚刚完成建造复流形纤维束上规范场的重要工作，我跟 Witten 说它应该和弦论有关，可他不以为然。过了一年，他和他的学生才发现这些规范场的重要性。

卡丘空间吸引了大批物理学家当然是很有意思的事情。他们从不同角度切入，和数学家互补互动，往往先行一步。他们从物理的观点得到一些全新的看法，甚至能解决逾百年悬而未破的数学难题。

物理学家的研究手法与数学家有别。他们不在乎解题的严格性。在二流物理学家手上，这样做往往只能得出似是而非的结论。然而一流物理学家具有非凡的洞察力，结论能使人拍案叫绝，甚至能带出数学上崭新的方向。不过，他们的工作往往不甚严格，需要数学家去修正和完成。

镜对称理论与弦论

一个重要的例子是卡丘流形中的镜对称理论。

1987 年后有一段日子，不少弦理论学家由于没有很快达到他们的目标，开始灰心动摇。我却不这样看，反正这理论既有深度，又很漂亮，我就和学生及博士后继续推进。

1988 年秋某天，我的博士后 Brian Greene 突然跑进我的办公室，跟我讲述他和另一个研究生的工作。他们发现每个卡丘空间都有另外一个卡丘空间与之对偶，两者的拓扑性质虽然不一样，但是产生出来的物理现象却是完全一样的。当时我极为惊讶，并不相信这大胆的看法。但是，物理同行开始做计算，很快相信它是可能的。更有甚者，他们给出一条漂亮的公式，足以解决代数几何学中一个古老问题。

他们的想法是利用量子场论。在推导的过程中，有很多地方都是凭直觉，并不严格，我提醒他们要谨慎从事。1990 年 1 月，我在伯克利召开了一次大会，数学家和物理学家都来了。两位挪威数学家通过严格的计算得到一个结果，和物理学家利用上述公式得到的结果并不一致。我算了一次也没有头绪。数学家不相信物理学家，物理学家倒没有坚持，只是大家都找不出错在哪儿。

三个月后，挪威的朋友来信，说他们编的电脑程序有误，修正后得出的答案和公式得出的一模一样，大家都松了一口气。数学家开始大量地从事这方向的研究，其中一个重要的转折点是连文豪、刘克峰和我在 1995 年给出这条公式的严格数学证明，它有力地说明了弦理论的价值，足以解决代数几何中的一个古老问题。同年，Strominger、Eric Zaslow（我的博士后）和我提出了如何建构镜对称空间的方法。现在大家叫它做 SYZ construction，这个看法影响至今。

这二十年来，我和几个年轻学者在弦论有关的理论研究都很重要，一个和 Yamaguchi（山口哲）合作，一个和傅吉祥做的工作，一个是和 Adam Jacobs、Tristan Collins 的工作。这些工作都有深度，对于几何学本身有重要影响。

过去这二十五年来，弦理论和数学的关系愈来愈密切，它们融合在一起，使得数学中表面上的几个分支学科汇合，得到非凡的结果。我认为数学中最古典的数论也会和这些理论挂钩，数学和理论物理将会产生更多的火花！

但是一个极为重要的学问，是如何结合量子力学和广义相对论。这是个古老的问题了，它的发展途径还是极为艰苦，只要成功，就会大放光芒，我们拭目以待！

数学是理论和应用科学之母

除了上述基础科学的研究外，这三十年来我也花了不少功夫研究应用数学。约在80年代，我想研究一个膜在激烈振动时，不动的地方有多长。我发现计算高频率振动的膜并不容易，没有准确的算法。当时美国政府的基金希望我搞一些应用的工作。于是，我用政府经费聘请了一位从麻省理工学院（MIT）来的博士后，叫陆雅言，开始做这种计算。在二维空间的结果还不错。以后有些人用我们的方法做计算，但是他们不大愿意提我们的工作。由于需要大型矩阵的计算，我们也在这方面做了研究。

在20世纪90年代中叶，我弟弟丘成栋对于非线性控制理论有很大兴趣，我们合作解决了一个重要的计算问题。我认为这是一个有实用的工作。在差不多时间，在Bellcore的金芳蓉休假，到哈佛大学访问，和我开始长时间合作研究图论的问题，我们的观点仍然是利用几何分析的方法。参加的朋友有林勇、Alexander Grigoryan、Gabor Lippner、Paul Horn等人。图论比我从前想象的有意思。由于近代计算机的发展，图论中出现不少有意义的理念，我们期待它有更多重要的理论。

1997年，在哈佛大学念计算机的顾险峰同学的导师离开哈佛大学，他跑来找我做研究图像处理的问题。我建议利用古典的共形几何方法到图像学，这个观点以后成为图像学中重要的分支。罗锋、雷乐铭、林文伟等人都有重要的贡献，可以用在医学和其他应用科学。这几年顾险峰和我又发现郑绍远和我在 70 年代做的几何方法可以用到人工智能理论上。

总的来说，数学是理论和应用科学之母，在研究数学和其他科学的关系时，可以窥见天地造物之美与科技之用。当政者不可不知，为人父母者不可不见。

谢谢各位！

美矣，万古心胸

数学史大纲 [1]

一般学者没有宏观的数学思想，不知道数学有一个多姿多彩的历史，只看到数学的部分面积。所以我希望通过描述数学历史，来打开我们数学学者的胸怀，做出传世的工作。

引言

51 年前我离开中国香港到加州大学伯克利分校跟随陈省身先生。在伯克利我见到一大批有学问的学者，眼界大开，就如青蛙从井中出来见到阳光和大地一样，很快就发觉我从前在香港学习到的学问极不全面。虽然香港有某些学者自称是世界十大学者之一，事实上知识浅薄。当时香港学者能够教导学生的内容，也只是数学的很小部分。因此我花了很多的时间，每天早上 8 点钟

---

1 本文系作者 2020 年的演讲稿修订而成，并附上数学史大纲的英文对照，刊于 2020 年 8 月 19 日《数理人文》微信公众号。编者略有修改。——编者注

到下午 5 点钟不停地听课，从基础数学到应用数学、物理学、工程科学，我都想办法去涉猎。我在图书馆阅读了很多刊物和书籍。当我见到伟大数学家的著作，尤其是看到欧拉（Euler）的工作时，我吓了一跳！一个数学家能够有这么伟大而又丰富的工作，真是高山仰止，景行行止。我看到的就如庄子说的河伯见到北海若的光景。这个眼界使我胸怀大开，兴奋异常。在图书馆的期刊中找到一篇很有意思的文章，花了一个圣诞节的假期，完成了我的第一篇数学论文。这篇论文不算得很杰出，但是发表在当时最好的数学杂志，50 年后重读这篇文章，还是觉得有点意思。

1979 年我受到华罗庚教授的邀请，到中国科学院访问。由于蔽塞已久，对于当代数学的发展并不清楚。一般学生只听过华罗庚、陈省身、陈景润、杨乐和张广厚的工作，数学家则知道多一些，但是和当时国际水平相差甚远。1996 年，中国科学院路甬祥院长邀请我来，帮忙成立晨兴数学中心，主要目标在引进当代最重要的数学学者到中心来讲学，聚集了中国各地的年轻学者一起学习。这些学者很多成为今天中国数学的领导人与骨干。

在 20 世纪 80 和 90 年代，中国的大学生大量出国，接触到最前沿的数学发展。有不少留学生回国后，也确实大大地提高了中国的数学水平。但是即使如此，我们还是没有看到具有深刻而有创意的数学工作，像陈省身先生那样的足以流芳百世的工作！经过深思熟虑，我认为中国的数学发展依旧没有脱离传统的急功近利的做法。一般学者没有宏观的数学思想，不知道数学有一个多姿多彩的历史，只看到数学的部分面貌。所以我希望通过描述数学历史，来打开我们数学学者的胸怀，从而做出传世的工作。

我将我所知道的数学重要里程碑，约略分成 80 个不同方向，分别在几个大学做过演讲。在所讨论的方向当中，大部分是西方文艺复兴以后的工作，这些工作使我叹为观止。中国数学家要走的路还是"既阻且长"，恐怕我们需要做到如屈原说的"路漫漫其修远兮，吾将上下而求索"。

韩愈说："将蕲至于古之立言者，则无望其速成，无诱于势利，养其根而俟其实，加其膏而希其光。"让我们将我们数学的根养好吧！

在讨论历史上数学重要里程碑以前，我想指出，中国学者创意不足的一个原因，乃是中国学生习惯于考试，喜欢做别人给予的题目，而不喜欢问自己觉得有意义的问题。其实问一个好问题，有时比解决问题更重要！黎曼猜测和韦伊（Weil）猜想就是一个重要例子。

战国时，屈原写了一篇文章叫《天问》，大家都很惊讶，因为中国学者对于问问题兴趣不大。希腊数学家问的几个问题影响数学两千年，平行公理就是其中一个重要的问题。

40 年前，我在普林斯顿高等研究院组织并且主持了一个几何分析年，全球不少重要的几何学家、分析学家和有关的理论物理学家，在普林斯顿这个优美的地方朝夕讨论，互相交流，总结了几何分析学家 10 年来的研究结果和经验。在该年年底，我花了两周时间，向大家提出了 120 个几何上比较重要的问题。

这个几何年结束以后，我将当年参加讨论班的研究成果和这

146

些问题编辑起来，在 1982 年普林斯顿大学出版社发表，这本书叫作《微分几何专题会集》（*Seminar in Differential Geometry*）。这些问题影响了 40 年来微分几何的走向，大概三分之一已经得到解决，大部分解决的答案都是正面的。

我在 1980 年北京双微会议讨论这些问题，希望引起国内几何学家注意，确有不少年轻的学者开始注意几何分析。比较国外的发展，毕竟还是缓慢。不过 40 年的努力，到了今天，也可以说是成果蔚然！

但是纵观今日中国几何学家的成就，和当年与我携手的伙伴们，如孙理察（R. Schoen）、西蒙（L. Simon）、乌伦贝克（K. Uhlenbeck）、汉密尔顿（R. Hamilton）等人相比，原创性终究还是有一段距离。

除了这个问题集以外，我以后在不同场合提出新的问题。例如在 1980 年 UCLA 微分几何大会的 100 个问题，影响还是不少。这几十年来，我希望中国学者能够自己找寻数学的主要方向和提供数学中重要的问题。但是中国学者的走向，始终以解题为主，没有脱离高考或是奥数的形式！我猜想其中原因是中国学者的宏观思考不足，对于数学的渊源不够清楚，是一个重要的缺陷。

中国数学学者对于数学历史大都阙如，数学历史学家的重点在于考古，研究的是中国古代数学的断纸残章。对于古代文献的处理，不如一般历史学家考证严谨，对于世界数学发展的潮流并不清楚。在这种背景下，一般学者不知道世界数学的历史背景，结果是宏观意识不够，开创性的思想不足！所以我今年发起心愿，希望大家努力了解世界数学历史，尤其是 18 世纪以后的数学发展，这些大数学家的思维影响至今。以下我选择了少数几点来讨论：

We decide not to include works after the year 2000 because there is not enough time for the math community to form common opinions on works that have been around for such a short time.

我们决定不讨论 2000 年以后的工作，因为时间短，数学界难以对这些工作形成共识。下文只论及 2000 年以前的进展。

1. Thales [c.624/623 BC–c.548/545 BC] initiated the first systematic mathematical approach among Greek scholars. The Pythagorean School founded by Pythagoras [c.570 BC–c.495 BC] gave rise to the Pythagorean Theorem, a fundamental tenet of geometry, as well as to the existence of irrational numbers› by the method of contradiction.

1. 在芸芸古希腊学者中，泰勒斯是首个系统地探究数学的人。由毕达哥拉斯奠定的毕达哥拉斯学派发现了毕氏定理，这是几何学的根本。同时，利用反证法，他们也证明了无理数的存在。

2. There are speculations that either Theaetetus [c.417 BC–c.369 BC] or Plato [c.428/427 BC–c.348/347 BC] proved that there were only five

regular solids. Euclid [Mid-4th century BC –Mid-3rd century BC] brought a clear conception of "proof" into mathematics. He organized all the known theorems in Geometry at that time, by deriving them rigorously from five axioms which are intuitively clear. The axiomatic approach to organize scientific materials has deep influence on later development of science, including Newton's treatment of mechanics and the modern attempt to unified all forces in theoretical physics. Euclid also showed that there are infinitely many prime numbers. Ancient Greek mathematicians started to be suspicious about Euclid›s fifth postulate––the parallel postulate, and tried to prove it by the other four axioms. This idea influenced the development of mathematics. The parallel postulate is equivalent to the triangle postulate, which states that the sum of angles of a triangle equals 180 degrees. It is the embryonic form of Gauss-Bonnet formula. Parallel is one of the most fundamental concepts in mathematics and influenced modern physics. Trisecting angle and squaring circle are the straightedge and compass construction problems put forward by the Greeks, one associated with Galois group and one with the transcendence of π.

2. 泰阿泰德或柏拉图证明了只有五种正多面体。欧几里得廓清了何谓数学上的"证明"。他利用五条公理，把当时知道的几何定理严格地推导出来，而这五条公理却是自明的。这种公理化的处理手法，对后世科学的发展影响深远，受影响的包括牛顿的力学体系和现代物理学中统一场论中的种种尝试。欧几里得也证明了素数是无限的。古希腊数学家对于欧几里得的第五条平行公理，始终不认为是显而易见，希望由其他四条公理来证明它。这个想法影响了数学的发展，它等价于平面三角形的内角和等于180度，这个命题是高斯—博内公式的雏形。平行的观念成为数学中最基本的观念，影响了近代物理。古希腊人提出了两个尺规作图问题——三等分角和化圆为方，分别与伽罗瓦群和圆周率 π 的超越性有关。

3. Archimedes [c.287 BC–c.212 BC] introduced infinitesimals, which are key elements of calculus, and he used the "Method of Exhaustion" to calculate the surface area and volume of several important geometrical objects, including the surface area and volume of spheres and areas of sections of paraboloid. He also provided precise mathematical solutions to many important problems of physics. Archimedes also proved the inequalities $\frac{223}{71} < \pi < \frac{22}{7}$ by inscribing and circumscribing a 96-sided regular polygon. Hundreds of years later, Liu Hui [c.225–c.295] and Zu Chongzhi [429–500] obtainedwith a 192-sided polygon.

3. 阿基米德引进了极小元，它可说是微积分的滥觞。他运用"穷尽法"来计算某些重要几何物体的表面积和体积，其中包括了球的表面积和体积，以及抛物体的截面积。他也得到很多重要物理问题的精确数学解。阿基米德又用内接和外切正96边形去逼近单位圆，证明了圆周率不等式 $\frac{223}{71} < \pi < \frac{22}{7}$。几百年后，刘徽和祖冲之以192边形逼近得到圆周率值在3.1415926与3.1415927之间。

4. Eratosthenes [276 BC–194 BC] introduced the "sieve" method in number theory. This work was built upon, some 2,000 years later, by Legendre. In the 20th century, a new "large sieve" method was introduced, thanks to the collective efforts of Viggo Brun [1885–1978], Atle Selberg [1917–2007], Pál Turán [1910–1976]. G. H. Hardy [1877–1947] and J. E. Littlewood [1885–1977] introduced the circle method and proved a weak Goldbach conjecture stating that every large odd integer can be written as sum of three primes (assuming the generalized Riemann hypothesis). Ivan Vinogradov [1891–1983] later removed that assumption. His proof was followed by Chen Jingrun [1933–1996], who proved that every large even integer can be written as the sum of a prime number plus the product of two primes.

4. 埃拉托色尼在数论中引进了筛法。差不多过了 2000 年，勒让德[1]重新用到它。到了 20 世纪，大筛法在布朗[2]、塞尔伯格[3]、图兰[4]、哈代[5]、李特尔伍德[6]等人的努力下发展成熟。哈代和李特尔伍德利用"圆法"证明了哥德巴赫猜想的一个较弱的版本，即在黎曼假设之下，任何一个足够大的奇数可以表示为三个素数之

1 勒让德（1752—1833），法国数学家，巴黎科学院院士，伦敦皇家学会会员，巴黎高等师范学院数学教授。主要研究领域是分析学（尤其是椭圆积分理论）、数论、初等几何与天体力学，建立了许多重要定理和理论（素数定理、二次互反律猜想、勒让德多项式等），是椭圆积分理论奠基人之一。——编者注

2 布朗（1885—1978），挪威数学家，曾任特隆海姆技术大学教授、奥斯陆大学教授。除了数学研究之外，还致力于数学史和数学文化的研究，撰写大数学家传记和数学科普著作。2018 年，在挪威数学会成立 100 周年之际，设立布朗奖（the Viggo Brun Prize），这是挪威继 2002 年设立阿贝尔奖之后的又一个重要数学奖项。——编者注

3 阿特勒·塞尔伯格（1917—2007），挪威数学家，1986 年获得沃尔夫数学奖。在解析数论、群论、代数几何、调和分析、多复变函数等领域做出重要贡献。——编者注

4 图兰（1910—1976），匈牙利数学家，布达佩斯大学教授，匈牙利科学院院士。主要工作在解析数论方面，在对黎曼 ξ 函数的零点分布的研究过程中，发现了幂和法（Power Sum Method），并把幂和法应用到了分析与数值代数问题中。图兰一生共发表过 245 篇论文，其中 100 篇左右是有关数论的。——编者注

5 哈代（1877—1947），英国数学家。曾在英国牛津大学、剑桥大学任教授。他和数学家 J. E. 李特尔伍德长期进行合作，写出了近百篇论文，在丢番图逼近、堆垒数论、黎曼 ξ 函数、三角级数、不等式、级数与积分等领域做出大贡献，是回归数现象发现者。在 20 世纪上半叶建立英国分析学派。——编者注

6 李特尔伍德（1885—1977），英国数学家。1928 年起任英国剑桥大学教授，至 1950 年退休。在数论中的素数分布理论、华林问题、黎曼 ξ 函数、调和分析的三角级数理论、发散级数求和与陶伯型定理、不等式、单叶函数，以及非线性微分方程等许多方面都有重要的贡献。——编者注

和。维诺格拉陀夫稍后去掉了这个假设。接着陈景润证明了，任何一个足够大的偶数，都可以写成为一个素数和另一个数之和，而后者是两个素数（其中一个可以是 1）之乘积。

5. In the eighth century, Arab mathematician Al-Khalil [718–786] wrote on cryptography; Al-Kindi [c.801–c.873] used statistical inference in cryptanalysis and frequency analysis. In the seventeenth century, Pierre de Fermat [1607–1665], Blaise Pascal [1623–1662] and Christiaan Huygens [1629–1695] started the subject of probability. This was followed by Jakob Bernoulli [1654–1705] and Abraham de Moivre [1667–1754]. In eighteenth century, Pierre–Simon Laplace [1749–1827] proposed the frequency of the error is an exponential function of the square of the error. Andrey Markov [1856–1922] introduced Markov chains, which can be applied to stochastic processes.

5. 到了 8 世纪，阿拉伯数学家海利勒有了编码理论的著作，而肯迪则把统计学用到密码分析和频率分析上去。到了 17 世纪，费马、帕斯卡、惠更斯共同创立了概率论，这学科为伯努利和棣莫弗进一步发展。18 世纪，拉普拉斯指出误差的频率是误差平方的指数函数。到了 19 世纪，马尔可夫引进了随机过程中的马尔可夫链。

6. Several important methods were introduced in numerical calculations over many centuries. In ancient times, the Chinese

mathematician Qin Jiushao [c.1202–c.1261] found an efficient numerical method to solve polynomial equations. He also applied the Chinese remainder theorem for the purposes of numerical calculations. Chinese remainder theorem appeared in the book called *The Mathematical classic of Sunzi* around 4th century. In modern days, John von Neumann [1903–1957] and Courant-Friedrichs-Lewy [1928] studied the finite difference method. Richard Courant [1888–1972] studied the finite element method, while Stanly Osher [1942–] studied the level set method. A very important numerical method is the fast Fourier transform which can be dated back to Gauss in 1805. In 1965, J. Cooley [1926–2016] and J. Tukey [1915–2000] studied a general case and gave more detail analysis. It has become the most important computation tool in numerical calculations, especially for digital signal processing.

6. 多个世纪以来，人们在数值计算方面找到了几个重要的方法。宋代数学家秦九韶找到了一个求解多项式方程的有效方法。他也把孙子定理应用到数值计算上，孙子定理首见于4世纪的《孙子算经》一书中。到了现代，冯·诺伊曼、柯朗—弗理德里赫斯—路维研究了有限差分法。柯朗研究了有限元，而奥舍尔则发展了水平集方法。一个重要的数值方法是快速傅里叶变换，此法可追溯到 1805 年的高斯。1965 年，库利和图基考虑了更一般的情况，并做出详尽的分析。从此，快速傅里叶变换成为数值计算，尤其是数字讯息处理中最重要的方法。

7. Gerolamo Cardano [1501–1576] published (with attribution) the explicit formulae for the roots of cubic and quartic polynomials, due to Scipione del Ferro [1465–1526] and Ludovico Ferrari [1522–1565], respectively. He promoted the use of negative and imaginary numbers and proved the binomial theorem. Later Carl Friedrich Gauss [1777–1855] proved the fundamental theorem of algebra that every polynomial of nth degree has n roots in the complex plane.

7. 16 世纪，卡尔达诺发表三次方程和四次方程根的公式，并指出它们分别归功于德尔费罗和法拉利。他提倡使用负数和虚数，并且证明了二项式定理。19 世纪初，高斯证明了代数基本定理，即任何 n 阶的多项式在复平面上具有 n 个复根。

8. René Descartes [1596–1650] invented analytic geometry, introducing the Cartesian coordinate system that built a bridge between geometry and algebra. This important concept enlarged the scope of geometry. He also proposed a precursor of symbolic logic.

8.17 世纪，笛卡尔发明了解析几何学，利用笛卡尔坐标系作为沟通几何和代数的桥梁。这个重要的概念扩阔了几何的堂庑。他也是符号逻辑的先驱。

9. Pierre de Fermat [1607–1665] introduced a primitive form of the variational principle, generalizing the work of Heron of Alexandria. With Blaise Pascal [1623–1662], he laid the foundations for probability theory.

He also began to set down the foundation of modern number theory.

9. 费马找到了变分原理的雏形，从而推广了古希腊海伦（Heron of Alexandria）的工作。他和帕斯卡一起奠定了概率论的基础。他也是现代数论的开山祖师。

10. Isaac Newton [1643–1727] systematically established the subject of calculus while also discovering the fundamental laws of mechanics. He formulated the law of universal gravitation and applied the newly developed calculus to derive Kepler›s three laws of planetary motion. He found the Newton›s method to find roots of an equation which converge quadratically fast.

10. 17 世纪，牛顿在寻找力学的基本定律时，系统地建立了微积分。他写下了万有引力的公式，又利用刚刚发明的微积分来推导出开普勒的行星运动三定律。此外，他也找到了以二阶收敛的方程求根法。

11. Leonhard Euler [1707–1783] was the founder of the calculus of variations, graph theory, and number theory. He introduced the concept of the Euler characteristic and initiated the theory of elliptic functions, the zeta function, and its functional equation. He was also the founder of modern fluid dynamics and analytic mechanics. His formula $\exp(ix) = \cos x + i\sin x$ has tremendous influence in mathematics including the development of Fourier analysis.

11. 欧拉是变分法、图论和数论的奠基人。他引入了欧拉示性数，又开启了椭圆函数、zeta 函数及其函数方程的研究。他也是现代流体力学、解析力学的创始者。他有关复数的表示式 $\exp(ix) = cosx + isinx$ 对后世尤其是傅里叶分析有很大的影响。

12. Joseph Fourier [1768–1830] introduced the Fourier series and the Fourier Transform, which became the main tool for solving linear differential equations. A fundamental question in Fourier series analysis is Lusin›s conjecture, which was solved by Lennart Carleson [1928–]. It says that a square integrable Fourier series converges pointwise almost everywhere.The ideas of Joseph Fourier contributed fundamentally to wave and quantum mechanics.

12. 19 世纪初，傅里叶引进了傅里叶级数和傅里叶变换，两者都是求解线性微分方程的主要工具。傅里叶级数中一个基本问题是卢津猜想，直至 20 世纪 60 年代它才由卡尔森解决。猜想断言，每个平方可积函数的傅里叶级数几乎处处收敛。傅里叶的原创思想对波动和量子力学都有深远的影响。

13. Mikio Sato [1928–] introduced hyper-functions. Lars Hörmander [1931–2012] studied Fourier integral operators. Masaki Kashiwara [1947–] and Joseph Bernstein [1945–] studied D-modules. The theory of D-modules has important applications in analysis, algebra, and group representation theory.

13. 到了现代，佐藤干夫引入了超函数，霍孟德研究了傅里叶积分算子，柏原正树和伯恩斯坦研究了 D- 模。D- 模理论在分析、代数和群表示论中都有重要的应用。

14. Carl Friedrich Gauss [1777–1855] proved the fundamental theorem of algebra. He is the founder of modern number theory, discovering the Prime Number Theorem and Quadratic Reciprocity. He studied the geometry of surfaces and discovered intrinsic (Gauss) curvature. Gauss, Nikolai Ivanovich Lobachevsky [1792–1856], and János Bolyai [1802–1860] independently discovered non-euclidian geometry.

14. 19 世纪初，高斯证明了代数基本定理，发现了素数定理和二次互反律，他是现代数论之父。他也研究了曲面的几何，发现了高斯曲率是内蕴的。高斯、洛巴切夫斯基、鲍耶分别独立地发明了非欧几何学。

15. Augustin-Louis Cauchy [1789–1857] and Bernhard Riemann [1826–1866] initiated the study of function theory of one complex variable —a development built upon later by Karl Weierstrass [1815–1897], Émile Picard [1856–1941], Émile Borel [1871–1956], Rolf Nevanlinna [1895–1980], Lars Ahlfors [1907–1996], Menahem Max Schiffer [1911–1997], and others. The space of bounded holomorphic functions over a domain form a Banach algebra whose abstract boundary needs to be identified.

Lennart Carleson solved this corona problem for the planar disk. A higher dimensional version of this problem is still open. Louis de Branges [1932–] solved the coefficient (Bieberbach) conjecture of univalent holomorphic functions.

15. 柯西和黎曼开拓了单复变函数论的研究，继起的研究者包括外尔斯特拉斯、皮卡德、博雷尔、奈望林纳、阿尔福斯、希弗等。在同一区域上的有界全纯函数形成一巴拿赫代数，其抽象边界需要等同起来。卡尔森解决了平面圆盘上的日冕问题。这问题在高维仍未解决。德布兰奇解决了有关单值全纯函数系数的比伯巴赫猜想。

16. Hermann Grassmann [1809–1877], Henri Poincaré [1854–1912], Élie Cartan [1869–1951], and Georges de Rham [1903–1990] studied differential forms. Hermann Weyl [1885–1955] defined what a manifold is and used method of projection to prove Hodge decomposition for Riemann surfaces. Georges de Rham [1903–1990] proved the de Rham's theorem. William Hodge [1903–1975] generalized the theory of Weyl to higher dimensional manifolds. He introduced the star operator. When the manifold is Kähler, he gave refined decomposition theory for differential forms and put the topological theorems of Lefschetz $SL(2)$ into an representation on the space of Hodge forms. The de Rham complex contains informations of rational homotopy of the manifold, as was observed by Dennis Sullivan [1941–] based on works of Daniel Quillen [1940–2011] and Kuo-Tsai

Chen [1923–1987] on iterated integrals. Sullivan and Micheline Vigue-Poirrier used this theory and the work of Detlef Gromoll [1938–2008] Wolfgang Meyer [1936–] to prove that simply connected manifold whose rational cohomology ring is not generated by one element has infinitely many geometrically distinct geodesics.

16. 格拉斯曼、庞加莱、嘉当、德拉姆研究了微分形式。外尔定义了流形，并且利用投影法证明了黎曼曲面上的霍奇分解（Hodge decomposition）。德拉姆证明了德拉姆定理。霍奇把外尔的理论推广到高维流形上去。他引进了星算子。当流形是凯勒流形时，他对流形上面的微分形式作了更精细的分解。他也把莱夫谢茨的拓扑定理表达成在霍奇形式所组成的空间上的一个 $SL(2)$ 表示。利用奎伦和陈国才关于迭代积分的工作，沙利文看到德拉姆复形包含着流形有理同伦的信息。沙利文和维格波里尔利用了格罗莫尔和迈耶的工作，证明了当一个单连通流形的有理上同调环并非由一个单元生成时，它上面存在着无限条不同的测地线。

17. Niels Henrik Abel [1802–1829] used permutation group to prove that one cannot solve general polynomial equations by radicals when the degree is greater than 4. Later on, Évariste Galois [1811–1832]invented group theory to give the precise criterion of solvability by radicals for a polynomial. Sophus Lie [1842–1899] studied symmetries and introduced continuous groups of symmetry transformations, which are now called Lie groups. Wilhelm Killing [1847–1923] continued the study of Lie groups

and Lie algebras. Galois theory has deep consequences in number theory. Emil Artin[1898–1962] John Tate[1925–2019] studied the general theory of Galois modules, in particular, class field theory in term of Galois cohomology. Kenkichi Iwasawa [1917–1998] studied structures of Galois modules over extensions with Galois group being a p-adic Lie group and defined arithmetic p-adic L-function. He asked whether the arithmetic one is essentially same as the p-adic L-function defined by Tomio Kubota [1930–] and Heinrich-Wolfgang Leopoldt [1927–2011] using interpolation on Bernoulli numbers. Major contributions to Iwasawa theory are made by Ken Ribet [1948–], John Coates [1945–2022], Barry Mazur [1937–],Andrew Wiles [1953–], and others.

17. 阿贝尔利用置换群证明了当多项式方程的次数大于四时，一般的求根公式并不存在。之后，伽罗瓦发明了群论，给出了一个多项式方程是否可根式求解的判定准则。索菲斯·李研究了对称性，并引入了对称变换的连续群，后世称为李群。基林继续李群和李代数的研究。伽罗瓦理论在数论有深远的影响。阿廷和泰特研究了伽罗瓦模的一般理论，比如用伽罗瓦上同调建立类域论。岩泽健吉研究了伽罗瓦群为 p 进李群时伽罗瓦模的结构，并定义了算术的 p 进 -L 函数。他提出了这个算术的 p 进 -L 函数与久保田富雄和利奥波德利用在伯努利数上插值所定义的 p 进 -L 函数是否本质相同这个问题。里贝特、科茨、马祖尔和怀尔斯等人对岩泽理论做出了重大贡献。

18. In 1843, William Hamilton [1805–1865] introduced quaternion number. It had deep influence in both mathematics and physics including the work of Paul Dirac [1902–1984] in Dirac operator. At the same time, octonions (or Cayley number) was introduced independently by Arthur Cayley [1821–1895] and John T. Graves [1806–1870] independently. In 1958, M. Kervaire [1927–2007] and J. Milnor [1931–] independently used Bott periodicity and K-theory to prove that the only real division algebras of finite dimension has dimension 1, 2, 4 and 8.

18. 1843 年，汉密尔顿引入了四元数，四元数对数学和物理都有深远的影响，后者见于狄拉克有关狄拉克算子的工作。同时，凯莱和格雷夫斯独立地引入了八元数。1958 年，卡维尔和米尔诺独立地利用博特的周期性定理和 K 理论，证明了实域上有限维可除代数的维数，只能是 1、2、4 和 8。

19. Diophantine approximation is a subject to approximate real number by rational numbers. In 1844, Joseph Liouville [1809–1882] gave the first explicit transcendental number. Axel Thue [1863–1922], Carl Siegel [1896–1981] and Klaus Roth [1925–2015] developed it as a field that is important for solving Diophantine equations. Hermann Minkowski [1864–1909] introduced method of convex geometry to find solutions. This was followed by Louis Mordell [1888–1972], Harold Davenport [1907–1969], Carl Siegel [1896–1981], Wolfgang Schmidt [1933–] and others.

19. 丢番图逼近论研究的乃是如何用有理数逼近无理数。1844 年，刘维尔首次找出了具体的超越数。图厄、西格尔和罗斯从此发展出一个求解不定方程的重要领域。闵可夫斯基利用凸几何来求解。后继者包括莫德尔、达文波特、西格尔和施密特等人。

20. Bernhard Riemann [1826–1866] introduced the theory of Riemann surfaces and began to stu topology of higher dimensional manifolds. He carried out a semiri-gorous proof of the uniformization theorem in complex analysis. Poincaré and Koebe generalized this theory to general Riemann surfaces. Riemann generalized the Jacobi theta function and introduced the Riemann theta function defines on abelian varieties. By studying the zeros of the Riemann theta function, he was able to give an important interpretation of the Jacobean inversion problem. He also defined the Riemann zeta function and studied its analytic continuation. He formulated the Riemann hypothesis concerning the zeta function, which has far-reaching consequences in number theory. The idea of zeta function was generalized to L-functions by P.G.L. Dirichlet [1805–1859] where important number theoretic theorems are proved. Riemann zeta function was used by Jacques Hadamard [1865–1963] and C.J. de la Vallée Poussin [1866–1962] to prove the prime number conjecture of Gauss (elementary proof was found later by Paul Erdős [1913–1996] and Atle Selberg [1917–2007].) Zeta function for spectrum of operators is used to define invariants

of the operator. Ray-Singer introduced their invariant for manifolds based on such regularization.

20. 黎曼引进了黎曼曲面，并开创了高维流形拓扑的研究。他对复分析上的单值化定理首先给出一个差不多严格的证明。庞加莱和科布把他的理论推广至一般的黎曼面。黎曼推广了雅可比 theta 函数并引进了定义在阿贝尔簇上的黎曼 theta 函数。透过对黎曼 theta 函数零点的研究，给出了雅可比反演问题的重要解释。他又定义了黎曼 zeta 函数，并研究其解析延拓。狄利克雷推广了 zeta 函数的构造方法，并用来证明了好些数论的定理。黎曼 zeta 函数为哈达玛和瓦利普桑用来证明高斯的素数定理（初等证明后由埃尔德什和塞尔伯格给出）。算子谱的 zeta 函数也用来定义算子的不变量。雷和辛格利用这种正则化引进了流形上的不变量。

21. After Riemann [1826–1866] introduced Riemannian geometry, Elwin Christoffel [1829–1900], Gregorio Ricci [1853–1925], and Tullio Levi-Civita [1873–1941] carried it further. Hermann Minkowski [1864–1909] was first to use four dimensional spacetime to provide a complete geometric description of special relativity. All these developments became key mathematical tools in the formulation of Einstein's general theory of relativity, which identifies gravitation as an effect of space-time geometry. Marcel Grossmann [1878–1936] and David Hilbert [1862–1943] contributed to this development significantly.

21. 19 世纪，黎曼引进的黎曼几何学，其后为克里斯托弗尔、里奇、列维奇维塔等人所发展。闵可夫斯基首先利用四维时空，完整地从几何的角度阐明狭义相对论。所有这些工作给爱因斯坦的广义相对论提供了关键的数学工具。广义相对论把引力看成时空几何中的某种作用。格罗斯曼和希尔伯特对此皆有重大贡献。

22. Riemann [1826–1866] started the theory of nonlinear shock waves, and this was lowed by John von Neumann, Kurt Otto Friedrichs [1901–1982], Peter Lax [1926–], James Glimm [1934–], Andrew Majda [1949–], and others. The theory for multi-dimensional wave is still largely unsolved.

22. 黎曼开始了非线性冲击波的研究，继之者包括冯·诺伊曼、弗理德里赫斯、拉克斯、格里姆、迈达等。目前我们对高维冲击波所知甚少。

23. Georg Cantor [1845–1918] founded set theory in the 19th century, defined cardinal and ordinal numbers, and also started the theory of infinity. Kurt Gödel [1906–1978] proved the incompleteness theorem in 1931. Alfred Tarski [1901–1983] developed model theory. Paul Cohen [1934–2007] developed the theory of forcing and proved that continuum hypothesis and axiom of choice are independent based on Zermelo-Fraenkel axioms.

23. 19 世纪，康托创立了集合论。他定义了基数和序数，并且开始了对无限的研究。1931 年，哥德尔证明了不完备定理。塔斯基发展了模型论。科恩发展了迫力理论，并且证明了在集合论中的 ZF 公理下，连续统假设和选择公理是独立的。

24. Felix Klein [1849–1925] initiated the study of the Kleinian group. He started the Erlang program of classifying geometry according to groups of symmetries of the geometry. New geometries such as affine geometry, projective geometry, and conformal geometry were studied from this point of view. Emmy Noether [1882–1935] demonstrates how to obtain conserved quantities from continuous symmetries of a physical system. In 1926, Élie Cartan [1869–1951] introduced the concept of holonomy group into Geometry. Those Riemannian geometries whose holonomy groups are proper subgroups of orthogonal groups are rather special. In 1953, Marcel Berger [1927–2016], based on the works of Ambrose-Singer, classified those Lie groups that can appear as holonomy groups for Riemannian geometries. When the group is unitary, it gives Kähler geometry which was introduced by Erich Kähler [1906–2000] in 1933. When it is special unitary group, it gives Calabi-Yau geometry. When the groups are other exceptional Lie group, examples of those manifolds were constructed by Dominic Joyce [1968–]. The concept of holonomic group provides internal symmetry for modern physics.

24. 克莱因开创了克莱因群的研究，他在埃尔朗根纲领中提出利用几何的对称群来为几何学分类。崭新的几何如仿射几何、射影几何和共形几何都可以用这观点来研究。诺特阐明了如何从物理系统的连续对称群来得到守恒量。1926 年，嘉当在几何中引进了和乐群。和乐群为正交群的真子群的黎曼几何尤其特殊。1953 年，贝格根据安保斯和辛格的工作，把能作为黎曼几何和乐群的李群都分了类。当群是酉群时，所得到的便是 1933 年由凯勒引进的凯勒几何。当它是特殊酉群时，所得到的便是卡拉比—丘几何。当它是其他例外李群时，所得到的流形有好些由乔伊斯构造出来。和乐群的概念为现代物理提供了内部对称。

25. In 1882, Ferdinand von Lindemann [1852–1939] proved the transcendence of numbers which are exponential of abraic integers and established the transcendence of π. The theorem was generalized by Karl Weierstrass [1815–1897]. In 1934–1935, Alexander Gelfond [1906–1968] and Theodor Schneider [1911–1988] solved the Hilbert seventh problem, hence generalized the theorem of Lindemann-Weierstrass. In 1966, Alan Baker [1939–2018] gave an effective estimate of the theorem of Gelfond-Schneider. In 1960's, Stephen Schanuel [1933–2014] formulated a more general conjecture and the Schanuel conjecture was generalized again by Alexander Grothendieck [1928–2014] as conjectures on periods of integrals in algebraic geometry.

25. 1852 年，林德曼证明了代数整数的指数乃是超越数 [1]，他也证明了圆周率的超越性。他的定理稍后由外尔斯特拉斯所推广。在 1934 年和 1935 年之间，盖尔范德和施耐德解决了希尔伯特第七问题，因此推广了林德曼—外尔斯特拉斯定理。1966 年，贝克给出了盖尔范德—施耐德定理的有效估计。20 世纪 60 年代，史安努尔提出了一个更广泛的猜想，其后格罗滕迪克又把史安努尔猜想推广，成为代数几何学上有关积分周期的某些猜想。

26. Henri Poincaré [1854–1912], Emmy Noether [1882–1935], James Alexander [1888–1971], Heinz Hopf [1894–1971], Hassler Whitney [1907–1989], Eduard Čech [1893–1960] and others laid the foundation for algebraic topology. They introduced important concepts such as chain complex, Čech cohomology, homology, cohomology and homotopic groups. A very important concept was the duality introduced by Poincaré.

26. 庞加莱、诺特、亚历山大、霍普夫、惠特尼、切赫等人为代数拓扑学奠下了基石。他们引进了如链复形、切赫上同调、同调、上同调和同伦群等重要概念。一个非常重要的概念是庞加莱提出的对偶性。

1　$e^\wedge$（代数整数）是超越数。但 exp() 函数在中文尚无很好的翻译。桂延智注。

27. David Hilbert [1862–1943] studied integral equations and introduced Hilbert spaces. He studied spectral resolution of self-adjoint operators of Hilbert space. The algebra of operators acting on Hilbert space has become a fundamental tool to understand quantum mechanics. This was studied by John von Neumann [1903–1957] and later by Alain Connes [1947–] and Vaughan Jones [1952–2020].

27. 希尔伯特研究了积分方程，并引进了希尔伯特空间。他又探究在希尔伯特空间上自共轭算子的谱分解。希尔伯特空间上算子形成的代数是了解量子力学的基本工具。它们先由冯·诺伊曼，继而由孔涅和琼斯等人研究。

28. Hilbert established the general foundation of Invariant Theory which was further developed by David Mumford [1937–] and others. It became an important tool for investigating moduli spaces of various algebraic structures. In most cases, the Moduli spaces of algebraic geometric structures are themselves algebraic varieties, after taking into accounts of degenerate algebraic structures. Wei-Liang Chow [1911–1995] parametrized algebraic varieties of a fixed degree in a projective space by the Chow coordinates. Deligne-Mumford compactified the moduli space of algebraic curves while David Gieseker [1943–] and Eckart Viehweg [1948–2010] compactified moduli space of manifolds of general type. David Gieseker [1943–] and Masaki Maruyama [1944–2009] studied moduli space of vector bundles. For Moduli space of abelian varieties,

there is classical theory of compactification of quotients of Siegel spaces, based on reduction theory due to H. Minkowski. For locally symmetric space with finite volume, there are various compactification due to Armand Borel [1923–2003], Walter Bailey [1930–2013], Ichirō Satake [1927–2014], Jean-Pierre [1926–] and others. In the other direction, a very important analytic approach to moduli space of Riemann surfaces was initiated by Oswald Teichmüller [1913–1943] based on the concept of quasi conformal maps. L. Ahlfors [1907–1996], L. Bers [1914–1993], H. Royden [1928–1993], and others continued this approach.

28. 希尔伯特打下了一般不变量理论的基础，继之者有蒙福特等人。它成了探求各种代数结构模空间的重要工具。如把退化的代数结构也算进去，在很多情况下，代数几何结构的模空间也是代数簇。周炜良利用周氏坐标把固定次数的代数簇在投影空间中参数化。德利涅—蒙福德把代数曲线的模空间紧化，而吉塞克和维赫威格则把一般型流形的模空间紧化了。吉塞克和丸山正树研究了向量丛的模空间。对阿贝尔簇的模空间而言，西格尔空间的商的紧化是经典的结果，这是基于闵可夫斯基的归结理论。对具有有限体积的局部对称空间而言，博雷尔、贝利、佐武一郎、塞尔等人做出了不同的紧化。另一方面，一个非常重要的解析方法是蒂希米勒利用拟共形映照，给出黎曼面的模空间。阿尔福斯、伯斯、罗伊登等人是这做法的后继者。

29. Based on the works of Gauss reciprocity law, Kummer extensions,

Leopold Kronecker [1823–1891] and Kurt Hensel [1861–1941]'s work on ideals and completions, Hilbert introduced class field theory. Emil Artin [1898–1962] proved Artin reciprocity law inspired by the earlier works of Teiji Takagi [1875–1960] on existence theorem. Both local and global class field theories were redeveloped by Artin and Tate using group cohomology. Later works were done by Goro Shimura [1930–2019], J.-P. Serre, Robert Langlands [1936–], and Andrew Wiles [1953–], through a series of research that closely combined number theory with group representation theory. Besides Langlands program, higher class field theory also appears in algebraic K-theory.

29. 基于高斯互反律，库默尔扩张，克罗内克尔以及亨塞尔关于理想与完备化的工作，希尔伯特引入了类域论。受高木贞治早期关于存在性定理工作的启发，阿廷证明了阿廷互反律。阿廷和泰特利用群的上同调重建了局部和整体类域论。后来工作由志村五郎、塞尔、朗兰兹和怀尔斯通过一系列紧密地结合数论与群表示论的研究完成。除了朗兰兹纲领外，高维类域论也出现在代数 K 理论中。

30. In the 20th century, Élie Cartan [1869–1951] and Hermann Weyl [1885–1955] made important contributions to the structure of compact Lie groups and Lie algebras and their representations. Weyl contributed to quantum mechanics by using representation of compact groups. Pierre Deligne [1944–], George Lusztig [1946–], and others

laid the foundation of representation theory of finite groups of Lie type. Mathematical physicists such as Eugene Wigner [1902–1995], Valentine Bargmann [1908–1989], and George Mackey [1916–2006] started to apply representation theory of a special class of noncompact groups to study quantum mechanics. After the important work of Kirillov and Gel'fand school on the representation of nilpotent groups and semi simple groups, Harish-Chandra [1923–1983] laid the foundation of Representation Theory of Non-compact Lie Groups. His work influenced the work of R. Langlands on Eisenstein series. I. Piatetski-Shapiro [1929–2009], I. M. Gel'fand [1913–2009], R. Langlands [1936–], H. Jacquet [1939–], J. Arthur [1944–], A. Borel [1923–2003] and others developed the theory of automorphic representation. Adelic approach based on representation of p-adic groups and Hecke operation has been very powerful. Borel-Bott-Weil type theorems have provided geometric insight into representations of Lie groups.

30. 20 世纪初，嘉当和外尔对紧李群、李代数及其表示论都做出了杰出的贡献。外尔把紧群的表示用于量子力学。德利涅、卢斯提格等人为李类型的有限群表示论奠下基石。数学物理学家，如维格纳、巴格曼、麦基等，开始把某类特殊的非紧群的表示论应用于量子力学。继基里洛夫和盖尔范德学派关于幂零群和半单群表示论的重要工作后，哈里斯钱德拉为非紧李群的表示论打下基础。他的工作影响了朗兰兹有关爱森斯坦级数的工作。皮亚捷斯基夏皮罗、盖尔范德、朗兰兹、雅克、亚瑟、博雷尔等人发展了自守表示理论，其中的基于 p 进位群的表示和赫克运算的阿黛尔方法[1]十分有用。布雷尔—博特—韦伊型定理给出李群的表示论几何方面深刻的看法。

31. L. E. J. Brouwer [1881–1966], Heinz Hopf [1894–1971], Solomon Lefschetz [1884–1972] initiated the study of the fixed point theory in topology. This was later generalized to the general elliptic differential complex by Atiyah-Bott. Graeme Segal [1941–] worked with Atiyah on equivariant K-theory. In 1982, Duistermaat-Heckman found the symplectic localization formula, then Berline-Vergne and Atiyah-Bott obtained localization formula in equivariant cohomology setting independently. Atiyah and Bott introduced the powerful method of localization of equivariant cohomology to fixed point of torus action. They became powerful tools for computation in algebraic geometry.

31. 布劳威尔、霍普夫、莱夫谢茨等开始研究拓扑中的不动点理论。稍后阿蒂亚和博特将之推广至一般的椭圆微分复形。西格尔与阿蒂亚研究了等变 K 理论。1982 年，杜斯特马特与赫克曼发现辛局部化公式，随后柏林和韦尔涅、阿蒂亚和博特分别独立地在等变上同调下得出了局部化公式。阿蒂亚和博特为环面作用的不动点引入了有效的等变上同调局部化方法。它们已成为代

1　Adele 群，可直接音译为"阿黛尔方法"。

数几何中有力的计算工具。

32. George Birkhoff [1884–1944] and Henri Poincaré [1854–1912] created the modern theo of dynamical systems and ergodic theory. Von Neumann and Birhoff proved the ergodic theorem. Andrey Kolmogorov [1903–1987], Vladimir Arnold [1937–2010], and Jürgen Moser [1928–1999] showed that ergodicity is not a generic property of Hamiltonian systems by showing that invariant tori of integrable systems persist under small perturbations. Donald Ornstein [1934–] proved that Bernoulli shifts are determined by their entropy.

32. 伯克霍夫和庞加莱是现代动力系统和遍历理论的缔造者。冯·诺伊曼和伯克霍夫证明了遍历定理。柯尔莫果洛夫、阿诺德、摩瑟证明了在可积系统中的不变环在小扰动下不会消失，因此遍历性并非汉密尔顿系统的典型性质。奥恩斯坦证明了伯努利移动由其熵决定。

33. Hermann Weyl [1885–1955] introduced his gauge principle in 1928.In the period between 1926 to 1946, the study of principal bundles (non abelian gauge theory) was developed by Élie Cartan, Charles Ehresmann [1905–1979], and others. Around the same period, Hassler Whitney [1907–1989] initiated the theory of characteristic classes and vector bundles (with a special case provided by Eduard Stiefel [1909–1978]). In 1941, Lev Pontryagin [1908–1988] introduced characteristic

classes for real vector bundles. In 1945, Shiing-Shen Chern [1911–2004] introduced the Chern classes on the basis of the work of Todd and Edger. Chern and Simons introduced the Chern-Simons invariants, which are important for knot invariants and condensed matter physics through topological quantum field theory. In 1954, Wolfgang Pauli [1900–1958], Chen-Ning Yang [1922–]–Robert Mills [1927–1999] applied the Weyl gauge principle and the nonabelian gauge theory due to É. Cartan, C. Ehresmann and S. S. Chern to particle physics. However ,they were not able to explain the existence of mass until the important development of the theory of symmetry breaking and the fundamental works of Gerard t'Hooft [1946–], Ludvig Fadeeev [1934–2017], et al.

33. 1928 年，外尔引进了他的规范原理。在 1926 年到 1946 年期间，主纤维丛的研究（非阿贝尔规范场论）由嘉当、埃雷斯曼和其他人发展了。差不多同一时期，惠特尼开始了示性类和向量丛理论（斯蒂费尔给出其中一个特殊情况）的研究。庞特里亚金对实向量丛引入了示性类。1945 年，陈省身根据托德和艾德格的工作创造了陈类。陈省身和西蒙斯引入了陈—西蒙斯不变量。透过拓扑量子场论，这些不变量对纽结不变量以及凝聚态物理学都很重要。1954 年，泡利、杨振宁—米尔斯把外尔的规范原理和嘉当、埃雷斯曼、陈省身等创造的非阿贝尔规范场论，用到粒子物理学上去。然而，这些理论没能解释物质质量的存在，一直到对称破坏理论，以及提霍夫特和法德耶夫等人的基础性工作的出现，问题才有进展。

34. The foundational work of Weyl on the spectrum of a differential operator influenced the development of quantum mechanics, differential geometry, and graph theory. The Weyl law counts eigenvalues asymptotically. The spectrum of elliptic operators and the special nature of spectral function became the most important branch of harmonic analysis. Basic properties of zeta functions of eigenvalues was studied by S. Minakshisundaram [1913–1968] and Åke Pleijel [1913–1989]. Daniel Ray [1928–1979] and Isadore Singer [1924–2021] defined the determinant of the Laplacian and introduced the Ray-Singer invariants. For Dirac operators, Atiyah-Singe-Patodi studied eta functions and obtained eta invariants for odd dimensional manifolds.

34. 外尔有关微分算子谱的基础工作影响了量子力学、微分几何和图论的发展。外尔定律给出特征值的渐近性质。椭圆算子的谱和谱函数的特性成为调和分析最重要的分支。闵那克史孙达朗和普莱耶尔研究了特征值的 zeta 函数的基本性质。雷和辛格定义了拉普拉斯算子的行列式，并且引进了雷—辛格不变量。对狄拉克算子而言，阿蒂亚—辛格—帕度提研究了 eta 函数，对奇数维的流形得到其 eta 不变量。

35. Erwin Schrödinger [1887–1961] invented the Schrödinger equation to define the dynamics of wave functions in quantum (or wave) mechanics. Weyl and Schrödinger used it to find the energy levels of the hydrogen atom. Heisenberg and Weyl showed that wave functions

satisfy the uncertainty principle, i.e. a function and its Fourier transform cannot be localized simultaneously. Feynman introduced the path integral in quantum mechanics which became the most important tool for quantization of physical system.

35. 薛定谔发明了薛定谔方程，用以描述量子或波动力学中波函数的动态。外尔和薛定谔用它来找到氢原子的能量层。海森堡和外尔发现波函数满足测不准原理，即函数与其傅里叶变换不能同时局部化。费曼在量子力学中引入了路径积分，它是研究物理系统量子化最重要的工具。

36. Louis Mordell [1888–1972] proposed the Mordell conjecture. He also proved the finite rank of the group of points of a rational elliptic curve. André Weil [1906–1998] studied this Mordell-Weil group by generalized the work of Mordell to include number field case. C. L. Siegel [1896–1981] studied integral points for arithmetic varieties. Many important conjectures including the Mordell conjecture was finally solved by Gerd Faltings [1954–] based on Arakelov Geometry. He also proved the Shafarevich conjecture for abelian varieties.

36. 莫德尔提出了以他命名的猜想。他也证明了有理椭圆曲线上点群的秩是有限的。韦伊研究莫德尔—韦伊群，把莫德尔的工作推广以包含数域。西格尔研究了算术簇上的整点。包括莫德尔猜想在内的许多重要的猜想，最后是被法尔廷斯凭借阿拉克洛夫几何解决的，他亦破解了阿贝尔簇上的沙法列维奇猜想。

37. Zeros of eigenfunctions were studied extensively by many authors. Richard Courant [1888–1972] found the nodal domain theorem. Shing-Tung Yau [1949–] noticed that volume of the nodal set is a quantity stable under deformations and made his conjecture on sharp upper and lower bounds for this quantity. The conjecture has became an important direction in spectrum research. Donnelly and Fefferman proved the Yau conjecture in the real analytic setting. Several approaches for smooth manifolds led to useful results, but far from optimal.

37. 特征函数的零点曾为众多人研究。柯朗发现了节区域定理。丘成桐指出节点集的体积是一个在形变下稳定的量，并且对这个量的上下界作出精确的猜想。这猜想变成了谱研究的重要方向。唐纳利和费弗曼在实解析的条件下证明了丘成桐猜想。对光滑流形而言，几个不同的做法得到有用的结果，但距完满尚远。

38. Stefan Banach [1892–1945] introduced Banach space, which represents rather general infinite dimensional space of functions. The Hahn-Banach theorem has become an important lemma. Joram Lindenstrauss [1936–2012], Per Enflo [1944–], Jean Bourgain [1954–2018] and others made important contributions to important questions for Banach space, including the invariant subspace problem. Juliusz Schauder [1899–1943] introduced fixed point theorem for Banach space that helped to solve partial differential equations.

38. 20 世纪 30 年代，巴拿赫引进了巴拿赫空间用以描述无限维的函数空间。汉恩—巴拿赫定理是研究这空间重要的工具。林克森斯特拉斯、恩福、布尔甘和其他人对巴拿赫空间的重要问题（包括不变子空间）皆有巨大贡献。肖德在巴拿赫空间上证明了不动点定理，用以求解偏微分方程。

39. Marston Morse [1892–1977] introduced methods of topology to study critical point theory and vice versa. This method has became an important tool in differential topology through the work of Raoul Bott [1923–2005], John Milnor [1931–], and Stephen Smale [1930–]. Bott found the important periodicity of stable homotopic groups of classical groups. J. Milnor introduced surgery theory while S. Smale proved the h-cobordism theorem, which implies the Poincaré conjecture for dimension greater than 4.

39. 摩尔斯首创以拓扑研究临界点理论，同时以临界点理论研究拓扑。透过博特、米尔诺、斯梅尔等人的努力，摩尔斯理论已成为微分拓扑中的重要工具。博特找到了典型群的稳定同伦群的周期性，这是重要的发现。米尔诺引进了割补理论，而斯梅尔则证明了 h 配边定理，从而解决了维数大于四的庞加莱猜想。

40. Green›s function, heat kernel and wave kernel are reproducing kernels that played important roles in the Fresholm theory of integral equations. Jacques Hadamard [1865–1963] constructed approximate

kernels which are called parametrix. Gábor Szegő [1895–1985], Stefan Bergman [1895–1977], Salomon Bochner [1899–1982] studied reproducing kernel for various function space that have been important in several complex variables. Hua Loo-Keng [1910–1985] was able to compute these kernels for Siegel domains. Stefan Bergman used his kernel function to define the Bergman metric. Charles Feferman [1949–] gave detail analysis of the Bergman metric for bounded smooth strictly pseudo convex domain. A consequence of his analysis is the smoothness of the biholomorphic transformation up to the boundary. David Kazdhan [1946–] studied the structure of the Bergman metric under covering of manifolds. He was able to prove that Galois conjugate of Shimura varieties are still Shimura varieties.

40. 格林函数、热核和波核等再生核，在霍氏积分方程理论中扮演着重要的角色。哈达玛找到了这些核的近似，称为拟基本解。塞戈、伯格曼、波克拿等人研究了在多复变函数论中，重要的不同函数空间上的再生核。华罗庚计算了 Siegel 域上核函数。伯格曼利用他的核函数来定义伯格曼度量。费弗曼对有界光滑严格拟凸域上的伯格曼度量做出了详细的分析。从他的分析中，可以知道双全纯变换直到边界都是光滑的。卡兹丹研究了在流形覆盖下伯格曼度量的结构。他证明了志村簇的伽罗瓦共轭仍然是志村簇。

41. Salomon Bochner [1899–1982] introduced a method to prove

vanishing theorem that links topology with curvature. The method was later extended by Kunihiko Kodaria [1915–1997] for d-bar operators and by André Lichnerowicz [1915–1998] for Dirac operators. Kodarira applied his vanishing theorem to prove any compact Kähler manifold with integral Kähler class is algebraic. The generalization to d-bar Neumann problem was achieved by Charles B. Morrey [1907–1984] who solved the Levi problem and proved the existence of a real analytic metric on real analytic manifolds. Joseph Kohn [1932–] improved Morrey's work and reproved the Newlander-Nirenberg theorem on the integrability of almost complex structures. Kiyoshi Oka [1901–1978] and Hans Grauert [1930–2011] also solved the Levi problem. Kodaria, Spencer, and Masatake Kuranishi [1924–] studied deformation of complex structures.

41. 波克拿引入一种方法证明了把拓扑和曲率联系起来的消灭定理。这种方法后来被小平邦彦应用到 d-bar 算子上，也给里赫那洛维奇用到狄拉克算子上。小平用他的消灭定理证明了具整凯勒类的紧凯勒流形必是代数的。莫雷把它推广到 d-bar 纽曼问题上，从而解决了其中的李维问题，以及证明了实解析流形上存在着实解析度量。科恩改进了莫雷的工作，重新证明了纽兰德—尼伦伯格有关近复结构可积性的定理。冈洁和格劳特也解决了李维问题。小平、斯宾塞和仓西正武研究了复结构的形变。

42. Richard Brauer [1901–1977], John Thomson [1932–], Walter

Feit [1930–2004], Daniel Gorenstein [1923–1992], Michio Susuki [1926–1998], Jacques T [1930–], John Conway [1937–2020], Robert Griess [1945–], and Michael Aschbacher [1944–] completed the classification of finite simple groups. The Moonshine conjecture relating representation of the Monster group with automorphic form was proved by Richard Borcherds [1959–].

42. 布劳尔、汤姆森、费特、戈伦斯坦恩、铃木通夫、泰兹、康威、格里斯、阿施巴赫等人共同完成了有限单群的分类。月光猜想把魔群的表示和自守形式联系起来，它是由博切德斯首先证明的。

43. Eugene Wigner [1902–1995] introduced the random matrix to study the spectrum of heavy atom nucleii. It was then conjectured by Freeman Dyson [1923–] that the spectrum obeyed the semicircle law for random unitary and orthogonal matrices. The Bohigas–Giannoni-Schmit conjecture held that spectral statistics whose classical counterpart exhibit chaotic behavior can be described by random matrix theory. Dan–Virgil Voiculescu [1949–] introduced free probability, which captures the asymptotic phenomena of random matrices.

43. 维格纳在重原子核谱的研究中引进了随机矩阵。戴森猜测这些谱满足随机酉矩阵和正交矩阵中的半圆法则。BGS 猜想指出其古典情形对应显示纷乱状态的谱统计，可以用随机矩阵理论来刻画。沃库乐斯古引入了自由概率，来描述随机矩阵的渐近行为。

44. In 1928, Frank P. Ramsey [1903–1930] introduces Ramsey theory which attempts to find regularity amid disorder. In 1959, Paul Erdős [1913–1996] and Alfréd Rényi [1921–1970] proposed the theory of random graphs. In 1976, Kenneth Appel [1932–2013] and Wolfgang Haken [1928–] proved the four color problem with helps by computer.

44. 1928 年，拉姆齐发明了拉姆齐理论，用以在无序中寻找规律。1959 年，埃尔德什和仁易提出了随机图的理论。1976 年，阿佩尔和哈肯利用计算机证明了四色问题。

45. William Hodge [1903–1975] asked the important question as to whether a Hodge class of (k,k) type can, up to torsion, be represented by algebraic cycles. Around the same time, Wei-Liang Chow [1911–1995] introduced the varieties of algebraic cycles. Periods of algebraic integrals played important roles in understanding algebraic cycles. These integrals were computed using holomorphic differential equations. The related Picard Fuchs equations can be used to compute the periods of elliptic curves. In 1963, John Tate [1925–2019] proposed an arithmetic analogue of the Hodge conjecture to describe algebraic cycles in arithmetic varieties by Galois representation on Étale cohomology. G. Faltings was able to prove it for abelian varieties over number fields.

45. 霍奇提出了一个重要的问题，即一个 (k,k) 型的霍奇类能否在相差一个挠动下由代数闭链所表示。差不多同时，周炜良引进了代数闭链簇。代数积分的周期在理解代数闭链中起着重要的作用。这些积分的计算要用到全纯微分方程，如皮卡德—福克斯方程便用于计算椭圆曲线的周期。1963 年，泰特提出霍奇猜想在算术上的对应猜想，用在平展上同调上的伽罗瓦表示，来描述在算术簇上的代数闭链。法尔廷斯对数域上的阿贝尔簇证明了泰特猜想。

46. Andrey Kolmogorov [1903–1987], Aleksandr Khinchine [1894–1959], and Paul Lévy [1886–1971] laid the foundations of modern probability theory. Andrey Markov [1856–1922] introduced Markov chains. Kiyosi Itô [1915–2008] initiated the theory of stochastic equations. Norbert Wiener [1894–1964] defined Brownian motion as Gaussian process on function space and began the investigation of the Wiener process. Freeman Dyson [1923–] explained the stability of matter on the basis of quantum mechanics. The work was followed by Elliott H. Lieb [1932–] and coauthors. Harald Cramér [1893–1985] introduced large deviation theory. Simon Broadbent [1928–2002] and John Hammersley [1920–2004] introduced percolation theory.

46. 柯尔莫果洛夫、辛钦、列维奠定了现代概率论的基础。马尔可夫链是马尔可夫引入的，而伊藤清开始了随机微分方程的研究。维纳定义了布朗运动，将它视为在函数空间上的高斯过程。他亦开始了维纳过程的研究。戴森利用量子力学来解释物质的稳定性，利布及其合作者作进一步研究。克莱默引入了大偏差理论。布罗德本特和哈默斯利则引入了渗流理论。

47. John von Neumann [1903–1957] introduced operator algebra to study quantum field theory. This was followed by the work of Tomita-Takesaki. Alain Connes [1947–] introduced his non commutative geometry. Vaughan Jones [1952–] introduced the Jones polynomial as the first quantum link invariant. Edward Witten [1951–] used Chern Simons topological quantum field theory to interpret Jones polynomial for knots. Later Mikhail Khovanov [1972–] introduce his homology to explain Jones polynomial.

47. 冯·诺伊曼首先利用算子代数来研究量子场论。接着的是富田稔和竹崎正道的工作。孔涅引进了非交换几何。琼斯引进了琼斯多项式作为第一个量子连结不变量。威滕利用陈—西蒙斯的拓扑量子场论，来解释纽结上的琼斯多项式。后来科瓦诺夫用他的同调来解释琼斯多项式。

48. In 1932, John von Neumann and Lev Landau [1908–1968] introduced the concept of the density matrix in quantum mechanics. Von Neumann extended the classical Gibbs entropy to quantum mechanics. Both Norbert Wiener [1894–1964] and Claude Shannon [1916–2001] made important contributions to information theory where they separaely introduced concepts of entropy. Wiener developed cyberetics and cognitive science, robotics, and automation. Strong subadsitivity of quantum entropy was conjectured by D. Robinson [1935–] and D. Ruelle [1935–] and later proved by E. Lieb [1932–]

and M. Ruskai [1944–].

48. 1932 年，冯·诺伊曼和朗道在量子力学中引进了密度矩阵的概念。冯·诺伊曼把经典吉布斯熵推广到量子力学上来。维纳和香农分别对信息论做出了重要的贡献，他们各自引进了熵的概念。维纳发展了控制论、认知科学、机器人学和自动化。罗宾逊和鲁尔提出有关量子熵的强次可加性的猜想，猜想其后为利布和鲁斯凯所证明。

49. Jean Leray [1906–1998] introduced sheaf theory and spectral sequences, which became an important tool for both algebraic geometry and topology. J.P. Serre developed a spectral sequence to compute the torsion free part of the homotopy group of spheres. Frank Adams [1930–1989] also introduced his spectral sequence to study the homotopy groups of spheres.

49. 勒雷引进了层论和谱序列，它们是代数几何和拓扑的重要工具。塞尔发展了可以计算球面同伦群无挠性部分的谱序列。亚当斯也引入他的谱序列来研究球面的同伦群。

50. André Weil [1906–1998] built a profound connection between algebraic geometry and number theory. He studied the infinite descent by using height and Galois cohomology. He introduced the Riemann hypothesis for algebraic varieties over finite fields. He propposed to study algebraic geometry over general fields and obtained important

insights into number theory. Bernard Dwork [1923–1998], Michael Artin [1934–], Alexander Grothendieck [1928–2014] and Pierre Deligne [1944–] completed Weil's project. Deligne proved Weil's conjectures. This served as the foundation for the theory of arithmetic geometry. Alexander Grothendieck, J.P. Serre, Bernard Dwork, and Michael Artin played fundamental roles in the development of algebraic and arithmetic geometry. In his seminal work Faisceaux Algébriques Cohérents, Serre applied the sheaf theory of Leray to algebraic geometry. Inspired by this, Grothendieck introduced schemes, topos to rebuild algebraic geometry using categories and functors. With his students, Grothendieck developed l-adic cohomology, Étale cohomology, crystalline cohomology and finally proposed the ultimate cohomology - the theory of motives. These theories build up the basic framework of modern algebraic geometry.

50. 韦伊建构起代数几何和数论之间深刻的联系。他运用高度和伽罗瓦上同调群来研究无限下降法。对有限域上的代数簇，他提出了对应的黎曼假设。他也提议研究一般域上的代数几何，从而对数论获得重要的洞识。德沃克、阿廷、格罗滕迪克、德利涅一起完成韦伊的规划。德利涅证明了韦伊猜想，奠定了算术几何学的基础。格罗滕迪克、塞尔、德沃克和阿廷对代数几何和算术几何的发展，皆有基本的贡献。塞尔在其奠基性工作 FAC 中将勒雷提出的层论应用到代数几何中去。格罗滕迪克受此启发引入概型、拓扑斯等概念，把代数几何用范畴与函子的语言重新建立起来。此后格罗滕迪克及其学生发展出了 l—进上同调、平展上同调、晶体上同调并提出终极上同调理论——motive 理论。这些理论搭建了现代代数几何的基本框架。

51. The concept of an intermediate Jacobian for Kähler manifolds was first introduced by André Weil [1906–1998] and later by Phillip Griffiths [1938–] in a different form. Torrelli type theorems (true for algebraic curves) were proposed and proved in many cases. A very important case involved K3 surfaces. The behavior of Hodge structure during degeneration of the algebraic manifolds was studied by Pierre Deligne [1944–], Wilfried Schmid [1943–], Kyoji Saito [1944–], and others. Mark Goresky [1950–] and Robert McPherson [1944–] introduced intersection cohomology to study the singular behavior of algebraic structures. Zucker conjectured that for Shimura varieties, the intersection cohomology is isomorphic to L^2 cohomology. This was proved by Eduard Looijenga [1948–] and Saper-Stern independently.

51. 凯勒流形上的中间雅可比概念首先由韦伊引进，稍后又被格里菲斯以不同的形式找到。在许多情形下，托里里型定理（它对代数曲线是成立的）被提出和证明，一个重要的情形和曲面有关。代数流形退化时其上霍奇结构的变化，曾被德利涅、施密德、斋藤恭司等人研究。戈列斯基和麦弗森引进了相交上同调，来研究代数结构的奇异行为。扎克猜测对志村簇来说，相交上同调和 L^2 上同调是同构的。其后这猜想被路安加和萨珀—斯特恩独立证明了。

52. C. B. Morrey [1907–1984] solved the classical uniformation theorem with rough coefficients. He also solved the Plateau problem for general Riemannian manifolds, generalizing the work of Jesse Douglas [1897–1965] and Tibor Radó [1895–1965]. H. Weyl proposed isometric embedding for surfaces with positive curvature, and H. Minkowski proposed the Minkowski problem. Both of them were solved by Hans Lewy [1904–1988] in the real analytic case and by Aleksei Pogorelov [1919–2002] and Louis Nirenberg [1925–2020] for smooth surfaces. The higher dimensional Minkowski problem was solved by Pogorelov and Cheng-Yau. The real Monge-Ampère equation was used by Leonid Kantorovich [1912–1986] in the study of optimal transportation.

52. 莫雷证明了带粗糙系数的经典单值化定理，他也解决了一般黎曼流形上的普拉托问题，从而推广了道格拉斯和拉多的工作。外尔提出了有关正曲率曲面的嵌入问题；闵可夫斯基提出了闵可夫斯基问题。对实解析曲面而言，这两个问题都被路维解决了，而光滑曲面的情况则由波哥列洛夫和尼伦伯格独立地解决。高维的闵可夫斯基问题则由波哥列洛夫和郑绍远—丘成桐独立地解决。实蒙日—安培方程曾由坎托罗维奇应用到最优化传输的研究中。

53. Lev Pontryagin [1908–1988] introduced cobordism theory into topology. René Thom [1923–2002] then calculated the cobordism

group of oriented manifolds, which was then used by F. Hirzebruch to prove the signature formula for differentiable manifolds relating the signature of Poincaré pairing to Pontryagin numbers. John Milnor used it to prove the existence of an exotic seven-sphere, and hence began the theory of smooth structure for manifold. Michel Kervaire [1927–2007] and John Milnor classified exotic spheres and started surgery theory simultaneously with Sergei Novikov [1938–], thereby providing a fundamental tool for the classification of simply connected smooth manifolds. C.T.C. Wall [1936–] studied surgery with the fundamental group. Surgery theory brought in powerful tool to study important questions about homotopic structures, topological structures , PL structures , smooth structures and cobordism with special structures. This include works of Kirby-Sibermann, Brumfiel-Madsen-Milgrim and Brown-Peterson.

53. 庞特里亚金在拓扑学中引进了配边理论。托姆计算了定向流形的配边群，希策布鲁赫利用它证明了可微流形上联系庞加莱对的符号差和庞特里亚金数的符号差公式。米尔诺利用它证明了七维怪球的存在，从而开启了流形上光滑结构的研究。凯尔维和米尔诺为怪球做出分类，并同时和诺维科夫开展了割补理论。割补理论对单连通光滑流形的分类提供了十分重要的工具。华尔利用基本群进行割补手术。割补理论为研究同伦结构、拓扑结构、PL结构、光滑结构以及特殊结构的配边理论等重要问题，提供了强有力的工具。其中包括了柯比—西尔伯曼、布鲁菲尔—马德森—米格里姆和布朗—彼德森的工作。

54. Alan Turing [1912–1954] introduced the concept of the Turing machine and launched the theory of computability. Stephen Cook [1939–] made a precise statement about complexity of theorem proving and proposed the famous $P=NP$ problem (Leonid Levin [1948–] also proposed it independently.) Leslie Valiant [1949–] introduced the concept of $\#P$ completeness to explain the complexity of enumeration.

54. 图灵引进了图灵机的概念，并开展了可计算性理论。库克把定理证明的复杂性进行了精确的陈述，并提出著名的 $P=NP$ 问题（列文也独立地提出过）。瓦理安特引进了 $\#P$ 完备性的概念，并应用它来解释枚举的复杂性。

55. Samuel Eilenberg [1913–1998] and Saunders Mac Lane [1909–2005] started to use axiomatic approach for homology theory and also introduced Eilenberg-Maclane space to study cohomology of groups. Cohomology theory was then introduced into algebra and Lie theory by several people such as Gerhard Hochschild [1915–2010] and others. A. Grothendieck [1928–2014], M. Atiyah [1929–2019], F. Hirzebruch [1927–2012] and others introduced K-theory as a generalized cohomology theory. There are natural operations such as cup and cap product, square operation in standard cohomology theory. There are similar operations on K-theory.

55. 艾伦伯格和麦克莱恩最先利用公理化的方法来建构同调

论，同时也引进了艾伦伯格—麦克莱恩空间来研究群的上同调。其后上同调理论由霍奇希尔德等人引进到代数及李氏理论中。作为上同调理论的推广，格罗滕迪克、阿蒂亚、希策布鲁赫等人引进了 K 理论。在标准上同调理论中自然存在的运算如上下积和平方运算，在 K 理论中皆有对应。

56. Atle Selberg [1917–2007], Grigory Margulis [1946–], Marina Ratner [1938–2017], and Armand Borel [1923–2003] studied discrete subgroups of Lie groups by methods of ergodic theory, analysis, and geometry. Selberg introduced trace formula relating spectrum of the Laplacian of the quotient of a semi simple Lie group by a discrete group to the conjugate classes of the discrete group. Mostow used the quasiconformal method to prove the rigidity of a lattice acting on hyperbolic space form. He also proved super rigidity for lattices in higher rank groups. In the later case, Selberg conjectured that they are arithmetic. This was proved by Margulis. Ratner and Margulis also proved the Raghunathan and Oppenheim conjectures for discrete group. The Bruhat-Tits building was introduced by J. Tits to understand the structure of exceptional groups of Lie type. It is used to study homogeneous spaces of p-adic Lie type.

56. 塞尔伯格、马古利斯、拉特纳、博雷尔等人，利用遍历理论、分析和几何来研究李群的离散子群。塞尔伯格找到了迹公式，把半单李群除去离散子群的商空间的拉普勒斯算子谱和这个离散子群的共轭类联系起来。莫斯托使用拟共形方法，证明了作用在双曲空间形式上格的刚性。他也证明了高秩群上格的超刚性。塞尔伯格曾猜想后者是算术的，这是由马古利斯证明的。拉特纳和马古利斯一起证明了有关离散群的拉古纳坦和奥本海姆猜想。布鲁哈特—泰兹建筑是由泰兹引进的，目的是了解例外李型群的结构。它也可以用来研究 p 进李型的齐性空间。

57. Herbert Federer [1920–2010], Wendell Fleming [1928–], Frederick Almgren [1933–1997,] and William Allard developed geometric measure theory. Enrico Bombieri [1940–], Ennio de Giorgi [1928–1996], and Enrico Giusti [1940–] solved the Bernstein problem and, coupling that with the work of Simons, proved that area minimizing hypersurfaces have at worst codimension 7 singularities. F. Almgren proved that area minimizing currents are smooth outside a closed set of codimension 2. Sacks-Uhlenbeck developed the theory of the existence of minimal spheres in a manifold using variational principle and bubbling process. The work was used by Siu-Yau to prove the Frenkel conjecture and by Gromov to study invariants in symplectic geometry.

57. 费德勒、费莱明、阿尔姆格伦和阿拉德等人发展了几何测度论。邦比里、德—乔治、朱斯蒂合作解决了伯恩斯坦问题。和西蒙斯的工作结合起来，他们证明了面积极小超曲面最坏有余 7 维数的奇点。阿尔姆格伦证明了面积极小流在一个余 2 维的闭集外是光滑的。萨克斯—乌伦贝克利用变分原理和冒泡过程，发展了流形中极小球面的存在性。萧荫堂—丘成桐利用这成果证明了弗伦克尔猜想；格罗莫夫又用它探究了辛几何上的不变量。

58. A. Calderón [1920–1998] and A. Zygmund [1900–1992] studied singular integral operators of convolution type, generalizing the Hilbert Transform, Beurling transform, and Riesz transform. They studied the decomposition theorem for L^1 functions, based on work of Hardy-Littlewood, Marcel Riesz [1886–1969], and Józef Marcinkiewicz [1910–1940].

58. 卡尔德隆和齐格蒙德研究了卷积型的奇异积分算子，从而推广了希尔伯特变换、贝林变换和里茨变换。他们借用了哈代—利特伍德、里茨、马辛基维奇等前人的工作，研究了 L^1 函数的分解定理。

59. Friedrich Hirzebruch [1927–2012] discovered the higher-dimensional Riemann-Roch formula, based on his theory of multiplicative sequences and an observation of J.P. Serre for algebraic surfaces. He proved it for algebraic manifolds. Michael Atiyah and Isadore Singer extended that to more general elliptic differential operators and proved the index formula. Hirzebruch-Riemann-Roch was then proved to be true in general. The general theorem was used by Kunihiko Kodaria [1915–1997] to extend the Italian classification

of algebraic surfaces to general complex surfaces. Linear differential operators began to enter differential topology, of which the Dirac operator and the d-bar operator are the most important ones. *K*-theory was developed by Hirzebruch, Grothendieck, Atiyah-Hirzebruch, Bott, and others. Many important problems in topology and algebra were solved by *K*-theory. Algebraic *K*-theory was introduced by J. Milnor, Hyman Bass [1932–], Stephen Schanuel [1933–2014], Robert Steinberg [1922–2014], Richard Swan [1933–], Stephen Gersten [1940–] and Daniel Quillen [1940–2011]. They gave powerful tools to apply deep algebraic machinery to understand problems in topology.

59. 希策布鲁赫利用他自己的可乘序列理论和塞尔对代数曲面的一个观察，找到了高维的黎曼—洛赫公式。他的公式对代数流形成立。阿蒂亚和辛格把它拓展到更一般的椭圆微分算子上，并且证明指标定理。希策布鲁赫—黎曼—洛赫公式从而在一般情况下是对的。小平邦彦利用这个一般定理，把意大利学派有关代数曲面的分类，推广到一般的复曲面上去。线性微分算子开始进入到微分拓扑中，其中最重要的，如狄拉克算子和 d—bar 算子。希策布鲁赫、格罗滕迪克、阿蒂亚和希策布鲁赫、博特等人发展了 *K* 理论，并利用它解决了不少代数和拓扑上的重要问题。代数 *K* 理论是由米尔诺、巴斯、舒奈尔、斯坦伯格、斯旺、格斯腾、奎伦等人发展出来的，从此深刻的代数方法，成为理解拓扑中问题的强力工具。

60. Peter Swinnerton-Dyer [1927–2018] and Bryan Birch [1931–] introduced their famous conjecture for elliptic curves over number fields, which relates the rank of the Mordell-Weil group to the leading degree of Hasse-Weil L-function at the center. Coates-Wiles, Gross-Zagier, and Kolyvagin etc made important contributions to this conjecture. Gross-Zagier's work was used by Dorian Goldfeld [1947–] to give an effective bound for class numbers of imaginary quadratic fields, solving a question of Gauss, after the works of Hans Heilbronn [1908–1975], Kurt Heegner [1893–1965], and Harold Stark [1939–]. Alexander Beilinson [1957–], Spencer Bloch [1944–] and Kazuya Kato [1952–] generalized the conjecture to higher dimensional arithmetic varieties.

60. 斯温讷通—戴尔和伯赫提出了他们有关椭圆曲线的著名猜想，这猜想猜测哈塞—韦伊 zeta 函数在中心点处的首项次数，等于莫德尔—韦伊群的秩。科茨—怀尔斯，格罗斯—扎吉尔与括里瓦根等人对这猜想都做出了重要的贡献。在海尔布隆、海格纳、斯塔克的工作之后，哥德菲尔德借用了格罗斯和扎吉尔的工作，来给出二次虚域的类数的一个有效界，从而解答了高斯的一个老问题。贝林森、布洛赫、加藤和也等人又把这猜想推广到高维的算术簇上。

61. Hassler Whitney [1907–1989] initiated the study of immersion and embedding of manifolds into Euclidean space. The Gauss map of the immersion gives rise to a classifying map of the manifold into the

Grassmannian, which classifies bundles over a manifold. Classifying immersions up to isotopy was initiated by Whitney and completed by Stephen Smale [1930–] and Morris Hirech [1933–]. The immersion conjecture was finally proved by Ralph Cohen [1952–] in 1985. It says that n dimensional manifold can be immersed into Euclidean space of dimension $2n - k(n)$ where $k(n)$ is the number of ones appeared in the binary expansion of n . John Nash [1928–2015] proved any manifold can be isometrically embedded into Euclidean space based on his implicit function theorem. But the embedding dimension is not optimal. Smale-Hirsch immersion theory was extended significantly by Mikhail Gromov [1943–] for treating differential relations. Local embedding of surfaces into three space is not known due to degeneracy of curvature. The case of nonnegative curvature was solved by C.S. Lin [1951–].

61. 惠特尼开启了将流形浸入和嵌入到欧几里得空间的研究。浸入的高斯映射给出了流形到格拉斯曼流形的分类映射，从而将流形上的向量丛进行分类。惠特尼开始了合痕意义下的浸入分类工作，最后由斯梅尔和希雷奇完成。浸入猜想最终由科恩于 1985 年证明。该猜想指出 n 维流形可以浸入到维数为 $2n - k(n)$ 的欧几里得空间，其中 $k(n)$ 是 n 的二进制表示中 1 的个数。纳什证明了任何流形都可以基于他的隐函数定理，等距地嵌入到欧几里得空间中。但是嵌入维数不是最佳的。格罗莫夫极大地扩展了斯梅尔和希雷奇的浸入理论，以处理微分关系。由于曲率退化，曲面局部嵌入到三维空间仍未解决。林长寿解决了非负曲率情形。

62. Ennio de Giorgi [1928–1996], John Nash [1928–2015], Jürgen Moser [1928–1999], and Nicolai Krylov [1941–] developed the regularity theory of uniform elliptic equations for scalar functions. Luis Caffarelli [1948–], Joel Spruck, and Louis Nirenberg developed similar work for fully nonlinear elliptic equations. R. Schoen and others study semi linear and quasilinear equations with critical exponents.

62. 德—乔治、纳什、摩瑟和克雷洛夫发展了关于标量函数的一致椭圆偏微分方程的正则性理论。卡法雷利、斯普鲁克和尼伦伯格对完全非线性椭圆方程作了类似的工作。孙理察等人研究了含临界指标的半线性和拟线性方程。

63. Roger Penrose [1931–] and Stephen Hawking [1942–2018] introduced the theory of singularities in general relativity, thus laying a strict mathematical foundation for the theory of black holes. Kerr found a solution to the equation of black holes with angular momentum, which became the basis of all black hole theories. Brandon Carter, Werner Israel, and Hawking proved the uniqueness of black holes under regularity assumptions of the event horizon. Richard Schoen and S.-T. Yau gave the first proof of existence of black holes formed through the condensation of matter. Christodoulou and Klainreman proved that Minkowski space time is dynamically stable.

63. 彭罗斯和霍金在广义相对论中引入了奇点理论，从而为黑洞理论奠定了严格的数学基础。克尔发现了带有角动量的黑洞方程的解，成为所有黑洞理论的基础。卡特、伊斯雷尔和霍金在事件视界的正则性假设下证明了黑洞的唯一性。孙理察和丘成桐首次证明了因物质凝聚而形成的黑洞的存在性。克里斯托杜洛和克莱因曼证明了闵可夫斯基时空是动态稳定的。

64. Heisuke Hironaka [1931–] proved that in characteristic zero the singularities of algebraic varieties can be resolved by successive blowing ups. John Mather [1942–2017] and Stephen Yau [1952–] showed that classification of isolated singularities can be reduced to study finite dimensional commutative algebra. Shigefumi Mori [1951–] proposed the minimal model program to study the birational geometry of high-dimensional algebraic varieties. This was followed by Yujiro Kawamata [1952–], Yoichi Miyaoka [1949–], Vyacheslav Shokurov [1950–], János Kollár [1956–] and others.

64. 广中平祐证明了特征零上的代数簇的奇点，可以通过逐次胀开来消解。马瑟和丘成栋指出孤立奇点的分类，可以转化成为对有限维可交换代数的研究。森重文提出了极小模型理论来研究高维代数簇的双有理几何。之后这一理论被川又雄二郎、宫冈阳一、舒库罗夫、科尔拉等人所发展壮大。

65. In 1938, Paul Smith [1900–1980] initiated the study of

finite groups acting on a manifold using cohomology theory. Smith theory was extended by A. Borel in 1960 who introduced equivariant cohomology. Smith made a conjecture that the fixed point set of a cyclic group acting in the three sphere must be an unknot. This was finally solved by a combinations of efforts due to several authors: the minimal surface method of Meeks-Yau, geometrization program of Thurston and the works of Cameron Gordon [1945–] on group theory. Meeks-Simon-Yau extended the result to cover the case of exotic sphere by proving that an embedded sphere in three manifolds can be isotopic to disjoint embedded minimal spheres joined by curves.

65. 1938 年，史密斯最早使用上同调理论研究作用于流形上的有限群。博雷尔于 1960 年扩展了史密斯理论，引入了等变上同调。史密斯猜想断言作用在三维球面上的循环群的不动点集是一个平凡纽结。通过米克斯—丘成桐的极小曲面方法、瑟斯顿的几何化纲领，以及戈登关于群论的工作，史密斯猜想最终被解决。米克斯—西蒙—丘成桐还把结果扩充至包含怪球的情形，通过证明三维流形中嵌入的球面，可以合痕于由曲线连结起来的不相交的嵌入极小球面。

66. In 1947, George Dantzig [1914–2005] introduced the simplex method to linear programming. In 1984, Narendra Karmarkar [1957–] introduced the interior point method where the complexity is polynomial bounded. Yves Meyer [1939–] and Stéphane Mallat [1962–] developed

wavelet analysis, which was followed by Ingrid Daubechies [1954–] and Ronald Coifman [1941–].

66. 1947 年，丹齐格发明了线性规划中的单纯形法。1984 年，卡马尔卡引入内点法，其复杂度是多项式有界的。梅耶和马拉特发展了小波分析，紧随其后有多贝西和科夫曼。

67. In 1967, Clifford Garder [1924–2013], John Greene [1928–2007], and Martin Kruskal [1925–2006] introduced the inverse scattering method to solve the KDV equation. Soliton solutions were found. Later, the method was extended to many famous nonlinear partial differential equations. It was interpreted as a factorization problem in Riemann-Hilbert correspondence. The Lax pair was introduced to give a good conceptual understanding of the method. The Gel'fand-Levitan method was also used in the process.

67. 1967 年，加德、格林和克鲁斯卡尔提出了用逆散射法来求解 KDV 方程，他们找到了孤立子解。后来，该方法扩展到许多著名的非线性偏微分方程。这方法可以看成在黎曼—希尔伯特对应中的因子分解问题。拉克斯对的引入有助于从概念上理解该方法，而盖尔范德—列维坦方法也被涉及。

68. The Langlands program has been a most influential driving force behind many facets of modern number theory. It unifies number theory, arithmetic geometry, and harmonic analysis based on general

theory of automorphic forms. Hervé Jacquet [1939–] and James Arthur [1944–] made important contributions towards this programs. The solution of the Taniyama-Shimura-Weil conjecture due to Andrew Wiles is a triumph of the program. This conjecture was used by Wiles, with helps from Richard Taylor [1962–], to solve the Fermat's conjecture, based on earlier observations of Gerhard Frey [1944–], J.-P. Serre and Ken Ribet [1948–] on elliptic curves.

68. 朗兰兹纲领是现代数论很多方面的推手，它将数论、算术几何和基于自守形式一般理论的调和分析统一起来。雅克和亚瑟为这一纲领做出了重要贡献。怀尔斯解决谷山—志村—韦伊猜想是该纲领的巨大成功。利用这个猜想，怀尔斯在泰勒的协助下，根据弗莱、塞尔和里贝特在椭圆曲线上的早期观察，证明了费马大定理。

69. James Eells [1926–2007] and Joseph H. Sampson [1926–2003] proved that heat flows on harmonic maps into manifolds with non positive curvature exists for all time and converges to a harmonic map. Richard Hamilton [1943–] introduced Ricci flows for the space of metrics. His extensive work in this area included a generalization of an important inequality of Li-Yau for general parabolic equations. Richard Hamilton, Gerhard Huisken [1958–], Carlo Sinestrari [1970–], and others developed parallel programs for mean curvature flows.

69. 厄尔斯和桑普森证明了映到非正曲率流形上中的调和映

射的热流总是存在的，并且收敛到一个调和映射。汉密尔顿在由黎曼度量构成的空间中引入了里奇流。他在这一领域中的大量工作，还包括对一般抛物方程中重要的李伟光—丘成桐不等式的推广。汉密尔顿、休斯肯、辛斯特拉里等人对平均曲率流发展了一套平行理论。

70. In cooperation with R. Schoen, L. Simon, K. Uhlenbeck , R. Hamilton, C. Taubes, S. Donaldson and others , S-T. Yau laid the foundation for modern geometric analysis. They resolved a series of geometric problems by using non-Linear differential equations. A prime example of that was the proof of the Calabi conjecture where Yau determined which Kähler manifolds can admit Kähler Ricci flat metrics. For Kähler-Einstein metrics with negative scalar curvature, existence was established by Aubin and Yau. Yau used this to prove Chern number inequalities that implied the Severi conjecture regarding the uniqueness of algebraic structure over projective space. Yau conjectured the existence of Kähle-Einstein metics on Fano manifolds in terms of stability.

70. 通过与孙理察、西蒙、乌伦贝克、汉密尔顿、陶布斯、唐纳森等人的合作，丘成桐为现代几何分析奠定了基础。他们通过使用非线性微分方程解决了一系列几何问题。其中最具代表性工作是卡拉比猜想的证明，丘成桐确定了哪些凯勒流形上可以容纳凯勒—里奇平坦度量。奥宾和丘成桐确定了数量曲率为负的凯勒—爱因斯坦度量的存在性。丘成桐以此证明了陈数不等式，从而意味着关于射影空间上代数结构唯一性的塞韦里猜想成立。丘成桐提出范诺流形上凯勒—爱因斯坦度量存在性的猜想，其中涉及某种稳定性。

71. In 1979, Richard Schoen [1950–] and S.-T. Yau solved the positive mass conjecture, which demonstrated the stability of isolated physical spacetime in terms of energy. At the time, the proof only worked up to dimension seven.Edward Witten subsequently came up with a proof using spinors that works for spin manifolds. The concept of quasi local mass was studied by many researchers including Roger Penrose [1931–], Robert Bartnik, Stephen Hawking [1942–2018], Gary Gibbons [1946–], Gary Horowitz [1955–], Brown-York and others.

71. 1979 年，孙理察和丘成桐解决了正质量猜想，这证明了孤立物理时空在能量上是稳定的。最初证明只适用于 1 至 7 维。威滕随后在自旋流形上利用旋量给出另一个证明。彭罗斯、巴特尼克、霍金、吉本斯、霍洛维茨、布朗、约克等许多学者研究了拟局部质量的概念。

72. William Thurston [1946–2012] proposed a program to classify three manifolds according to eight classical geometries. He proved that atoroidal and sufficiently large three manifolds admit hyperbolic metrics that are unique due to the strong rigidity theorem of Mostow. In the process of his proof , he studied dynamics over Riemann surfaces and

the singular foliation defined by holomorphic quadratic differential. He also proved codimensional one foliation exists in a manifold iff the Euler number of the manifold is zero.

72. 瑟斯顿根据八种典型几何结构，提出了对三维流形进行了分类的大纲。基于莫斯托的强刚性定理，他证明了非环状的和足够大的三维流形，可以具有唯一的双曲度量。在证明过程中，他研究了黎曼曲面上的动力系统，以及全纯二次微分定义的奇异叶状结构。他还证明了流形上余维数为 1 的叶状结构存在当且仅当流形的欧拉数为零。

73. Michael Freedman [1951–], using the theory of Casson Handle and Bing topology, was able to prove the four dimensional Poincaré conjecture and also classify simply connected manifolds in topological category.

73. 弗里德曼运用卡斯森把手和宾格拓扑理论，证明了四维庞加莱猜想，并且对所有单连通流形作了拓扑分类。

74. In 1982, Edward Witten [1951–] derived Morse theory using ideas of quantum field theory and supersymmetry. It gave a powerful tool to connect geometry with physics. In 1988, he introduced topological quantum field theory, and this was followed by Michael Atiyah who also used some ideas of Graeme Segal [1941–] on axiomatization of conformal field theory. Many topological invariants

are enriched from this point of view, and they are showing importance in condensed matter theory.

74. 1982 年，威滕运用量子场论和超对称性的观念推导出摩尔斯理论，为连接几何与物理提供了一个强有力的工具。1988 年，他引入了拓扑量子场理论，随后的阿蒂亚使用了西格尔关于共形场理论公理化的部分思想。从这一观点出发，人们找到了许多拓扑不变量，它们在凝聚态理论中有着重要的意义。

75. Based on the works of Uhlenbeck and Taubes on the moduli space of gauge theory for four manifolds, Simon Donaldson [1957–] found new constraints on the intersection pairing of second cohomology for smooth four dimensional manifolds. It is in sharp contrast to the works of Michael Freedman [1951–] who proved the topological Poincaré conjecture in four dimensions and classified simply connected topological four manifolds. Donaldson also defined his polynomial invariants for four manifolds. The theory was simplified after Seiberg–Witten introduced their invariants. Seiberg–Witten invariants can be used to settle several important questions regarding topology of algebraic surfaces.

75. 唐纳森根据乌伦贝克和陶布斯在四维流形上规范理论的模空间的工作，发现了光滑四维流形的二阶上同调群的相交对的新约束，这与弗里德曼的上述工作有着鲜明的对比。唐纳森还定义了四维流形的多项式不变量。在赛伯格和威滕引入他们的不变量后，该理论得到了简化。赛伯格—威滕不变量，可用于解决有关代数曲面拓扑的几个重要问题。

76. After the partial works of N. Trudinger and T. Aubin, Richard Schoen completed the proof of the Yamabe conjecture for conformal geometry. The argument bridged the subjects of mathematics of general relativity and conformal geometry. Schoen and Yau applied the argument to classify the structure of complete conformally flat manifolds with positive scalar curvature. Schoen–Yau introduces metric surgery in the category of manifolds with positive scalar curvature. Gromov–Lawson followed the work and observed that it is closely linked to spin cobordism. As a result, Stephan Stolz found a necessary and sufficient condition for a compact simply connected manifold to admit metric with positive scalar curvature when dimension is not 3 and 4. For nonsimply connected manifolds, there are other criterion based on minimal hypersurfaces by Schoen–Yau.

76. 在特鲁丁格和奥宾的一些工作之后，孙理察完成了关于共形几何的山边猜想的证明，架起了广义相对论数学与共形几何学之间的桥梁。孙理察和丘成桐以此对正数量曲率的完备共形平坦流形的结构进行了分类。孙理察和丘成桐在正数量曲率流形中引入度量割补。格罗莫夫和劳森跟进了这项工作，并发现它与自旋配边密切相关。结果斯托尔茨找到了紧单连通流形在维度不为3和4时，具有正数量曲率度量的充分必要条件。对于非单连通流形，还有其他基于孙理察—丘成桐的极小超曲面的判别标准。

77. In 1986, Karen Uhlenbeck [1942–] and S.-T. Yau solved the Hermitian-Yang-Mills equations for stable bundles, while Simon Donaldson [1957–] did the same for algebraic surfaces using a different method. The DUY theorem became an important part of Heteriotic string theory. It's analysis was then used by C. Simpson to give holomorphic bundles with Higgs field, a concept introduced by Nigel Hitchin [1946–]. The concept of Higgs bundle was used by Ngô Bảo Châu [1972–] to prove the fundamental lemma in Langlands program.

77. 1986 年，乌伦贝克和丘成桐求解了稳定丛的埃尔米特—杨—米尔斯方程，而唐纳森使用不同的方法，在代数曲面上进行了相同的求解。唐纳森—乌伦贝克—丘成桐定理成为杂弦理论的重要组成部分。其后，辛普森使用它的分析来给出带希格斯场的全纯向量丛，这是希钦提出的概念。吴宝珠使用希格斯丛证明了朗兰兹纲领中的基本引理。

78. Inspired by the work of Witten on Morse theory, Andreas Floer [1956–1991] defined Floer theory in symplectic geometry. Taubes proved the Seiberg-Witten invariant is equal to the symplectic invariant defined by him which he called the Gromov-Witten invariant. As a consequence, he proved the rigidity of symplectic structure on the projective plane.

78. 受到威滕在摩尔斯理论上的工作的启发，弗洛尔定义了辛几何中的弗洛尔理论。陶布斯证明了赛伯格—威滕不变量等同于他定义的辛不变量，他称之为格罗莫夫—威滕不变量。由此他证明了射影平面上辛结构的刚性。

79. Brian Greene [1963–]–Ronen Plesser [1963–], and Philip Candelas [1951–] et al. introduced mirror symmetry for Calabi-Yau spaces. Candelas et al. were able to use this symmetry to propose a formula in enumerative geometry for three dimensional quintics. Independently, Alexander Givental [1958–] and Lian-Liu-Yau rigorously proved the formula and hence solved an old problem in enumerative geometry, validating string theory as a powerful and insightful way to make mathematical predictions in geometry. Maxim Kontsevich [1964–] proposed homological mirror symmetry as a categorical formulation of mirror symmetry. Strominger-Yau-Zaslow proposed a geometric interpretation of mirror symmetry using special Lagrangian cycles. Both programs inspired activities in the field linking algebraic geometry to string theory.

79. 格林和普莱莎与坎德拉等引入了卡拉比—丘空间的镜像对称性。坎德拉等人利用镜像对称性得出了枚举几何学的五次三维形计算公式。纪梵特与连文豪—刘克峰—丘成桐分别独立严格地证明了该公式，从而解决了枚举几何学中的一个古老问题，同时也显示了弦论为几何学提供了有力的数学预测工具。作为镜像对称性的范畴化陈述，康切维奇提出了同调镜像对称。史聪闵格—丘—扎斯洛使用特殊拉格朗日闭链，对镜像对称性作出几何解释。这两种做法使得代数几何与弦论的互动活跃起来。

80. Peter Shor [1959-] gave the first quantum algorithm for factorization, which is exponentially faster than classical algorithms. It is a driving force for developing quantum computation.

80. 舒尔首次提出因子分解的量子算法，比经典算法快指数倍。它推动了量子计算的发展。

广义相对论中的数学 [1]

> 在整整 100 年前，爱因斯坦写下了他统驭重力和动态时空的著名方程式。爱因斯坦的这项创造，被认为是人类历史上最伟大的成就之一。

我们都知道，在整整 100 年前，爱因斯坦写下了他统驭重力和动态时空的著名方程式。爱因斯坦的这项创造，被认为是人类历史上最伟大的成就之一。他的动机是要结合物理学上两个重要但互不相容的理论：其一是行之已久的牛顿重力论，其二是刚发展出来的狭义相对论。

他必须解决这两项重要理论的不相容性：狭义相对论是建立在没有任何物质的传递速度可以超过光速的基本原理上，而牛顿力学则允许远距作用，容许重力的瞬间传递。

---

1 本文系作者 2015 年 6 月 1 日在加拿大费尔兹研究所黑洞国际会议上的演讲内容，由《数理人文》杂志特约编辑赵学信译成中文，中文繁体版载于《数理人文》杂志第 6 期（2015 年 10 月），简体版刊于 2016 年 11 月 18 日《数学与人文》微信公众号。编者略有修改。——编者注

在尝试合并这两大理论之时，爱因斯坦做了许多思想实验（Gedanken experiment）。他的理论非常重要的一点，是改变了牛顿力学绝对静态空间的想法。在这过程中，他受到了物理学家暨哲学家马赫（Ernst Mach）的影响。还有一个重要的概念——闵可夫斯基度量（Minkowski metric），这是在 1908 年，由爱因斯坦的老师闵可夫斯基（Hermann Minkowski）所引入的。闵可夫斯基度量把狭义相对论的重要特征，转化成四维时空的描述，其中的洛仑兹群是以时空的等距群（group of isometries）呈现的。于是，时间和空间再也无法分割，时空的几何理论开始出现在物理学的核心。

广义相对论的诞生

这对爱因斯坦是一个重要的转捩点。他了解到时空力学不可能只是单纯牛顿理论和狭义相对论的结合。因为牛顿重力论是由纯量函数所主宰的。而在狭义相对论里，物理量会随速度及物体的移动方向而改变，因此爱因斯坦问他的数学家好友格罗斯曼（Marcel Grossmann），哪种数学理论可以解释这样的量。格罗斯曼回答说，研究黎曼几何的克里斯多福（Elwin Christoffel）和李维奇威塔（Tullio Levi-Civita）所发展出来的张量（tensor）概念应该是他需要的数学概念。

于是借重黎曼几何里的黎曼度量张量（metric tensor），爱因斯坦要用它来描述重力场。为了寻找与牛顿场类似的方程，爱因斯坦借由他最重要的思想实验成果——等效原理。根据等效原理，爱因斯坦知道，描述重力的方程应该在一般坐标变换之下是共变的（covariant，或译协变），而不只是靠选择特定的坐标。比照牛顿的方程，重力场方程的一边是与物质有关的张量，另一边则应该是表现重力场的黎曼度量的某种二次微分，而且基于等效原理这个微分必须是协变微分。

爱因斯坦坚持要格罗斯曼帮他找出更多关于度量张量的资料。格罗斯曼最后在图书馆里发现，意大利几何学家里奇（Gregorio Ricci-Curbastro）所发现的里奇曲率张量（Ricci tensor）似乎是适合的张量。它是把度量微分两次的曲率张量经缩约（contraction）而得的，也是坐标变换下的共变量，而且又有正确的变数数目，很符合爱因斯坦的期待。

爱因斯坦和格罗斯曼在1913年和1914年合写了两篇论文，在其中写下了重力场用张量描述的方程式。但是爱因斯坦还有一项很重要的使命：他想要解释水星近日点进动（precession of perihelion）时的不正常现象，这是天文学的一个重大问题。由观测可知，水星的绕日轨道每次都会略有不同，这个现象无法以牛顿方程来解释，已经令天文学家困惑了许久。爱因斯坦和格罗斯曼所得到的方程式也无法解释这个现象，因此爱因斯坦仍须继续为他的新理论奋斗。

在1914年到1915年间，爱因斯坦为此请教李维奇威塔和希尔伯特（David Hilbert）。得益于希尔伯特的协助，爱因斯坦最后终于找到了重力场方程

$$R_{ij} - \frac{1}{2}Rg_{ij} = \frac{8\pi G}{c^4}T_{ij}$$

注：其中左边方程式的时空几何部分，g_{ij} 是度量张量，R_{ij} 是里奇张量，R 是纯量曲率（scalar curvature），右边则是方程式的物质部分，T_{ij} 是应力能量张量（stress energy tensor），G 是牛顿重力常数，c 是光速。

不过在 1917 年，为了呼应当时流行的稳定宇宙观点，爱因斯坦不得不加入一个宇宙常数 λ，维持解的稳定。于是重力场方程变成

$$R_{ij} - \frac{1}{2}Rg_{ij} + \lambda g_{ij} = \frac{8\pi G}{c^4}T_{ij}$$

但后来从各种观测证据（如哈勃望远镜）知道宇宙膨胀的事实后，爱因斯坦认为他犯了一生最大的错误，伤害了方程的美感。

因此一直到 20 世纪 80 年代，物理学家认为宇宙常数是 0，还有人认为这是人类观察大自然得到最准确的数据。但是由于后来发现宇宙暗能量的现象，近日物理学家倾向留住宇宙常数，并希望用它解释真空能量，于是错误又变成正确了。无论宇宙常数是否为 0，仍然是重要的问题。

其实希尔伯特在爱因斯坦发表结果的前十天，也发现了这个方程，他的方法是利用作用量原理推导出来。尽管如此，物理学

计算并确认这方程可以解释水星进动现象的，却是爱因斯坦。希尔伯特也大方地同意这个方程叫作爱因斯坦方程。

爱因斯坦还使用广义相对论来解决光线路径的问题，说明如果一颗恒星发射的光线来到地球，当光接近太阳时会如何被时空曲率所弯曲。此一现象在1919年，由两组天文学家分别在非洲西岸和巴西两地观测日全食而得到证实[1]。经由新闻报道，一夕之间爱因斯坦成为妇孺皆知的名人。令人惊讶的是，我们现在仍使用同样的原理来设计全球卫星定位系统（GPS），以确保其精确性。

许多物理学家以为广义相对论是凭空创造出来的，他们并未考虑到黎曼及其追随者所发明的几何新观念所带来的深远影响。没有这些已经成熟的数学概念，希尔伯特和爱因斯坦就不太可能找到恰当的数学架构，可以表述广义相对论。

另一方面，广义相对论也对近百年的几何学发展，提供了最深刻的动力和影响。在爱因斯坦提出广义相对论的几个月后，施瓦兹席尔德（Karl Schwarzschild）写下了著名的爱因斯坦方程的球对称解，不但有助于光线偏折的计算，这个解更成为静态不自转恒星或黑洞的主要模型，它也是最早发现与大自然相关的内禀黎曼度量（intrinsic metric）。

数学家立即着手研究广义相对论。伯克霍夫（G. D.

---

1 据维基百科，爱丁顿1919年5月29日在西非观测到的日全食，验证了爱因斯坦广义相对论关于太阳重力场造成光偏折的预测。

Birkhoff）证明了爱因斯坦方程球对称解的唯一性。更重要的是，包括李维奇威塔、嘉当（Élie Cartan）、外尔（Hermann Weyl）、卡鲁札（Theodor Kaluza）在内的许多数学家开始推广广义相对论，把物理学的其他相关领域涵纳进来。他们的研究，对物理学和数学都做出了根本性的贡献，例如像是基本规范场论，以及广义相对论额外维度的卡鲁札—克莱恩模型（Kaluza-Klein model）（编者注：这里的克莱恩是 Oskar Klein，不是 Felix Klein）。

外尔所引入的规范场论，对现代物理学和数学有着重大的影响。爱因斯坦对规范场论的评价甚高。但他指出，外尔的第一篇论文不合乎物理学，因为它的平行移动（parallel transportation）在长度上并不守恒。

十年之后，外尔受到量子论的启发，把他理论中的规范群换成圆群（circle group），于是在平行移动时保有长度守恒的性质。外尔的规范场论和嘉当的非交换规范理论差不多同时发展，以后泡利（Wolfgang E. Pauli）及杨振宁、米尔斯（Robert Mills）将其应用到物理学，70 年代成为粒子物理标准模型的核心要素之一。

卡鲁札则引入了重力的五维理论。他发现爱因斯坦方程在五维时空中的圆对称真空解，在降到四维时，可以得出有效的重力理论和麦克斯韦方程。如此一来，电磁力即可被纳入重力理论。爱因斯坦很喜欢卡鲁札的理论，但根据这理论会多出一个纯量场，而这在自然界是观察不到的，所以并不符合物理现实。

尽管如此，卡鲁札—克莱恩理论并未从此绝迹。比方说，它又出现在现代弦论里，只不过原先的圆被卡拉比—丘流形

216

（Calabi-Yau manifold）所取代。

广义相对论中的质量

让我们再回到爱因斯坦写下方程的时间点，看看紧随其后他所关心的课题。譬如有些问题是以广义相对论此一新理论来理解古典的物理量，他大多数的论证所根据的是线性逼近。我们知道，最重要的物理量是质量、（线性）动量和角动量。在牛顿力学里，它们可以用时空的连续对称群来定义（诺特定理，Noether's theorem），但在广义相对论的时空里，根本没有连续对称。

首先，爱因斯坦对孤立物理系统的概念感兴趣。如果一个时空在无穷远处近似平坦的闵可夫斯基时空，其中没有质量也没有重力，则我们会说它是孤立的物理系统。然而，一个时空如何能够在无穷远逼近平坦闵可夫斯基时空？这是一个棘手的问题。爱因斯坦处理这个问题，并且定义孤立物理系统的总质量和线性动量。但更严格的表述则是由阿诺维特（Richard Arnowitt）、戴瑟（Stanley Deser）和米斯纳（Charles W. Misner）在 1962 年总结提出（参见 *Gravitation: an introduction to current research*，L. Witten 编辑，Wiley & Sons 出版，作者注）。

请注意质量的概念，在广义相对论和牛顿力学里不同。在牛顿力学里，质量可以写成质量密度的积分；但在广义相对论里，由于等效原理的缘故，这种写法是不可能的。只有孤立物理系统才能定义总质量，因为渐近庞加莱群（asymptotic Poincaré group）可以作用在时空的无穷远处。

孤立物理系统的质量是否为正，是广义相对论的一个重要问题。如果质量不恒为正，系统会变得不稳定，而广义相对论的正确性也变得难以确保。这个问题自爱因斯坦当时便一直悬而未决，直到 35 年前才由孙理察（Richard Schoen）和我使用几何分析的方法解决。

数年之后，威滕（Edward Witten）又根据比较线性的旋量理论（theory of spinors），提出另一个证明。过去 30 余年，这两种论证方式在研究古典广义相对论的问题时，都极为有用。

只能定义孤立物理系统的总质量用处很有限。长久以来，我们一直不确定广义相对论中是否存在准局部质量（quasi-Local mass）、线性动量和角动量。也就是说，假定有一个二维空间，例如时空中的球面，对于这个球面所围绕的三维区域，我们能否以某种测量方式来定义其质量、线性动量或角动量。

直到最近，王慕道、陈泊宁和我找到了这些古典量的令人满意的定义。我们能够计算这些量，当球面远离孤立物理系统时，而不必把极限取到无穷大。这让我们可以测量重力波穿越二维球面时所携带的能量。

重力辐射

重力辐射是一种存在于广义相对论，而在牛顿重力论中付之阙如的现象。1917年时，爱因斯坦以线性逼近的方式，孤立出重力场的辐射模式，而且导出著名的四极矩公式（quadrupole formula）。长期以来，总有人质疑它的导出是否依赖线性化或是坐标的选择。其实早在1922年，爱丁顿（Arthur Eddington）便曾说，爱因斯坦写下的这些解是"以思考速度传播"的坐标变换。

显然在某个时期，连爱因斯坦本人都对重力辐射有所怀疑，他说道："我和一位年轻的合作者得到了一个有意思的结果：重力波并不存在。虽然我曾很确定它们的存在并计算到一阶逼近。这足以显示，非线性的重力场方程所告诉我们的，或说所限制我们的，远比我们迄今所以为的还多。"（注：转引自 D. Kennefick 于2005年在纽约大学石溪分校的演讲）

但是到了20世纪60年代，对于重力辐射的信心又恢复了。当时，物理学家邦迪（Hermann Bondi）和萨克斯（Rainer K. Sachs）借由研究在零无穷远（null infinity）的度量渐近性（编注：在狭义相对论中光随时间演化的轨迹形成光锥，由于其时空长度为0，故亦称为零锥。零锥将时空分成类时区与类空区，对于讨论因果性是重要的限制条件。在广义相对论中沿袭类似的想法，将光的未来或过去轨迹的无穷逼近部分称为零无穷远），发现了一个更内禀的辐射表述。人们发现将零无穷远的割迹朝未来移动时，邦迪质量会减少，这表示辐射确实带走了某些质量。此一事实提高了他们理论的可信性。同时，孙理察和丘成桐证明了邦迪质量永远为正，这表示重力辐射不能把所有的能量都辐射掉。

邦迪、梅兹纳（A. W. K. Metzner）和萨克斯等人对于零无穷远的分析，产生了一个称为 BMS 群的无穷维群（以三人姓氏的首字而得名）（注：M. G. J. van der Burg 也参与他们关于重力辐射的研究，并有重要贡献）。BMS 群的表示（representation）对于古典物理和量子物理的重力理论都很重要。然而从数学的观点来看，邦迪等人对于时空在零无穷远的紧致化研究做得还不够完美。

彭罗斯（Roger Penrose）曾提出一种渐近平坦时空的紧致化。这对广义相对论的许多课题都是很重要的假说。它可以推导出描述外尔曲率张量（Weyl curvature tensor）在无穷远时如何衰退的剥解定理（peeling theorem），但它能否成立，仍然还有待验证。

克里斯托杜洛（Demetrios Christodoulou）和克莱纳曼（Klainerman）处理了其中一种重要情形，他们考虑的是接近平坦闵可夫斯基时空的时空结构。结果显示，彭罗斯的想法并非完全正确。

克里斯托杜洛根据他们的研究提出了重力辐射的记忆效应（memory effect），这是爱因斯坦方程非线性特性的结果。有些学者——包括毕耶利（Lydia Bieri）、陈泊宁和我——循此方向继续研究，我们的工作是以毕耶利和我的学生齐卜瑟（Nina Zipser）的广泛研究为基础，后者的研究结合了重力和麦克斯韦方程组。

黑洞面面观

如前所述，施瓦兹席尔德写出了爱因斯坦方程的第一个解。他的解包含奇点，也就是曲率趋于无穷大的点。在奇点上，一切的物理定律都会失效。这出现在后来由克尔（Roy Kerr）、弗里德曼（John Friedman），以及莱斯纳—诺德斯聪（Reissner-Nordström）等人所做的推广。许多人试图借用微扰来消除奇点，但这些努力一直未能成功，然后彭罗斯和霍金（Stephen Hawking）证明了著名的奇点定理，从而表明奇点不能借由微扰来消除。他们的论证运用了囚陷曲面（trapped surface）的概念，当光线以垂直于曲面的角度射出，不管是向内或向外射出，最后都会收敛。彭罗斯和霍金证明了黑洞的存在蕴含时空奇点的存在。这是一个非常精彩的一般性定理，证明的手法极为巧妙。

然而他们的证明迥异于传统双曲方程理论的奇点定理，我们并不知道奇点的行为。而且他们的证明假定了囚陷曲面的正则性（regularity），这在恒星坍陷时不见得能成立。

无论如何，"包覆在囚陷曲面里"的时空奇点可称为黑洞。黑洞的第一个模型是由施瓦兹席尔德解给出的，它是静态、不旋转的黑洞。

旋转黑洞的精确解则是由克尔在 1963 年提出。克尔解是古典广义相对论最卓越的成就之一，其中出现了许多神秘的性质。克尔解是由两个参数所刻划：质量和角动量。当角动量远大于质量时，就会出现裸奇点（naked singularity），也就是说，该奇点并未被事件视界包围住，所以可以被外界观察到。类时（timelike）的基林场（Killing field）在黑洞外，可能会变成类空（spacelike）的。彭罗斯利用此一事实，提出从旋转黑洞汲取能源的方法。

泽尔多维奇（Yakov Zel'dovich）观察到，当有波射向旋转黑洞时，与黑洞的角动量方向相同部分的波会因为散射而被强化，因而在离开时带有比入射时更大的能量。这个过程称为超辐射（superradiance）。

在1967年到1975年之间，以色列（Werner Israel）、卡特（Brandon Carter）和罗宾逊（D.C. Robinson）、霍金以一系列的出色定理，证明了真空背景下的稳定黑洞，必定是克尔解。如果考虑黑洞也可以带有电荷，上述定理连同梅哲（P.O. Mazur）、邦丁（G. Bunting）的研究，推广证明真空背景下稳定黑洞是带电的克尔解，惠勒（John Archibald Wheeler）将此一事实称为无毛定理（no-hair theorem）（编注：刻画真空背景的稳定黑洞只需要质量、角动量、电荷三个参数，没有其他物理资讯容身的余地，因此被戏称为无毛定理。惠勒透露这个词其实是贝肯斯坦发明的）。这是在研究黑洞时，运用很广泛的基本定理。

然而，如果仔细阅读他们的证明，可以看到他们假定了黑洞具有某种正则性。我们还不清楚如果减弱正则性的假定，无毛定理是否还能成立。无论如何，我们发现如果耦合重力与杨—米尔斯方程（Yang-Mills equation），则可发现无穷多个（但是离散的）新的静态黑洞。

在这一方面，巴特尼克（Robert Bartnik）和麦金农（John McKinnon）找到了第一个数值解，严格的证明则由史莫勒（Joel Smoller）、瓦瑟曼（Arthur Wasserman）、丘成桐和麦克劳德（J. B. McLeod）提出。找出一个良好的物理原因，来解释这类黑洞的存在，仍是很有意思的问题。

人们发现，能够产生不平凡的静态球面黑洞的重力和杨—米尔斯耦合常数，形成一个离散数列。这个独特的事实曾被从物理或从几何来解释。我们很希望知道，它是否是某种自伴算子（self-adjoint operator）的谱。根据图科斯基（Saul Teukolsky）的研究，我们已经知道，施瓦兹席尔德黑洞是线性化稳定的，但对它的非线性稳定性仍无所知。唯一已知动态稳定的时空是平坦的闵可夫斯基时空，这得归功于克里斯托杜洛和克莱纳曼的研究成果（他们的工作又被毕耶利和齐卜瑟予以强化）。

黑洞的克尔解已知只有在角动量相对小于质量时，才是线性稳定的。这仍是理解这类古典黑洞的一大重要课题。

彭罗斯提出的宇宙审查猜想（cosmic censorship conjecture），是古典广义相对论的一个最基本的问题。它说的是，给定一般非奇性初始条件，则其重力塌缩结果永远不会形成裸奇点。这个猜想之所以重要，是因为裸奇点会对我们希望从初始数据预测未来的想法形成干扰。

对于纯量场的球对称初始条件，克里斯托杜洛研究这个问题，发现在非常局限的情形可以找到裸奇点。达菲摩斯（Mihalis Dafermos）延续他的工作，研究所谓的柯西视界（Cauchy horizon）问题。

黑洞的许多重要几何资讯，在物理学上具有基本意义。例如，克里斯托杜洛和霍金发现，黑洞的面积会随时间而增加。这对贝肯斯坦（Jacob Bekenstein）于1973、1974年的黑洞热力学研究非常重要。贝肯斯坦发现，黑洞熵和它的面积有关，面积增加变成了热力学第二定律的结果。

受到这个定律的启发，霍金在1974年发展出黑洞的量子理论。他论证，如果纳入量子力学的效应，黑洞就不再是全黑的，黑洞辐射会以随机的方式，从事件视界里穿隧出来。他所推测的这种现象，现在称为霍金辐射（Hawking radiation）。

面积熵定律连结了量子力学、重力和统计力学，它的一项结果是黑洞必定包含了极大量的信息。这个谜团由史聪闵格（Andrew Strominger）和瓦法（Cumrun Vafa）在1996年使用弦论的保角对称而得到部分解决。他们计算黑洞的微观态（microstate），发现其与贝肯斯坦－霍金的面积熵定律吻合。自此之后，黑洞的量子理论激发了弦论相关数学的许多重大发展。

重访正质量定理

在证明孤立物理系统的正质量定理时，孙理察和我构造了许多可以满足局部质量非负的渐近平坦三维流形。我从霍金那儿得知一些构造这些流形的方法：

已知一个紧致流形其保角不变算子具有正格林函数，则我们可以用格林函数的幂次来做度量的保角变换，如此就可以得到一个零纯量曲率的渐近平坦流形。

这个新三维流形的总质量可定义，而且与原格林函数在奇点的渐近展开式的常数项有关。根据孙理察和我所证出的正质量定理，这个质量必定是正的。孙理察很有效地运用这项事实，来完成悬宕已久的山边猜想（Yamabe conjecture）的证明。山边英彦（Hidehiko Yamabe）的猜想是：

每一紧致流形均可保角变形成一个带有常纯量曲率的流形。

当孙理察和我证出正质量定理时，吉本斯（Gary Gibbons）和霍金正在发展他们的欧几里得重力理论（theory of Euclidean gravity）。他们需要知道其作用量是正的，换句话说，他们需要四维版本的正质量定理。

结果孙理察和我证明了这个定理，并且接着发展关于正纯量曲率流形结构的理论。我们发现可以对这种流形做几何余维等于3的手术（surgery）（注：手术是一个数学专有名词，可以经由特定的切除与拼接转换流形的拓扑形态。例如将球面挖去两个小圆盘，再接上一根圆柱面，就可以得一个环面，即轮胎面）。之后，格罗莫夫（Mikhail Gromov）、劳森（H. Blaine Lawson）、斯托尔茨（Stephan Stolz）等人运用这点，给出至少在简单连通情形下，正纯量曲率流形的完整理解。

正质量猜想的证明，还有许多其他方面的影响。

首先是一个黑洞的一般存在性定理的证明，其定理如下：在一个适当定义的固定半径的区域内，如果物质密度够大，就会形成适当质量的黑洞。在此情形下所形成的黑洞，与物质密度有关。另一方面，由于重力本身即具有能量，因此不需要物质也可能产生黑洞。我进一步考察包围这区域的曲面边界的效应。

最近，克里斯托杜洛提出了另一种利用聚焦效应的机制——重力波的脉冲。包括于品在内的一些人，循此思路做了后续的研究。

环箍猜想

黑洞存在性的环箍猜想（hoop conjecture）说的是，如果一个闭曲面的准局部质量，相对于曲面周长够大的话，则这个闭曲面将会塌陷成黑洞。黑洞的产生与消失会和彭罗斯的宇宙审查猜想紧密相关。这方面还需要更进一步的研究。

在彭罗斯思考宇宙审查猜想时，他设想了一个方法来给出反例。在此过程中，他发现对于渐近平坦时空，如果宇宙审查猜想是对的，则此孤立系统的总质量下界，将由黑洞事件视界面积的平方根，乘以一个普适常数来决定。这个命题本身即饶有意趣。

为了研究这个猜想，葛洛克（Robert Geroch）提出了一种把事件视界移到无穷远的流，称为逆均曲率流（inverse mean curvature flow）。他发现在这个流上，一种称为霍金质量的物理量是单调递增的，而且当接近无穷远时，霍金质量将变成系统的总质量，而在事件视界时，霍金质量则是面积平方根的某个固定倍数。于是透过这个流连结事件视界与无穷远，就可以证明彭罗斯猜想。

还待证的问题是逆均曲率流的存在性。我建议休斯肯（Gerhard Huisken）研究这个问题，他和伊尔曼尼（Tom Ilmanen）合作，在时空对某个类空截面是对时间对称情况下，得到一个弱解。布瑞（Hubert Bray）根据相同的假设，提出了另一个证明，他沿袭的是孙理察—丘成桐的论证。不过布瑞的证明允许黑洞有许多连通分支。

彭罗斯猜想还没得到完整的证明。尽管如此，这些成果仍对巴特尼克（Robert Bartnik）定义准局部质量的工作提供某种程度的支持。事实上，巴特尼克定义的极值度量（extremal metric）已证明存在，因此在某些特例下，巴特尼克质量是可以计算的。

结语

在探索古典广义相对论的过程中，我们运用并发展出深刻的几何和偏微分方程理论。另外如果将数值计算运用于相对论，在理解极其复杂的现象，例如黑洞碰撞时，并不如预期的有效，我们仍亟须理论的指引与几何的推导。

至于量子重力理论，这是一个极活跃的领域，从中已经发展出来许多数学，特别是算子代数、表示论、复几何的现代理论，不过目前的进展还远称不上完备。

可以想见，我们需要某种更适当版本的量子几何学。一般相信，爱因斯坦、波多斯基（Boris Podolsky）、罗森（Nathan Rosen）三人关于量子纠缠（quantum entanglement）的思想实验，对于理解极短距离的几何是有必要的。量子几何学的最终面貌犹未可知，它的发展或许得再花上 50 年的光阴。虽然前方充满未知，但它必定是一段精彩的旅程。

弦论和宇宙隐维的几何 [1]

> 无论数学家或物理学家，他们的工作都以大自然的真和美为依归。

今天要讲的，是数学和物理如何互动互利，这种关系在 Calabi-Yau 空间和弦论的研究中尤为突出。这个题目非出偶然，它正是我和 Steve Nadis 的新书《大宇之形》（湖南科学技术出版社，2018 年）的主旨。书中描述了这些空间背后的故事，个人的经历和几何的历史。

我写这本书，是希望读者透过它，了解数学家是如何看这世界的。数学并非一门不食人间烟火的抽象学问，相反地，它是我们认识物理世界不可或缺的工具。

现在，就让我们沿着时间——或更确切地，沿着时空——从

---

1 本文系作者原在美国加州大学伯克利分校的演讲记录，由夏木清译。作者又于 2011 年 12 月 5 日在武汉大学演讲，原载《丘成桐诗文集》（岳麓书社，2011 年 9 月，第 238—251 页）。编者略有修改。——编者注

头说起。

黎曼几何学

1969 年，我到了伯克利研究院念书。在那里我了解到，19 世纪几何学在高斯和黎曼的手上，经历了一场翻天覆地的变化。黎曼的创见，颠覆了前人对空间的看法，给数学开辟了新途径。

几何的对象，从此不再局限于平坦而线性的欧几里得空间内的物体。黎曼引进了更抽象的、具有任何维数的空间。在这些空间里，距离和曲率都具意义。此外，在它们上面还可以建立一套适用的微积分。

大约 50 年后，爱因斯坦发觉包含弯曲空间的这种几何学，刚好用来统一牛顿的重力理论和狭义相对论。沿着新路迈进，他终于完成了著名的广义相对论。

在研究院的第一年，我念了黎曼几何学。它与我在香港时学的古典几何不一样，过去我们只会讨论在线性空间里的曲线和曲面。在伯克利，我修了 Spanier 的代数拓扑、Lawson 的黎曼几何、Morrey 的偏微分方程。此外，我还旁听了包括广义相对论在内的几门课，我如饥似渴地尽力去吸收知识。

课余的时间都待在图书馆，它简直成了我的办公室。

我孜孜不倦地找寻有兴趣的材料来看。圣诞到了，别人都回去和家人团聚，我却在读《微分几何学报》上 John Milnor 的一篇论文，它阐述了空间里曲率与基本群的关系。我既惊且喜，因为它用到了我刚刚学过的东西。

Milnor 的文笔是如此流畅，我通读此文毫不费力。他文中提及 Preissman 的另一论文，我也极感兴趣。

从这些文章中可以见到，负曲率空间的基本群受到曲率强烈的约束，必须具备某些性质。基本群是拓扑上的概念。

虽然，拓扑也是一种研究空间的学问，但它不涉及距离。从这角度来看，拓扑所描绘的空间并没有几何所描绘的那样精细。几何要量度两点间的距离，对空间的属性要知道更多。这些属性可以由每一点的曲率表达出来，这便是几何了。

举例而言，甜甜圈和咖啡杯具有截然不同的几何，但它们的拓扑却无二样。同样，球面和椭球面几何迥异但拓扑相同。作为拓扑空间，球面的基本群是平凡的，在它上面的任何闭曲线，都可以透过连续的变动而缩成一点。但轮胎面则否，在它上面可以找到某些闭曲线，无论如何连续地变动都不会缩成一点。由此可见，球面和轮胎面具有不同的拓扑。

Preissman 定理讨论了几何（曲率）如何影响拓扑（基本群），我作了点推广。在影印这些札记时，一位数学物理的博士后 Arthur Fisher 嚷着要知道我干了什么。他看了那些札记后，说任何把曲率与拓扑扯上关系的结果，都会在物理学中用上。这句话在我心中留下烙印，至今不忘。

广义相对论

狭义相对论告诉我们，时间和空间浑然一体，形成时空，不可分割。爱因斯坦进一步探究重力的本质，他的友人 Marcel Grossman 是数学家，爱氏透过他认识到黎曼和 Ricci 的工作。

黎曼引进了抽象空间的概念，并且讨论了其上的距离和曲率。爱因斯坦利用这种空间，作为他研究重力的舞台。

爱因斯坦也引用了 Ricci 的工作，以他创造的曲率来描述物质在时空的分布。Ricci 曲率乃是曲率张量的迹，是曲率的某种平均值。它满足的比安奇恒等式，奇妙地可以看成一条守恒律。爱因斯坦利用了这条守恒律来把重力几何化，从此我们不再视重力为物体之间的吸引力。新的观点是，物体的存在使空间产生了曲率，重力应当看作是这种曲率的表现。

对历史有兴趣的读者，爱因斯坦的自家说辞更具说服力。他说：

> 这套理论指出重力场由物质的分布决定，并随之而演化。正如黎曼所猜测的那样，空间并不是绝对的，它的结构与物理不能分割。我们宇宙的几何绝不像欧氏几何那样孤立自足。

讲到自己的成就时，爱因斯坦写道：

就学问本身而言，这些理论的推导是如此行云流水，一气呵成，聪明的人花点力气就能掌握它。然而，多年来的探索，苦心孤诣，时而得意，时而气馁，到事竟成，其中甘苦，实在不足为外人道。

爱因斯坦研究重力的经历，固然令人神往，他的创获更是惊天动地。但是黎曼几何学在其中发挥的根本作用，也是昭昭然不可抹杀的。

半个多世纪后，我研习爱因斯坦方程组，发现物质只能决定时空的部分曲率。为此心生困惑，自问能否找到一个真空，即没有物质的时空，但其曲率不平凡，即其重力为零。当然，著名爱因斯坦方程 Schwarzschild 解具有这些性质。它描述的乃是非旋转的黑洞，这是个真空，但奇怪地，异常的重力产生了质量。然而这个解具有一个奇点，在那里所有物理的定律都不适用。

我要找的时空，不似 Schwarzschild 解所描绘的那样是开放无垠的。反之，它是光滑不带奇点，并且是紧而封闭的。即是说，有没有一个紧而不含物质的空间——封闭的真空宇宙——其上的重力却不平凡？这问题在我心中挥之不去，我认为这种空间并不存在。如果能从数学上加以论证，这会是几何学上的一条美妙的定理。

Calabi 猜想

从 20 世纪 70 年代开始，我便在考虑这个问题。当时，我并不知道几何学家 Eugenio Calabi 早已提出差不多同样的问题。他的提问透过颇为复杂的数学语言来表述，其中牵涉 Kähler 流形、Ricci 曲率、陈类等，看起来跟物理沾不上边。事实上，Calabi 抽象的猜想也可以翻过来，变为广义相对论里的一个问题。

新的内容乃是要求要找的时空具有某种内在的对称性，这种对称物理学家称之为超对称。于是上述问题便变成这样：能否找到一个紧而不带物质的超对称空间，其中的曲率非零（即具有重力）？

我与其他人一起试图证明 Calabi 猜想所描述的空间并不存在，花了差不多三年。这猜想不仅指出封闭而具重力的真空的存在性，而且还给出系统地大量构造这类空间的途径，大家都认为世间哪有这样便宜的东西可捡。可是，纵然不乏怀疑 Calabi 猜想的理由，但没人能够反证它。

1973 年我出席了在斯坦福举行的国际几何会议。这会议是由 Osserman 和陈省身老师组织的。或是由于我与两人的关系，我有幸做出两次演讲。在会议期间，我告诉了一些相识的朋友，说已经找到了 Calabi 猜想的反例。消息一下子传开了，徇众要求，当天晚上另作报告。那晚三十多位几何工作者聚集在数学大楼的三楼，其中包括 Calabi、陈师和其他知名学者。我把如何构造反例说了一遍，大家似乎都非常满意。

Calabi 还为我的构造给出一个解释。大会闭幕时，陈师说我这个反例或可视为整个大会最好的成果，我听后既感意外，又兴奋不已。

可是，真理总是现实的。两个月后我收到 Calabi 的信，希望我厘清反例中一些他搞不清楚的细节。看见他的信，我马上就知道我犯了错。

接着的两个礼拜，我不眠不休，希望重新构造反例，身心差不多要垮掉。每次以为找到一个反例，瞬即有微妙的理由把它打掉。

经过多次失败后，我转而相信这猜想是对的。于是我便改变了方向，把全副精力放在猜想的证明上。花了几年功夫，终于在 1976 年把猜想证明了。

在斯坦福那个会上，物理学家 Robert Geroch 在报告中谈到广义相对论中的一个重要课题——正质量猜想。这猜想指出，在任何封闭的物理系统中，总质量 / 能量必须是正数。我和 Schoen 埋头苦干，利用了极小曲面，终于把这猜想证明了。

这段日子的工作把我引到广义相对论，我们证明了几条有关黑洞的定理。与相对论学者交流的愉快经验，使我更能开放怀抱与物理学家合作。至于参与弦论的发展，则是几年之后的事了。

在证明 Calabi 猜想时，我引进了一个方案，用以寻找满足 Calabi 方程的空间，这些空间现在通称为 Calabi-Yau 空间。我隐隐地感到，我无心插柳，已经进入了一界数学高地。它必定与物理有关，并能揭开自然界深深埋藏的隐秘。然而，我并不知道这些想法在那里会大派用场。事实上，当时我懂得的物理也不多。

弦论

1984 年，我接到物理学家 Gary Horowitz 和 Andy Strominger 的电话。他们兴冲冲地谈到有关宇宙真空状态的一个模型，这模型是建基于一套叫弦论的崭新理论上。

弦论的基本假设是，所有最基本的粒子都是由不断振动的弦线所组成的，这些弦线非常非常细小。某些弦论要跟量子力学兼容不排斥，时空必须容许某种超对称性。同时时空必须是十维的。

我在解决 Calabi 猜想时，证明存在的空间得到 Horowitz 和 Strominger 的喜爱。他们相信这些空间会在弦论中担当重要的角色，原因是它们具有弦论所需的那种超对称性。他们希望知道这种看法对不对。我告诉他们，那是对的。他们听到后十分高兴。

不久，Edward Witten 打电话给我，我们是上一年在 Princeton 相识的。他认为就像当年量子力学刚刚面世那样，理论物理学最激动人心的时刻来临了。他说每一位对早期量子力学有贡献的人，都在物理学史上留名。

早期弦学家如 Michael Green 和 John Schwarz 等人的重要发现，有可能终究把所有自然力统一起来。爱因斯坦在他的后半生花了 30 年致力于此，但至死也未竟全功。

当时 Witten 正与 Candelas、Horowitz 和 Strominge 一起，希

望搞清楚弦论中那多出来的六维空间的几何形状。他们认为这六维卷缩成极小的空间，他们叫这空间为 Calabi-Yau 空间，因为它源于 Calabi 的猜想，并由我证明其存在。

弦论认为时空的总数为十。我们熟悉的三维是空间，加上时间，那便是爱因斯坦理论中的四维时空。此外的六维属于 Calabi-Yau 空间，它独立地暗藏于四维时空的每一点里。我们看不见它，但弦论说它是存在的。

这个添了维数的空间够神奇了，但弦理论并不止于此。它进一步指出 Calabi-Yau 空间的几何，决定了这个宇宙的性质和物理定律。哪种粒子能够存在，质量是多少，它们如何相互作用，甚至自然界的一些常数，都取决于 Calabi-Yau 空间或所谓"内空间"的形状。

理论物理学家利用 Dirac 算子来研究粒子的属性。透过分析这个算子的谱，可以估计能看到粒子的种类。时空具有十个维数，是四维时空和六维 Calabi-Yau 空间的乘积。因此，当我们运用分离变量法求解算子谱时，它肯定会受 Calabi-Yau 空间所左右。Calabi-Yau 空间的直径非常小，则非零谱变得异常大。这类粒子应该不会被观测到，因为它们只会在极度高能量的状态下才会出现。

另一方面，具有零谱的粒子是可能观测到的，它们取决于 Calabi-Yau 空间的拓扑。由此可见，这细小的六维空间，其拓扑在物理中是如何举足轻重。

爱因斯坦过去指出，重力不过是时空几何的反映。弦学家更进一步，大胆地说这个宇宙的规律都可以由 Calabi-Yau 空间的几何推演出来。这个六维空间究竟具有怎样的形状，显然就很重要了。弦学家正就此问题废寝忘食，竭尽心力地研究。

Witten 很想多知道一点 Calabi-Yau 空间。他从普林斯顿（Princeton）飞来圣地亚哥（San Diego），与我讨论如何构造这些空间。他还希望知道究竟有多少个 Calabi-Yau 空间可供物理学家拣选。原先，他们认为只有几个——少数拓扑类——可作考虑，是以决定宇宙"内空间"的任务不难完成。可是，我们不久便发现，Calabi-Yau 空间比原来估计的来得多。1980 年初，我想它只有数万个，然而，其后这数目不断增加，迄今未止。

于是，决定内空间的任务一下子变得无比困难。假如稍后发现有无数 Calabi-Yau 空间的话，就更遥不可及了。当然，后者是真是假还有待验证。我一直相信，任何维的 Calabi-Yau 空间都是有限的。

Calabi-Yau 空间的热潮，始于 1984 年。当时的物理学家，开始了解到这些复空间或会用于新兴的理论上。热情持续了几年，便开始减退了。可是到了 20 世纪 80 年代末期，Brian Greene、Ronen Plesser、Philip Candelas 等人开始研究镜像对称时，Calabi-Yau 空间又重新成为人们的焦点了。

镜对称乃是两个具有不同拓扑的 Calabi-Yau 空间，看起来没有什么共通点，但拥有相同的物理定律。具有这样关系的两个 Calabi-Yau 空间称为"镜像对"。

数学家把物理学家发现的镜像关系搬过来，成为数学上强而有力的工具。在某个 Calabi-Yau 空间上要解决的难题，可以放到它的镜像上去考虑，这种做法往往奏效。一个求解曲线数目的问题，悬空了差不多一个世纪，就是这样破解的。它使数数几何学［或枚举几何学（ enumerative geometry）］这一数学分支，重新焕发了青春。这些进展，令数学家对物理学家及弦论刮目相看。

镜对称是对偶性的一个重要例子。它就像一面窗，让我们窥见 Calabi-Yau 空间的隐秘。利用它，我们确定了给定阶数的有理曲线在五次面—— 一个 Calabi-Yau 空间——的总数，这是一个非常困难的问题。

这问题称为 Schubert 问题。它源于 19 世纪，德国数学家 Hermann Schubert 首先证明，在五次面上共有 2875 条一阶有理曲线。到了 1986 年，Sheldon Katz 证明了有 609250 条二阶曲线。1989 年前后，两位挪威数学家 Geir Ellingsrud 和 Stein Stromme 利用代数几何的技巧，一下子找到了 2638549425 条三阶曲线。

可是另一方面，以 Candelas 为首的一组物理学家，却利用弦论找到 317206375 条曲线。他们在寻找的过程中，用了一条并非由数学推导出来的适用于任意阶数曲线的公式。这公式的真确与否，还有待数学家验证。

1990 年 1 月，在 Isadore Singer 的敦促下，我组织了弦学家和数学家首次重要会议。大会在伯克利的数理科学研究所举行。会议上由 Ellingsrud-Stromme 和 Candelas 团队的人分成两派，壁垒分明，各不相让。这局面维持了几个月，直到数学家在他们的编码程序中发现错误，经修正后，结果竟与物理学家找到的数目完全吻合。经此一役，数学家对弦学家深刻的洞察力，不由得肃然起敬。

这一幕还说明了镜像对称自有其深厚的数学基础。人们花了好几年，到了 20 世纪 90 年代中后期，镜像对称的严格数学证明，包括 Candelas 等人的公式，才由 Givental 和 Lian-Liu-Yau 各自独立地完成。

结语

话说回来，我们必须谨记，弦论毕竟是一套理论而已，它还未被实验所证实。事实上，有关的实验还没有设计出来。弦论是否真的与原来设想的那样描述自然，还是言之过早。

如果要给弦论打分的话，从好的方面来说，弦论启发了某些极为精妙而有力的数学理论，从中获得的数学式子已经有了严格的证明，弦论的对错与否，都不能改变其真确性。弦论纵使还没有为实验所证实，它始终是现存的唯一能够统一各种自然力的完整理论，而且它非常漂亮。试图统一各种自然力的尝试，竟然导致不同数学领域的融合，这是从来没有想过的。

现在要作总结还不是时候，过去 2000 年间，几何学屡经更替，最终形成今天的模样。而每次重要的转变，都基于人类对大自然的崭新了解，这应当归功于物理学的最新进展。我们将亲眼看到 21 世纪的重要发展，即量子几何的面世，这门几何把细小的量子物理和大范围的广义相对论结合起来。

抽象的数学为何能够揭露大自然如许讯息，实在不可思议，令人惊叹不已，《大宇之形》一书的主旨乃在于此。不仅如此，我们还希望透过本书，使读者知道数学家是如何进行研究的。他们不必是奇奇怪怪的人，就像在电影《心灵捕手》（*Good Will Hunting*）中的清洁工般，一面在打扫地板，另一面却破解了悬空百年的数学难题。杰出的数学家也不必如另一部电影和小说《美丽心灵》描述的那样，是个精神异常、行为古怪的人。

数学家和做实验的学者同样研究自然，但他们采用的观点不同，前者更为抽象。然而，无论数学家或物理学家，他们的工作都以大自然的真和美为依归。数学和物理互动时迸发的火花，重要的想法如何相互渗透，伟大的新学说如何诞生，如此种种，作者都会在书中娓娓道来。

就弦论而言，我们看到几何和物理如何走在一起，催生了美妙的数学、精深的物理。这些数学是如此的美妙，影响了不同的领域，使人们相信它在物理中必有用武之地。

可以肯定的是，故事还会继续下去。本人能在其中担当一角色，与有荣焉。今后必将倾尽心血，继续努力。

实验科学对理论科学的影响 [1]

> 人类文明的每一次跳跃，都溯源于人类对大自然的观察多了一层深入的了解！人类知识的母亲离不开人类赖以生存的大自然。任何民族如果选择不去观察大自然，总会落后于别的民族！

今天很荣幸地在东南大学的吴健雄学院讲几句话，一方面也纪念东南大学成立数学学科的百年历史。东南大学在中国学术界一直都是举足轻重的。

1933年，曾经教导过我的老师陈省身（1911—2004）先生和射影微分几何学家孙光远（1900—1979）教授，离开清华大学后，就到东南大学做教授。我的两个朋友程崇庆教授和沈向洋教授都在东南大学念过本科，可见东南大学在教育英才上是有重要贡献的。毫无疑问，在东南大学的校友中，留名千古的吴健雄

---

1 本文系作者2021年10月22日在东南大学健雄书院揭牌及数学学科创建百年庆祝活动上的演讲稿，同日刊于《数理人文》微信公众号。——编者注

先生是杰出的代表。

二十多年前，我在中国台湾的"中央研究院"开会时，总会见到吴健雄先生和她的丈夫袁家骝（1912—2003）先生。和她夫妇间中交谈，我很钦佩她的学识，尤其是她在实验物理上的工作。

吴健雄先生（1912—1997）

1936 年，她到加州大学伯克利分校师从一代物理学大师劳伦斯（Ernest Lawrence，1901—1958），我本人也是在伯克利跟随数学大师陈省身。虽然那是 33 年后的事情了，但是我们交流起来，还是蛮有意思的。

她毕生在 β—衰变物理上做了很多重要的工作，最出色的是在 1956 年时，领导一个小组在极低温下用强磁场把钴—60 原子核自旋方向极化，来观察钴—60 原子核 β—衰变释放出的电子的射出方向。她的小组发现大多数电子的射出方向都和钴—60

原子核的自旋方向相反，因而证实了弱相互作用中的宇称不守恒，也因此验证了李政道、杨振宁同年做出来的假设。

这个实验惊动了物理学界，李、杨也因此获得了诺贝尔奖。但令人惊讶的是她却没有得到诺奖，对于这件事，学界很多人都为她抱屈。不过当时物理学界能够授予一个学者的荣耀，她都拥有过，应该是此生无憾了。

袁家骝、吴健雄夫妇

吴健雄先生的工作主要是从实验上观察大自然，尤其是β—衰变产生的种种现象。这是西方文艺复兴与古希腊的一个重要科学方法。爱因斯坦（Albert Einstein，1879—1955）在给斯威策

（J. E. Switzer）的回信 [1953 年，《爱因斯坦文集》（第一卷）] 里曾说过：

西方科学的发展基于两大成就：希腊哲学家发明的形式逻辑系统（在欧几里得几何中）和发现通过系统实验找出因果关系的可能性（在文艺复兴时期）。在我看来，中国的先哲们没有迈出这些步伐，这一点不必感到惊讶。但是令人吃惊的是，这些发现竟然存在。

```
C          A. Einstein,          C
O          112, Mercer Street,   O
  P        Princeton,              P
    Y      New Jersey, U.S.A.        Y

                        April 23, 1953

Mr. J. S. Switzer
3412 Del Monte Str.
San Mateo, Cal.

Dear Sir:
    Development of Western Science is based on two great
achievements:  the invention of the formal logical system
(in euclidian geometry) by the Greek philosophers, and the
discovery of the possibility to find out causal relationship
by systematic experiment (Renaissance).

    In my opinion one has not to be astonished that the
Chinese sages have not made those steps.  The astonishing
thing is that those discoveries were made at all.

                        Sincerely yours,

                        /s/ A. Einstein

                        Albert Einstein
```

1953 年 4 月 23 日，爱因斯坦致函斯威策爱因斯坦的意思是说，数学推理方法加上上述的实验观察是近代科学方法的基础。天下值得惊奇的是宇宙竟然美好有序，可以通过这些方法来了解。

通过观察天象，通过能够可以控制的实验，来寻找显示大自然真实的数据，确是现代科学的第一步。但是如何在大量的观察结果和数据中找到重点，来解释我们见到的现象，是唯象物理学家的重点工作。一般来说，某个新现象产生后，一大批学者开始建立种种模型，仿真我们看到的事物。

模型当然可以建立，但是往往太多，大部分都经不起时间的考验。如何决定模型不正确？一般来说，经过长时间考验的理论会发挥重要的功用。因为这些理论已经在不同的地方被证实为有效的，可以信赖了。假如新模型在这些理论面前站不住脚，这个模型大致上是有问题的。

但是，理论——无论是多漂亮的理论，它的内在结构必须要相容，不能够产生矛盾，否则解释不了自然界的现象。物理学和工程学的理论都是由数学来表达的。物理学家和工程学家却往往凭直觉来运用数学工具，在很多细节上，没有注意到数学的微妙变化比他们想象的更为复杂。他们开始时以为的完美理论，在深入探讨后可能会破绽百出。

一般来说，物理学家和工程学家希望见到他们的理论很快可以得到应用，会跳跃式地冒进，不会注意到他们推论的严格性。数学家的严谨态度对科学理论和模型却是大有帮助。在众多可能的模型中，只有数学兼容的模型才能够保留下来。将古典力学推动到量子力学时，往往会产生数学上不兼容的地方，物理学家叫作反常现象（anomaly）。这种反常现象帮忙我们选择模型的正确性，在弦理论中，帮助我们选择规范群、时空的维度。

无论如何，对正确的物理理论，物理学家坚持要通过实验验证后，才算成功。这是很正确的看法。大自然的现象太复杂了，所以理论都是渐近地模拟这些复杂现象，故重复不断的实验是验证理论的必要过程。

物理学的理论往往会推导出一些有趣的数学公式，甚至替数学家找到一些数学难题的答案。但是，物理学家应用的工具，从数学的观点来说，往往是不严格的，例如量子场论，它本身的数学结构仍然是一个谜。然而，从量子场论中得到的数学结论，可能是数学家梦寐以求的事情。

在弦理论中，约三十年前，我的一名博士后格林（Brian Greene）和我的朋友坎德拉斯（Philip Candelas）等人在所谓 Calabi-Yau 流形（卡拉比—丘流形）中，引进了镜像对称（mirror symmetry）的观念，震惊了我们做几何的数学家！当他们跟我讨论这个观念时，我觉得这个镜像对称不大可能存在。但是当他们运用这个观念解决了一个数学上的百年难题后，我不得不佩服得五体投地。

这个问题可以解释如下。考虑一个方程：

$$Z_0^5 + Z_1^5 + Z_2^5 + Z_3^5 + Z_4^5 = 0$$

我们要找有理函数 $Z_i(t)$ 满足上述方程。这种解叫作有理曲线。每条有理曲线有一个度数（degree）。当度数等于1时，一百多年前，德国数学家舒伯特（Hermann Schubert，1848—1911）算出了2875条有理曲线满足上述的五次多项式方程。当度数等于2时，我的朋友卡茨（Sheldon Katz）约在四十年前得到的答案是609250。度数愈大，计算愈困难。我们没有好办法去找出一般的答案。但是通过镜像对称的方法，却可以找到一个漂亮的公式对所有度数都有答案。

1990年，我在伯克利主持一个数学和物理学家聚在一起的大会。为这个公式，数学家和物理学家吵了一架！为什么呢？当时有两位挪威的数学家通过严格的数学论证，得出度数等于3的有理曲线有2638549425条，但是上述物理学家得到的答案却是317206375条。

这个矛盾引起了激烈的争论，数学家们很不服气，因为物理学家的推论并不严格，但是物理学家却找不到他们推论的错误地方。这事情过了三个月后，终于得到了解决：两位挪威学者在计算时，用了电脑程序，而中间有错误；错误修正后，结果和物理学家的答案一致，大家才松了一口气。数学家从此对弦理论另眼相看！一大群杰出的数学家加入这方面的研究，对于物理学家在弦理论方面有深入的贡献。

从这个时候开始，理论物理学家和数学家的合作进入了一个新纪元，数学家利用几十年来发展出来的知识推广物理学家的方法，得到很多重要的结果。

但由量子场论所产生的理论，对于数学家来说，始终如雾里看花，不敢过于相信；有很多对于物理学家认为明显的事情，数学家需要重新定义，才能明白其中的内容。从弦理论得到的物理直觉，通过量子场论可以推导出很多重要的数学公式。数学家们都很羡慕，因为这些公式解决了他们几百年的问题。但是，包括物理学家在内，没有人认为这些公式已经得到了证明。我们有着很奇怪的感觉，在某些重要的核心数学问题上，我们被弦论学家牵着鼻子走！即使到现在，我们还会有这样的感觉。

在 1995 至 1996 年间，伯克利的吉文特尔（Alexander Givental）以及连文豪—刘克峰—我三人小组分别用纯属数学的方法验证了坎德拉斯他们的公式，至此才让我们松了一口气。

我们终于有了一个严格证明的数学定理，证明的过程没有用到物理学里的量子场论。这是一个值得欣喜的事情，为什么呢？我们除了用数学方法严格地解决了一个百年难题外，也证明了在弦理论直观下得到的结果是正确的。

我们知道，到目前为止，弦理论没有实验证明它的正确性，但是由它引出的数学公式却得到了严格的证明。其实弦理论不单单引出重要的数学公式，也创下了不少有深度的数学方向，融合了数学不同的分支。而这些新的数学又成为研究物理学的重要工具！

当然，要完全证明弦理论是大自然基本理论的一部分，实验和观察还是极为需要的。但是我们深信：漂亮、简洁而深入的数学理论，必定是自然界的一部分。

我本人的看法是：

简洁而漂亮的数学，就是大自然展示给人类它最优美的部分！素数、虚数、几何图形、基本波、漂亮的组合，谁说这些不是大自然的一部分？

我们对这些听起来比较抽象的观念愈来愈了解，愈来愈知道它们无处不在！

就说对称这个观念吧，最简单的是镜像对称。每一个人照镜子，都会有这个感觉。任何一个有文化的民族，都知道这个对称，古代中国、古埃及、古巴比伦、古印度、古希腊、古波斯都了解镜像对称。对称如此明显，似乎无处不在。可是当物理学家发现它在弱力 β—衰变的过程中没有表现出来，他们极为惊讶！

伽罗瓦

对称的想法，一直以来都是贯彻数学中心思想的重要概念。它看来很明显，但是它真正地发展成为数学的重要工具，要从19世纪初期伽罗瓦理论开始。伽罗瓦（Évariste Galois，1811—1832）用置换群来解释一元多项式方程可以用根式来求解的充要条件。

其实自意大利人塔尔塔利亚（Niccolò Tartaglia，1500—1557）找到了三次方程的根式求解公式（又叫卡尔丹诺公式）后，大家都以为所有方程都有根式解。伽罗瓦对每一个多项式引进一个群（即伽罗瓦群），他证明了多项式方程有根式解的充要条件是这个群可解（solvable）。对于次数大于五的一般多项式方程，这个群不可解。所以伽罗瓦得到结论：在次数大于五时，一般多项式方程没有根式解。

将问题转化为群的问题，正是近代物理学家常用的方法。1854年凯莱（Arthur Cayley，1821—1895）和1856年戴德金（Julius Wilhelm Richard Dedekind，1831—1916）定义了抽象的有限群。从此以后，我们看到多姿多彩的对称现象。

经过一百五十多年的努力，数学家终于得到了有限群的分类结果，基本上全部了解到有限群的内在结构。最基本的群是单群，除了几串"经典单群"外，单群只有有限个，它们极为复杂却是极为漂亮。参与这个工作的有不少群论学家，其中一位是密歇根大学的格瑞斯（Robert Louis Griess），他是我的朋友。1980年他宣布自己的第一个重要结果时在普林斯顿高等研究院，当时我也在高等研究院，使人兴奋！

这个群一开始时叫作"魔群（The monster group）"，到1982年发表论文时，改称为"友好巨人"（The friendly giant）。这个群的元素个数大约是 8×10^{53}，而太阳系的原子个数约为 10^{57}。用矩阵变换来表示的话，需要一个196883维的空间。

以后，博切德斯（Richard Borcherds）找到了魔群、模函数和弦理论间的关系。对称的观念不再是一般的感觉而已了，它背后有深刻的数学理论。

这些抽象的有限群如何表现在具体的物理现象中，我们把它叫作群表示理论。我们对有限群的表示理论还没有全部了解，但是得到的结果却十分丰富。有限群在数论、几何学、古典力学、量子力学中都起了很重要的作用。我们看到的对称不再是简单的可交换的对称，比镜像对称的观念更加复杂得多了。

其实中国人引以为傲的《易经》，里面用了很多对称的观念，

每个元素约 4.5G（千兆）字节的数据！

$$
196,882\left\{\begin{bmatrix} 0 & 1 & 1 & 0 & \cdots & 1 \\ 1 & 1 & 1 & 1 & \cdots & 0 \\ 0 & 1 & 0 & 0 & \cdots & 0 \\ 0 & 1 & 0 & 1 & \cdots & 0 \\ \vdots & \vdots & \vdots & \vdots & \ddots & 0 \\ 1 & 0 & 1 & 0 & 1 & 1 \end{bmatrix}\right.
$$

$$\underbrace{\qquad\qquad}_{196,882}$$

在复数域上，它能作用的对象是 196,883 维。但在有 2 个元素的有限域上，它可以作用的对象是 196,882 维。

252

但是和一般有限群的结构相比较，却是简单得多。加上深入的群表示理论，我们可以整理繁杂的自然和数学现象，得到很多惊人而漂亮的定理。

到了 19 世纪中叶，数学家引进了另外一个划时代的工具——连续群，为了纪念它的创始人挪威数学家索菲斯·李（Marius Sophus Lie，1842—1899），我们把它叫作李群。李是几何学家，李群本身是一个微分流形。它被引进后，迅即被数学家发展，同时代的重要学者有基灵（Wilhelm Killing，1847—1923）、克莱因（Felix Klein，1849—1925）等人。和有限群相比，连续对称群对几何和物理现象更为重要。因为在研究连续对称的时候，可以大量引入微积分的工具！

在 1872 年，克莱因在德国 Erlangen（埃尔朗根）这个地方宣布《埃尔朗根纲领》，利用连续群的对称性将几何学分类，这影响了 20 世纪几何学的发展。克莱因也引入了离散群的观念，在庞加莱（Jules Henri Poincaré，1854—1912）的帮忙下，离散群成为几何中另外一个描述几何结构内部对称的工具，也提供给数论学家一个重要方法。

紧致连续群的结构理论终于由嘉当（Élie Joseph Cartan，1869—1951）领导的一群数学家在 20 世纪初完成，而其表示理论则由大数学家外尔（Hermann Weyl，1885—1955）领导完成，从而成为 20 世纪最重要的数学工具——无论数论、几何学和物理学，都以这些学问为主要研究工具。

类似于克莱因的埃尔朗根纲领，近代理论物理用李群来分类。连续群在物理上起源很早，到德国女数学家诺特手里将它完成。物理学家往往会说对称观念是爱因斯坦在做广义相对论时引入的，这个论点远离事实！广义相对论的作用原理（action principle）完全由希尔伯特（David Hilbert，1862—1943）引入的，而希尔伯特却受到诺特的影响！她在1915年就在考虑连续对称如何在物理学上产生运动方程的问题。诺特的文章"Invariant variation problems"在1918年发表，成为一百年来理论物理学家研究场方程的主要工具。

从诺特的工作以后，物理学家迷信一切自然现象必须要有基本的对称作用在内。其实诺特的理论是要求连续对称群的作用，而没有考虑离散群的作用。因此从数学的观点来看，弱作用力没有必要遵循宇称守恒。一个有趣的问题是，为什么强作用力要遵循宇称守恒？

德国女数学家诺特（Emmy Noether，1882—1935）

其实直到 20 世纪 60 年代后期，高能物理学用的数学工具仍然是扰动方法：沿着某些已知解的附近变动某些参数，看看解的变化如何。这种精神起源于数学的变分方法，欧拉（Leonhard Euler，1707—1783）和拉格朗日（Joseph Lagrange，1736—1813）为主要的创始人，拉格朗日的解析方法沿用至今。当物理的宏观环境还不清楚以前，扰动方法还是主要工具。一般来说，扰动时动用的物理对称群是连续群。在 20 世纪 50 年代以前的物理里，主要工具是扰动方法，以诺特流（Noether current）为主。在这个框架下，有限对称群的出现并不见得很自然。

另一方面，由古典力学和电磁学引起了更大的对称观念。拉格朗日在研究力学时，引入势（potential）这个极其重要的观念，而拉普拉斯（Pierre-Simon Laplace，1749—1827）则利用引力场的势，写下了引力的牛顿方程。拉普拉斯这个方程影响了数学差不多三百年之久，比如爱因斯坦在广义相对论中的方程，就是用牛顿方程做基础，加入狭义相对论和等价原理构造出来的。但是势并不唯一，可以相差一个常数。

到了 19 世纪，电磁学成为物理学的主要问题，麦克斯韦（James Clerk Maxwell，1831—1879）通过法拉第（Michael Faraday，1791—1867）等人的著名实验，将高斯、黎曼的理念完善后，得到麦克斯韦方程组。电磁学都有势的观念，相差是一个函数，这是规范观念的雏形。

同一个时期，黎曼（Bernhard Riemann，1826—1866）开始了黎曼几何的观念，这个几何背后的对称群是由所有坐标变换得到的，这个观点可以看作物理学的等效。这个事实成为爱因斯坦广义相对论的基础。

爱因斯坦方程是爱因斯坦在 1915 年成功地完成广义相对论的方程之后，他希望将所有物质都放在广义相对论的框架下建立的。很多几何学家参与其事，列维—齐维塔（Tullio Levi-Civita，1873—1941）是其中重要的一位，他将黎曼几何中平行移动的观念加以推广，容许挠率（torsion）。

基本上，从几何的角度来看，他已经向一般的规范场迈进了一步。1918 年，外尔在其著作《空间、时间、物质》（*Raum，Zeit，Materie*）中正式引入规范场（gauge field）的观念，但是他的规范群是正实数群。爱因斯坦很喜欢他的建议，但也指出这个群使得平行移动时，长度没有保障，不满足物理学的要求。

量子力学开始后，伦敦（Fritz Wolfgang London，1900—1954）等人在 1926 年将规范群改为圆。长度得到了保障。外尔也修正了他原来的理论，同时推导出麦克斯韦方程组。外尔宣称规范场和引力没有直接的关系，却是物质世界的主宰，有物理意义的量必须是规范不变量。他因此建立了控制各种物理力量的规范理论。由于当时发现的粒子不多，没有必要推广规范群到非交换的情形。

从几何的角度来看，嘉当在 1926 年已经开始非交换群的规范场理论的研究，他的学生查尔斯·埃雷斯曼（Charles Ehresman，1905—1979）和陈省身将这些理论发扬光大。当规范群是酉群时，陈省身先生定义了影响近代几何和物理的陈示性类（Chern classes，1946）。

埃雷斯曼—外尔—嘉当的规范场理论，在 1953 和 1954 年分别被泡利（Wolfgang Ernst Pauli，1900—1958）和杨振宁—米尔斯（Robert Laurence Mills，1927—1999）用在所谓的同位旋（isospin）理论上。但是，这些古典理论要到十多年之后，经过一群物理学家开发的对称破坏（symmetry breaking）、重整化（renormalization）等几个重要理论，才成为现在我们看到的标准模型。

标准模型聚集了一大群物理学家和数学家几百年来的智慧，可以说是人类的瑰宝。

泡利与吴健雄

标规范场的对称群是规范群，它和广义相对论一样是无限维的，但是与李群密切相关。一直到 20 世纪 90 年代，物理学家假定李群是连通的，而没有考虑李群的离散部分。

当物理学家发现非扰动的宏观物理时，他们很快发觉规范群离散部分的重要性。当然，宏观几何和拓扑学开始大规模地进入非扰动的物理学了。物理学中有三个重要的离散对称（不可从连续群得到）：

电荷共轭对称或 C- 对称（Charge conjugation），和物质与反物质的对称性有关；

宇称或 P- 对称（Parity transformation），空间离散对称性；

时间反演对称或 T- 对称（Time reversal），时间离散对称性。

它们放在一起后，可以在一般的量子场论中证明满足守恒定律——叫作 CPT 定理。

李、杨的著名工作是指出某个物理现象可能出于宇称不守恒而产生，他们建议的实验由吴健雄领导的小组完成。但是直到今天，物理学家还是没办法去解释为什么在弱作用时宇称不守恒，而在强作用时宇称守恒。

近年来，物理学家考虑另外两个重要的离散对称：

费米性质对称 [Fermion Parity（-1）^{F}]，区分玻色子 [Bosonic（$+1$）] 和费米子 [Fermionic（-1）] 的 Z_2—结构。

B-L 对称，重子（Baryon）数减去轻子（Lepton）数也可有离散对称性 [从 U（1）分解到 Z_n]。

这些对称有不同的组合，可以形成比较大的作用群。它们在非微扰的量子物理中起着重要的作用，和宏观的几何学融合在一起，可望在基本物理学中流行了50年的标准模型上有新的突破！我在哈佛大学的博士后王浚帆（Juven Wang）正在这个方向上摸索，得到了一些成果。

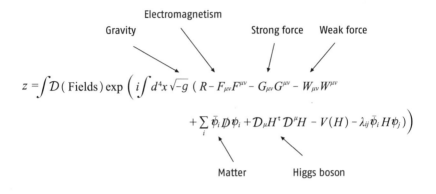

标准模型方程

数学是所有学问中最严谨的，但是它必须要有丰富的内容，才能是有意思的学问，它也在描述大自然，所以也要用实验来支持比较抽象的理论，做实验就需要仪器。

假如你问数学家做什么实验，古希腊数学家喜欢用圆规和直尺画几何图形。事实上，平面几何学中的一个重要问题，就是研究哪些几何图形可以用圆规和直尺构造出来。这个问题困扰学者差不多2000年，直到19世纪初期才完满解决。在这个探索的过程中，代数和群论有了很大的发展，这可以说是仪器影响理论科学的第一个重要例子。

至于古代数学上最常见的工具，恐怕就是纸和笔，再者是黑板和粉笔。当然很多人也会提到算盘，其实数学家很少用算盘，大致上能够用算盘计算的数学，用笔算一样可以做到。同时从笔算中可以对数字得到更深入的了解，伟大的数学家如欧拉、高斯（Carl Friedrich Gauss，1777—1855）和黎曼都通过大量的笔算来发现重要的定理。欧拉和高斯更是发明了各种快速算法，奠定了近代计算科学的基础。

到了20世纪，很多复杂的自然现象，例如湍流、天气预测等，再无法用笔算达到期望的精确度，数学家开始利用计算机做大型计算。第一台重要的大型计算机是第二次世界大战期间研发原子弹时用到的，那台计算机体积庞大，据说IBM的兴起和这台计算机有关。

七十多年前的计算机，其指令周期和储存量远远比不上我们现在人手一部的智能电话。计算机除了解方程以外，还广泛地应用到其他学科，甚至用来证明数学定理，图论上四色问题的解决就是一个突出的例子。这是一个著名的组合问题，它的证明竟然依靠机器。直到今天，数学家仍然耿耿于怀，希望能够找出一个不依赖机器的证明。这当然有很多原因，其中一个是计算机的计算程序可能有误差。这个现象在计算方程解时尤为明显，毕竟机器只能储存有限个数位的数字，因此误差是不可避免的。经过亿万次的乘除运算后，误差可以累积得愈来愈大，结果可能导致错误的答案。就是说，计算机显示出来的数字即使在收敛，得到的答案并不表示是正确的。这是一个严重问题，因此产生了一个学科叫作数值分析，专门研究最终答案的误差。这种分析的有效性建基于对方程本身充分的了解。无论如何，电子计算机已经成为科学家最重要的工具，尤其是无法做实验的时候。

现代计算机的基本原理由英国数学家图灵（Alan Turing，1912—1954）始创。图灵一直在说"我们想要的是一台可以从经验中学习的机器""让机器改变自己指令的可能性为此提供了机制"。他在1936年就提出了储存程序的概念（stored-program concept），以后大家叫这种机器为"通用图灵机"（the universal Turing machine）。他还说过，希望建造一个人工大脑，起着人脑的功能而非仅仅懂得计算；对产生大脑活动模型的可能性，比对计算的实际应用更感兴趣。由此可见，在很早以前，图灵已经注意到人工智能了。

1938到1939年间，英国工程师托马斯·弗劳尔斯（Thomas Flowers，1905—1998）开始用真空管来传递数码，美国的约翰·阿塔纳索夫（John Vincent Atanasoff，1903—1995）也同时开始用真空管来做简单的计算。战后，英国的马克斯·诺依曼（Max Newman，1897—1984）在曼彻斯特大学建立了皇家学会计算实验室(Royal Society Computing Machine Laboratory)。他和图灵有密切的交流，也和美国的冯·诺依曼（John von Neumann，1903—1957）来往。美国第一台计算机出现于宾夕法尼亚大学摩尔电子工程学院（Moore School of Electrical Engineering），它是和陆军有关的。

电子计算机发展到如今，可说是方兴未艾，一日千里，它替世界创造了大量的财富。除了老牌的 IBM 外，还有英特尔、微软、苹果等。其中英特尔的创办人戈登·摩尔（Gordon Moore）提出了著名的摩尔定律：集成电路上芯片集成的电路的数目，每18个月就翻一倍。即是说它的计算能力是指数增长的。

程序员在操作摩尔电子工程学院的 ENIAC 主控制面板

（照片来源：ARL 技术图书馆档案）

除了硬件设施的突飞猛进外，软件的开发，互联网上所需要的知识，尤其是数学算法的应用成为现代计算机的核心部分。加上最近人工智能和大数据理论的应用，都让国家领导人兴奋不已，其实这些突破是和数学，尤其是基础数学的发展息息相关的。

从计算机的发明到应用的过程中，可以看到不同学科交叉合作的惊人成就。没有图灵等人的理论，计算机的开展不会有正确的方向和规范。近三十年来，计算量出现了质的飞跃。以前很难想象如何去传递复杂的图片，更不用说三维空间影像；流体力学的计算和天气预报也比以前精准得多。

历史上，仪器的发现及其精准性影响科学发展的事例比比皆是。我们日常见到的镜子就是一个重要例子。镜子的历史源远流长，公元前 3000 年埃及人已有化妆的铜镜，而在中国公元前 2000 年的齐家文化里也出现铜镜。镜子对于日常生活当然很重要，但是到了 17 世纪初时，伟大的意大利科学家伽利略（Galileo Galilei，1564—1642）听说荷兰人李普希（Hans Lippershey，1570—1619）把镜子放在圆形管里可以将物体放大，由此他得到启发，研制了世界上第一台放大倍数为 8 倍的天文望远镜，随后改进到 20 倍。

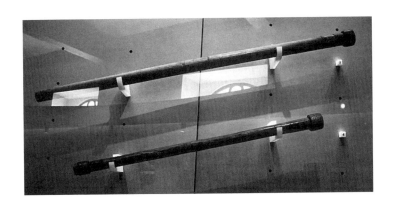

伽利略的"cannocchiali"望远镜，佛罗伦萨伽利略博物馆藏

（照片来源：Wiki，by Sailko）

他用它来观察月球表面凹凸起伏，又看到银河是由千万颗星星所组成，而木星旁边有四颗卫星，土星有光环，太阳表面有黑子。他也看到了海王星，但是他误认海王星是一颗恒星。伽利略的发现肯定了哥白尼（Nicolaus Copernicus，1473—1543）的日心说，也可以说是现代天文学的开始。伽利略的研究方法以实验和观察来建立理论科学的根基，这种方法沿用至今。

在伽利略天文学上的发现约80年后，1687年，英国的牛顿（Isaac Newton，1643—1727）发表了他的万有引力定律，并利用微积分计算行星运行的轨道。这是现代物理学的开始。牛顿的力学原理充分地利用了数学的强大威力！

天文学家发现了天王星后，利用微积分和牛顿的运动方程进行计算，发现它的运行轨道和观察到的数据略有偏差，因此推算在天王星外应该还有一颗行星，它的引力造成了轨道的偏差。19世纪40年代，英法两国的天文学家通过计算，找到了这颗行星的可能位置。1846年，德国天文学家伽勒（Johann Gottfried Galle，1812—1910）和德雷斯特（Heinrich d'Arrest，1822—1875）在这位置发现了新的行星，将它命名为海王星。这是一个激动人心的故事，先由仪器帮助观察，发现物理的基本定律，又通过数学计算，帮助科学家解释新现象。这个过程让天文学、甚至整个物理学得到飞跃的进步。

最后我们来看另外一个重要的仪器：原子钟。我们知道一般时钟的依据是钟摆原理，每天误差不超过千分之一。但是在研究先进的科学理论时，这不足以满足精准的要求。

其中一个有名例子，就是找寻爱因斯坦的引力理论预测的引力波，如何量度它一直是个重要的问题，对其精确度的要求远远超过一般的时钟所能量度的。在现代的引力理论里，空间和时间都会弯曲。在珠穆朗玛峰的时钟比海平面处的时钟平均每日快三千万分之一秒，所以要精确地测定时间，只能通过原子本身的微小振动来完成。

原子钟的设计基于美国哥伦比亚大学的拉比（Isidor Isaac Rabi，1898—1988）教授和他的学生拉姆齐（Norman Foster Ramsey，1911—2011）的杰出研究（他们分别获得了1944年和1989年的诺贝尔物理学奖）。1967年，科学家利用铯原子的振动量度时间，准确性达到10万年不大于一秒。这样准确的量度已成功地应用于太空、卫星以及地面控制。GPS卫星系统采用铯原子钟，没有精准时间量测，GPS不可能精确定位。这样先进的技术，最近中国的北斗系统也完成了。到了2010年，美国国家标准局研发的铝离子光钟已经达到37亿年不超过一秒的准确度。2016年6月美国LIGO[1]宣布探测到引力波的信号，天文物理又进入了一个新纪元！

这个实验的主要想法沿用了19世纪迈克尔逊（Albert Abraham Michelson，1852—1931）和莫雷（Edward Morley，1838—1923）的著名实验，当时为了寻找以太而量度光速。实验是通过光的干

1　Laser Interferometer Gravitational-wave Observatory，美国激光干涉引力波天文台。

涉来决定光速的变化，从而研究地球经过充满了以太的空间时产生的效应。当时实验的结果证明了以太不存在，而且光速和观察者的运动无关。这个划时代的重要实验提供了相对论的基础，影响了物理学一百多年。

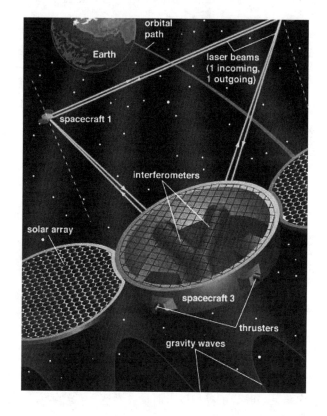

LISA：激光干涉仪空间天线（Laser Interferometer Space Antenna）

LIGO 的引力波实验，依赖距离的微小变化导致光的干涉图像，来判断是否有引力波经过地球，这需要极为精准的仪器。最近，美国 NASA（美国航空航天局）和 ESA（欧洲航天局）在做一个叫 LISA 的实验（后来 NASA 退出，改名叫 eLISA），更进一步去量度天文现象。这个任务预计在 2034 年发射，但概念测试的飞行员计划 LISA Pathfinder 已在 2015 年发射并完成了测试。他们要在太空中建立三个太空站，做成一个边长达百万公里的等边三角形，要求的精度达到 10 的 -20 次方。也就是说，地球上一个原子核直径的变化都可以测量出来！

从上面的叙述，我们可以看到：每当科学仪器在量度时间和长度的精准性上出现飞跃进步时，无论基础科学或科学技术都会跟着迎来突破！

现在，让我们看看未来的展望。毫无疑问，21 世纪科技的每一个方向都和精准测量息息相关。很多重要的问题都需要有精确的量度。举个例子，万有引力定律指出物体的吸引力与距离的平方成反比。从牛顿至今，利用这定律来计算天文现象，结论都是基本准确的。万有引力定律通常都在物体间的距离相当大时应用。我们想象，假如两个物体距离非常小时，万有引力定律中的二次方反比的 2 改用 2.000001 代替，那么对于时空就会产生极大的改变。这时，空间的维数可能会超过三维。几十年来，物理学家一直很想知道空间维数是多少。所以建立精确的万有引力定律很重要，它和精准测验距离和时间有着密切的关系。

除了这些极为基本的问题外，有些重要的应用问题亦和仪器有关。举个例来说，科学技术一个重大的问题，就是量子计算。在 20 世纪 80 年代初期，物理学家理查德·费曼（Richard Feynman，1918—1988）提出利用量子系统进行信息处理，于是贝尼奥夫（Paul Benioff）提出了量子计算机的概念。1985 年，多伊奇（David Deutsch）算法首次验证了量子计算的可行性。到了 1994 年，皮特·修尔（Peter Shor）提出整数分解的量子算法。1996 年，格罗夫（Lov Grover）提出一种数据库搜索的量子算法。这两种量子算法展现了优于经典算法的巨大优势，引起了科学界对量子计算的真正重视，由此量子计算进入了技术验证和原理样机研制的阶段。2000 年，迪文森佐（David DiVincenzo）提出建造量子计算机的判据——迪文森佐准则。加拿大的 D—Wave 公司率先推动量子计算器商业化。到了 2018 年，谷歌发布了 72 量子位超导量子计算处理器芯片。2019 年 IBM 发布最新 IBM Q System One 量子计算器，提出量子体积的概念，并且提出了量子摩尔定律。

量子计算是一个大型工程，是数学和物理的交叉学科。它需要大量的投资，单是 IBM 一家公司就聘请超过 1200 个工程师，在这方向努力了二十多年。这种有用而又极为基础的研究，对于国家的实力和人类的文明极为重要，即使投资巨大也是值得的。现在世界许多国家都把量子计算机视为一次新的曼哈顿计划，进行竞赛，它的未来发展颇值得关注。

在欧洲文艺复兴后，精准仪器引发了实验科学的革命，进而影响了基本科学的革命，以后西方科学家和工程师不断地改进仪器的精确度。中国的工程师对于提升仪器的精准度兴趣不大，是不是因为在没有突破以前，没有明显的实用能力？这个事实影响了东西方在科技上的进度，值得注意。

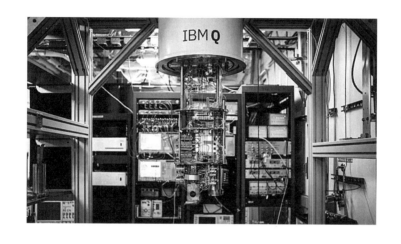

IBM 的量子计算器（照片来源：IBM Research）

我们也须注意，只有严谨的数学才能了解观察得到的数据，才能将这些结果整理成有用的学说。实验科学和理论科学相辅相成，都是人类文明的瑰宝。

二千多年来，人类的文明确实是不停地在跳跃。可惜的是，有人因此而骄傲。他们忘记了人类文明的每一次跳跃，都溯源于人类对大自然的观察多了一层深入的了解！人类知识的母亲离不开赖以生存的大自然。任何民族如果不去观察大自然，总会落后于别的民族！

回首哈佛数学 150 年 [1]

> 我喜欢阅读数学史，好的数学家需要知道数学的重要概念如何演进。这些概念的演进充满了生命力，就像从初生婴儿慢慢长大成人的过程，这段路可能很戏剧化，而且充满了兴奋与刺激。一旦我们了解数学发展的根源，就更能理解当今数学的发展。

最近我与我的朋友 Steve Nadis 合作写了 *A History in Sum*（《简史：哈佛数学 150 年》，高等教育出版社出版，编者注），一本关于哈佛大学数学系发展历史的书，由哈佛大学出版社出版。

这个写作计划开始时，我还是哈佛大学数学系主任。我对这个系伟大先驱者的人生颇感好奇。因为其中有些人借着他个人，甚或透过他们的学生的研究，改变了世界数学发展的路径。

1　本文原载《数学与人文》丛书第 21 辑《数学百草园》（高等教育出版社，2017 年 3 月和 2021 年 3 月 9 日《数理人文》微信公众号，编者略有修改。——编者注

如果其他地方的人，能懂得欣赏这些数学家如何做研究，如何建立起这个优秀的学系，而且在这个过程里，还协助建立了哈佛大学的地位，我认为这会是很棒的事。更何况，这些伟大哈佛数学家的个人轶事，读来也饶有兴味。

我喜欢阅读数学史，好的数学家需要知道数学的重要概念如何演进。这些概念的演进充满了生命力，就像从初生婴儿慢慢长大成人的过程，这段路可能很戏剧化，而且充满了兴奋与刺激。一旦我们了解数学发展的根源，就更能理解当今数学的发展。我相信，哈佛大学数学系从一个三流数学系成长为世界级领导中心的过程，提供了很值得参考的个案，或许可以给许多想建立世界级数学系的大学作为借鉴。我非常感谢我的合著者 Nadis，他做了十分广泛的研究，并采访了许多哈佛的教师与校友。

曙光：Peirce

我们的书是从 1825 年说起。当时 16 岁的 Benjamin Peirce 刚进哈佛。当他 1829 年获得哈佛学士学位时，并没有机会在美国研究数学，因为当时的美国还没有学校设置博士班。Peirce 因为经济因素无法前往欧洲深造，结果他先在预科学校（preparatory school）教了两年书，然后在 1831 年回到哈佛当导师（tutor）。此后一直到 1880 年去世为止，他一直留在哈佛。

Peirce 是第一位坚持数学家应该做原创性数学研究的美国数学家，也就是说，数学家应该要证明新定理，解决那些尚无人能解的问题。当时，不论在哈佛或美国其他高等教育机构，这样的态度绝非主流。

Peirce 在 23 岁时，出版了一项关于完美数（或完全数，perfect number）的证明。如果一个正整数的所有因子和（包括 1 在内）等于该数本身，就称为完美数，例如 6 和 28。当时所有已知的完美数都是偶数，而 Peirce 证明了如果存在奇完美数，它必定至少有四个质因子。直到 56 年之后，英国数学家 James Sylvester 和法国数学家 Cl. Servais 才能够证出相同的结果，但他们不晓得，Peirce 早在半个世纪前就完成了这项证明。

然而，当时的哈佛校长 Josiah Quincy 却催促 Peirce 去编写教科书。Peirce 质问哈佛校方，是否真要他从事"如此耗费时间，内容如此简单，对于渴望在科学上达成更高成就的人完全没有价值"的工作。当时做原创数学研究的概念，实在太过奇特，在美国几乎是前所未闻，而且也几乎没有人有资格去尝试。

多年之后，Peirce 才得到继任的哈佛校长 Thomas Hill 的赏识，找到了志同道合的盟友。Hill 说："我们最好的教授整天被繁重的教学与备课责任所禁锢，以至于根本没有时间与精力去进行个人研究，提升科学与知识。"

Peirce 花了大量时间在天文学研究上，并在 1839 年哈佛学院天文台的建立过程中，扮演关键的角色。他对 1843 年大彗星以及当时新发现的海王星轨道，都做了精密的计算。James Maxwell 和 Lord Kelvin 都对 Peirce 的成就有高度评价。在 61 岁时，Peirce 以线性结合代数（linear associative algebra）为主题，写了一篇很长的论文，被视为美国人在纯数学中的第一个重要贡献。

1848 年，Peirce 与他的杰出朋友们，包括 Alexander Bache、Louis Aggassiz 与 Joseph Henry，一起建立了美国科学促进会（American Association for the Advancement of Sciences）。他们也协助擘建了美国国家科学院（National Academy of Sciences），Peirce 是其中最活跃的成员。当 1880 年 Peirce 去世时，《哈佛深红报》（The Harvard Crimson）表示"上周 Peirce 教授的过世，意味着本校失去了最闪耀的科学明星，甚至最卓越的教授"。基于他对数学系的贡献，哈佛数学系仍称呼新进教师为 Peirce 讲师。

Peirce 的时代，正是哈佛大学数学系由教学开始转往研究的时代。事实上，1869 年就职的 Charles Eliot 校长——数学与化学教授——成立了哈佛数学研究所，William Byerly 在 1873 年成为第一位数学博士。

转向研究

哈佛大学数学系在 Peirce 过世之后，经历了一段"倒退期"。根据 Julian Coolidge 的说法："……科学活动是一落千丈。"需要多年才能破茧重生。不过，到了 20 世纪初，William Fogg Osgood 和 Maxime Bôcher 已经将哈佛发展成分析学领域的熠熠新星。分析学是数学的一支，包括微积分在内。他们将数学研究转变成数学系的核心任务，而不再是像 Peirce 这样特立独行之士的嗜好。面对其他大学的强大竞争，哈佛大学数学系俨然成为当时美国最好的数学系。

1876 年，美国第一个研究型大学——约翰·霍普金斯大学——正式成立。一年后，他们聘请英国著名数学家 Sylvester 来领导一个以研究为导向的数学系。依照欧洲模式，约翰·霍普金斯大学坚持教师和学生的研究，应尽可能在重要的期刊上发表。事实上，Sylvester 与 William Story、Simon Newcomb、Charles Peirce 等人创办了美国第一个重要的数学研究期刊 *American Journal of Mathematics*，其目标在于出版原创数学研究。尽管 1883 年 Sylvester 离开约翰·霍普金斯，前往牛津大学任教，但他关于训练研究生与研究的想法，被转移到其他大学，如哈佛、普林斯顿、耶鲁等。当时最受瞩目的是芝加哥大学数学系，由 Eliakim H. Moore 担任系主任。1885 年，Moore 在耶鲁获得博士学位，并到德国访问一年。Moore 训练出几位重要的数学家：George D. Birkhoff、Leonard E. Dickson 和 Oswald Veblen。这些学生对哈佛、芝加哥大学、普林斯顿产生深刻的影响。许多人相信 Moore 是"主要的驱动力，最后将美国从数学荒原转变成数学领域的领导者"（引自 Karen Parshall 的专著）。约翰·霍普金斯和芝加哥大学都强调，他们的教授不但做研究，并且也教育学生要做相同的事，这样的态度导致了美国数学界在 20 世纪初的明显提升。

由于两位年轻教授 Osgood 和 Bôcher 的出现，哈佛数学系很快提高了它的国际声誉。在 1903 年前 80 位美国数学家的排名里，Osgood 和 Bôcher 排在前四名，另两位是 Moore 和 George William Hill（他曾与 B.Peirce 在麻省剑桥的航海年鉴局 Nautical Almanac Office 中共事）。有趣的是，当 Osgood 和 Bôcher 还是大学部的学生时，都曾经到哥廷根去跟 Felix Klein 学习，时间分别是两年与三年。Klein 对美国数学的发展有很深的影响。他的学生 Frank Nelson Cole 就是 Osgood 和 Bôcher 的哈佛导师。（特别的是，Klein 有 6 位学生，包括 Osgood 和 Bôcher，都曾经担任美国数学学会的主席。）

Osgood 在德国埃尔朗根大学，由 Max Noether 指导得到博士学位，并且做了函数论方面的重要研究，其中包括证明 Riemann 映射定理。Bôcher 的论文则是跟 Klein 做的，他在那里研究势论（potential theory），后来并解释 Fourier 级数中的 Gibbs 现象。Bôcher 培育了许多学生，并且在 1908 年到 1914 年担任 *Annals of Mathematics* 的主编。他同时也是 *Transactions of the American Mathematical Society* 的创刊人，并且在 Moore 之后，担任该刊的第二任主编达五年。Bôcher 和 Osgood 留下了足以自豪的成就：他们为美国数学界打下了分析领域的坚实基础。经由他们的努力，哈佛数学系不仅成为美国最好的数学系之一，即使与欧洲最佳的数学系相比，也毫不逊色。

Birkhoff 的崛起

George David Birkhoff 的大学是在哈佛念的，在此期间他深受 Bôcher 的影响。接着他到芝加哥大学，在 Moore 的指导下取得博士学位。哈佛在 1910 年时为他提供教职，但他回绝了，选择去普林斯顿。两年后，他改变心意，于 1912 年回到哈佛任教。

Birkhoff 代表了下一代、完全在美国受教育的学者。他的数学才能闻名全世界，证明了人们即使不去欧洲，也可以得到世界级的数学教育。他和其他一些由美国大学栽培的优秀数学家，都充分具备了将来领导学术领域和数学系所的能力。美国本土的数学根基已在形成，从而完成了 Peirce 生前未能实现的梦想。Birkhoff 以及他同时代的数学家，将会证明重要的定理，做出许多卓越的贡献。

Birkhoff 的重大成就数不胜数，首先是他关于有限制条件三体问题的著名研究。这是 Henri Poincaré 在 1912 年去世前想解决的问题，Birkhoff 在 Poincaré 去世后三个月内，解决了这个问题。不过，Birkhoff 告诉他的学生 Marshall Stone，做这个问题，让他的体重减轻了 30 磅。这个证明成为将分析学的存在性证明连接到拓扑不动点定理的首例。

麻省理工学院的知名数学家 Norbert Wiener，把 Birkhoff 比喻为"出现在哈佛数学苍穹上的璀璨明星……更独特的是，Birkhoff 的研究全是在美国完成，并未受益于任何国外的训练"。Birkhoff 标志了美国数学成熟期的起点。他直到 1926 年才造访欧洲，当时距他开始在哈佛教书已有 14 年。

附带一提，Wiener 在 1913 年从哈佛大学得到博士学位，正是 Birkhoff 回到哈佛的第二年。Wiener 是一位年轻的天才,改变了概率和信息论的面貌。但他极不善于待人接物,无法和系里每个人相处融洽。他转到麻省理工或许对数学界是最好的结果,因为在那里他能够更自由地钻研应用数学,并且对工程科学的基础做出了巨大贡献。

Birkhoff 的众多成就,使得他成为 20 世纪最伟大的数学家之一。他在广义动力系统的工作,为他赢得了首届 Bôcher 奖。1927 年,Birkhoff 出版了经典著作《动力系统》(Dynamical Systems)。它把动力系统的架构远远地扩展到星球轨道的课题之外。该书包含了许多创见,不过并未包含他在这个主题上最重要的贡献:遍历性定理(ergodic theorem)。Wiener 称赞 Birkhoff 的遍历性定理是一项精心力作:"遍历性假设的正确表述及其定理的证明,是美国数学界乃至全球数学界近来最重要的成就之一,这两者都是由 Birkhoff 完成的。"这个卓越的定理可以上溯到 Maxwell 和 Ludwig Boltzmann 试图建构气体动力论的努力。

Birkhoff 是第一位把变分学的极大极小论证,用在与球面拓扑等价的曲面上,得出不平凡的简单封闭测地线的数学家。这可以视为是威力强大的 Morse 理论的起点。创造这个理论的 Marston Morse 正是 Birkhoff 的学生。Birkhoff 对广义相对论也有重要贡献,他证明了一个(和黑洞有关的)定理,说明爱因斯坦方程只有一个球对称的解。他还提供了解决四色问题的重要工具,这个数学命题在 60 年后的 1976 年才由 Kenneth Appel 和 Wolfgang Haken 解出。

除了数学成就之外，Birkhoff 还指导了 46 名博士生。迄今为止，出自他门下的数学家已超过 7300 名。他有 4 名学生日后成为美国数学会的主席：Stone、Joseph Walsh、Charles Morrey 和 Morse。他的学生又栽培出许多优秀数学家。例如，Walsh 在取得博士学位后留在哈佛，带出了 31 名学生，其中包括 Lynn Loomis 和 Joseph Doob。Birkhoff 有三位门生——Morse、Hassler Whitney 和 Stone——获得国家科学奖章。他的其他许多学生都有卓越的数学贡献，并且在哈佛或是美国的其他大学系所成为领导人。

分析、代数与拓扑的相遇：Morse、Whitney 和 MacLane

Marston Morse 是 Birkhoff 的博士生，他的论文题目是关于如何建立分析与拓扑的关联，这是一个已由 Riemann、Poincaré 和 Birkhoff 奠立的传统问题。Morse 特别感兴趣的是函数达到极大值、极小值或某种平稳值的（临界）点。这属于古典变分学的一部分，其历史可以回溯至 Euler，乃至 Fermat。Birkhoff 已用它来证明与球面同胚的闭曲面上的封闭测地线的存在性定理。但 Morse 更进一步把临界点的存在性链接到该函数定义空间的拓扑性质。他的方法在现代拓扑学有深刻的用途，因此被称为 Morse 理论。在 Morse 及其追随者 Raoul Bott、Stephen Smale 等人手中，Morse 理论成为研究微分拓扑的基本工具。一些重要的方法，像 Smale 发展出来的柄把空间分解（handle—body decomposition），是根据 Morse 理论而来的。Smale 是 Bott 的学生。四维以上的 Poincaré 猜想即是用 Morse 理论解决的。

Hassler Whitney 也是 Birkhoff 的学生，他发展了把流形浸入欧氏空间的理论。流形上的向量丛，即是由此研究衍生的课题。特别是，Whitney 引入了向量丛的 Stiefel—Whitney 类。这种示性类的想法，又被 Pontryagin 和陈省身进一步发展。

示性类和纤维丛的理论，协助奠立了现代几何和拓扑的础石。它是规范场论的基础，规范场论是用于描述所有粒子基本作用力的理论。在发展示性类理论的过程中，Whitney 也引入了上同调理论，这是现代拓扑和代数的基本观念（James W. Alexander 独立发明了上同调的观念）。

我任职普林斯顿高等研究院时遇见 Whitney，他那时显得相当孤单。他跟我说，他是我在伯克利的老师 Morrey 的好友。Morrey 也是 Birkhoff 的学生，他是偏微分方程现代非线性理论的创始人。Morrey 的一项知名成果是 1949 年时解决 Plateau 问题——他证明三维空间中的任何闭曲线，如果符合适当条件，就会是某肥皂膜的边界。受到 Plateau 问题的启发，Morrey 向 Whitney 请教：可以浸入平面的闭曲线该如何分类？Whitney 告诉我，他把 Morrey 的问题当成挑战。Whitney 的方法又在 Smale 手中得到进一步发展。这个理论的最广义形式，现在被 Mikhail Gromov 称为 h 原理。据他所云，这个理论具有广泛的用途。

Saunders MacLane 不是哈佛的毕业生，他是在哥廷根受 Hermann Weyl 指导的学生。在 William Caspar Graustein 当哈佛

系主任时，MacLane 接受了 Peirce 讲师的教职。他在哈佛直到
1947 年，然后转到芝加哥大学。他和 Samuel Eilenberg 合作，把
拓扑和代数这两门重要的数学分支融合成一门两者紧密结合的新
学问。他们一起发展出同调理论的公设化研究理念，建构了在同
伦理论计算中非常重要的 Eilenberg—MacLane 空间。这些想法也
引发了代数和群论的重大发展。

复分析与几何

芬兰人 Lars Ahlfors 1907 年出生于赫尔辛基，他是第一个
在哈佛数学系获得终身教职的欧洲数学家。当加入哈佛时，他
已经是第一流的国际明星。他在 1936 年，与麻省理工的 Jesse
Douglas 共同获得第一届菲尔兹奖。Ahlfors 后来还获得沃尔夫奖。

1935 年，在 Constantin Caratheodory 的 大 力 推 荐 之 下，
Graustein 提供给他为期三年的客座讲师一职。他最后在 1946
年加入数学系，1977 年退休。Ahlfors 是继 19 世纪德国数学家
Riemann 之后，又一个复分析领域（特别是从几何角度来探讨）
的伟大开拓者。

Ahlfors 是芬兰大数学家 Rolf Nevanlinna 的弟子，后者带他
认识了 Denjoy 猜想，这是一个关于复平面上全纯函数渐近行为
的著名猜想，Ahlfors 在 1930 年解决这个问题。约略同时，瑞典
数学家 Arne Beurling 在巴拿马猎鳄鱼时，也独立提出他的证明
（Beurling 在 1948 年至 1949 年任教于哈佛，然后去了普林斯顿

高等研究院）。Ahlfors 还曾提到："我不知道德国数学家 Grötzsch 已经发表了数篇和我想法类似的论文。"Beurling 成为他毕生的挚友和竞争者，而 Ahlfors 也把 Herbert Grötzsch 的一些想法运用到准保角（quasi-conformal）映射的研究上。

Ahlfors 创立并且触及复分析的每一面，大部分是从几何的角度。他在证明 Denjoy 猜想时，已经研究了保角映射中长度和面积的扭曲。他广泛地发展这些几何想法，然后将成果总结成一篇名为《覆盖空间的主定理》(Zur Theorie der Überlagerungsflächen）的论文，于 1935 年发表在 *Acta Mathematica*。这篇论文为他在次年赢得菲尔兹奖。关于这面奖牌有个逸闻：1944 年，当 Ahlfors 需要筹集从瑞典到瑞士的旅费时，他把奖牌送进了当铺（后来经由几位瑞典友人的协助，奖牌被赎了回来）。在 1939 年至 1940 年芬兰冬季战争期间，他花了大量时间躲在防空掩体里，撰写一篇名为《半纯曲线论》(The theory of meromorphiccurves）的专题论文，该文以非常几何的方式，把 Nevanlinna 的理论推广到多维空间中的复曲线。

我的老师陈省身，在 Ahlfors 这篇论文发表 40 年后，曾予以透彻研究。事实上，Ahlfors 透过 Riemann 面的几何，给出了 Schwarz 引理的完美诠释。它展示出负曲率如何有助于控制全纯映射的行为。Ahlfors 的这项原理激发了近 50 年来高维复分析的发展。

Ahlfors 在极值长度（extremal length）、准保角映射、Riemann 面模空间、Klein 群等主题的研究，开启了现代复分析的新地平线。

大战余波：Gleason、Mackey 以及 Hilbert 空间

第二次世界大战时，由于教师参军或自愿投入研发支持同盟国，哈佛数学系的规模大幅缩减。例如 Stone 担任美国数学学会的战争政策委员会主席，Walsh 应召入伍进入海军，Coolidge 在70 岁的高龄还从退休重返教职，替正在保卫国家的教授同僚教微积分。

MacLane 则领导以哥伦比亚大学为大本营的应用数学家们，专门研究战争相关的问题。成员包括哈佛的拓扑学家 Whitney；担任 Peirce 讲师的 Irving Kaplansky，他原来是 MacLane 的博士生；另外还有哈佛讲师 George Mackey，他是 Stone 的学生。

Garrett Birkhoff（G. D. Birkhoff 的儿子）和 Loomis 以及麻省理工学院的 Norman Levinson 合作，预测空中发射鱼雷的水底轨迹。他也和 Morse 与 Johnvon Neumann 加入一个委员会，分析如何促进防空炮弹的效用，以及射穿坦克装甲的问题。战后，Garrett Birkhoff 开始探索混合纯数学与应用数学的数学问题。G. D. Birkhoff 则为哈佛的 Howard Aiken 寻找资金，建造当时世界上最大、威力最强的计算器——哈佛马克 1 号，用来做射击弹道的计算，后来也为曼哈顿计划做计算。

Stanislaw Ulam 在 1936 年至 1940 年成为哈佛学会（Harvard Society of Fellows）的年轻学者与数学系讲师。他后来加入曼哈

顿计划负责繁复的数值计算，帮助设计出第一颗原子弹。Ulam后来发明蒙特卡罗法，以统计方法来解决数学问题。他也是发展氢弹的关键人物。物理学家 Edward Teller 曾经这样评价 Ulam：在真正危急的时候，数学家仍然胜出，只要他真的很好的话。

Andrew Gleason 是耶鲁的大学生，1942 年毕业之后旋即加入位于华盛顿特区的海军密码分析小组。他曾协助破解日军的密码，伟大的计算科学家 Turing 盛赞他的杰出工作。1946 年Gleason 离开海军，先成为哈佛学院的年轻教师，后来成为数学系的教授直到退休。一直到 1990 年为止，他都是政府情报体系的顾问。他引入了许多分析密码的重要数学技术，结合了他的编码理论研究与庞大的纯数学课题研究。

Gleason 非常着迷于 Ramsey 理论，这是一门和数东西、寻找秩序有关的理论，可以从似乎无秩序的结构中，找出有组织的子结构。他和 Robert Greenwood 算出 R（4,4）等于 18，也就是说你必须找到 18 个人，才能确保其中至少有 4 个人完全不认识对方，或是彼此都认识。

不过 Gleason 最知名的工作是 Hilbert 第五问题。这个问题属于 1900 年 Hilbert 在巴黎国际数学家大会所提出的 23 个问题。第五问题是局部欧氏群是否必然是李群。许多伟大的拓扑学家都曾经试图解决这个问题，但都失败了。Gleason 为这个问题做出最关键的贡献，最后才由高等研究院的 Deane Montgomery 与纽约城市大学皇后学院的 Leo Zippin 联合解决。

Gleason 并没有博士学位，他自认 Mackey 是他的恩师。

Mackey 是现代群表现论的铸造者，他也在量子物理基础上有重要贡献。Mackey 对他的指导教授 Stone 与 Von Neumann 所构筑的理论很感兴趣，这项理论试图解释 Heisenberg 的测不准原理，也就是一个粒子的位置测量精确度与其动量测量精确度成反比。Mackey 可以将 Stone-Von Neumann 的理论摆置在一个广义的数学脉络中。André Weil 随后注意到 Mackey 理论中的特例，和数论中的一些深刻理论很有关系。

Mackey 对于 Max Born 法则很感兴趣，亦即在某时某地找到一物的概率密度等于其波函数绝对值的平方。Von Neumann 与 Mackey 想要从第一原理出发，说明以单位向量表示状态是数学上可证明的。由于 Von Neumann 用的一些公设约束性太大，Mackey 想要移除它们。Mackey 重新将这个问题用精准的数学形式来呈现，写成一个猜想。Gleason 被这个猜想所激励，投入研究并最后证明它。

Mackey 的表现论着重于酉表示（unitary representation），他以导出表示（induced representation）为基础，发展了所谓的"Mackey 机器"。这个理论在包括量子物理与数论的几项主题的发展上有很深刻的影响。

欧洲人：Zariski、Brauer 与 Bott

第二次世界大战结束之后，有好几位一流欧洲数学家加入哈佛数学系。除了 Ahlfors（1946）之外，还有 Oscar Zariski（1947）、

Richard Brauer（1952）和 Raoul Bott（1959）。每一位都对数学系以及他们的专长领域造成了巨大的影响，这些领域分别是代数几何、群论和拓扑。

Zariski 是第一位在哈佛数学系拿到终身教职的犹太人。他对数学的宏大冲击和宗教信仰并无关系（事实上他自认是无神论者）。Zariski 和 Weil 重新整理了代数几何，将它置于比从前更坚实也更代数的基础之上，他们推动了代数几何领域的日后发展，为未来几十年的进步奠定了基石。

1899 年 Zariski 生于俄国的库勃林，1918 年就读于基辅大学。他在当时的俄国革命中受伤，离开俄国到罗马萨皮恩札大学读书。当时那里是研究代数几何的世界中心，教师阵容中有三位伟大的代数几何学家：Guido Castelnuovo、Federigo Enriques 与 Francesco Severi。他们就是意大利古典代数几何的象征与本尊。代数几何是一个以各种方式结合代数与几何的领域，运用代数技巧来解决几何问题。

Zariski 在罗马待了三年，深受意大利几何学家的影响。不过 Castelnuovo 却告诉他："你虽然在这里和我们一起，却不是我们的一员。"Castelnuovo 此言并非斥责，而是一种敦厚的善意。因为 Castelnuovo 曾告诉 Zariski，意大利学派的方法已经穷竭所有可能，走到尽头，不适合再往前发展。后来 Zariski 发现意大利学派的代数几何"基础摇晃不安"，他需要修正 Severi 的证明，但 Severi 却说："我们贵族是不做证明的，证明是你们庶民的事。"Zariski 将代数几何基础的重建视为己任，并在抵达美国之后才完成。

Castelnuovo 和 Severi 鼓励 Zariski 去进行 Solomon Lefschetz 新颖的拓扑研究。他接受这项建议，并在 Lefschetz 的协助下找到工作，1927 年成为约翰·霍普金斯的研究员，一年之后就升任副教授。Zariski 在约翰·霍普金斯任职大约 20 年后，成为哈佛的一员。

在这期间，Zariski 决定从崭新的角度探索代数几何。1935 年，他出版《代数曲面》，在二维曲面上实践他的新观点。事实上，Zariski 重建了代数几何的基础。他所使用的语言是现代的交换代数，是他 1934 年至 1935 年在普林斯顿高等研究院，从 Emmy Noether 那里学到的。

在 1937 年，Zariski 曾说："我的研究特性经历了剧烈的改变，不论是使用的方法或是问题的叙述方式，其特征都越发代数取向。"但是他也补充说："纯粹形式的代数或形式数学并非我天生的倾向。我和真实的生活也有非常多的接触，那就是几何学，几何才是真实的生活。"

关于这个新的代数取向，Zariski 的博士生广中平佑（Heisuke Hironaka）说，一旦证明是以代数为基础，严格性就是自然的结果，这也帮助数学家处理那些无法眼见的高维度形体。这个想法对 Weil 和 Zariski 发展以任意体为基础之几何，也极为重要。也就是说，他们所处理的代数空间，并不只限于实数或复数坐标。其中最奇特的是有限体的代数簇（variety），事后证明这对现代数论非常重要。

1940 年，在 Birkhoff 的大力推荐下，哈佛准备提供 Zariski 终身教职，填补刚退休的 Coolidge 与 1941 年初去世的 Graustein 所留下的空缺。于是，该年 Zariski 到哈佛访问一年。不幸的是，由于日本轰炸珍珠港，大学当局冻结了教职，Zariski 只能回约翰·霍普金斯大学担任繁重的教学职务。在这期间，Zariski 证明了他知名的主定理以及连通性定理。根据他的博士生 David Mumford 所言，他运用代数中的基本概念，并萃取了几何的内涵。这正是 Zariski 长久努力为代数几何奠基研究的一环。整体而言，Zariski 成功撑起代数几何基础的成就，也许比他证明的任一个别定理都更重要。

Zariski 在 1947 年终于成为哈佛教席的一员，他让哈佛在接下来的 30 年中，成为代数几何的世界中心，就像几十年前的罗马大学一样。Zariski 将顶尖的学者带进哈佛，他推动关键的教席任命，邀请明星级的访问学者，如 Jean Pierre Serre 与 Alexander Grothendieck，并且以他研究的高度与个人魅力，吸引了一批优秀的研究生。

Zariski 在 19 世纪 40 年代的重要数学成就，是关于代数曲线与代数曲面奇点的消解（resolution）。这导致数十年后，1964 年广中平佑所有维度奇点消解的伟大定理，他的另一位学生 Shreeram Abhyankar 在 1956 年解决了有限体代数流形（不超过二维）的消解问题。约十年后，Abhyankar 又解决了三维的情况。

除了广中平佑与 Abhyankar 之外，Zariski 所训练的杰出学生，还有 Mumford 与 Michael Artin。Zariski 学生的整体成就，改变了整个代数几何的主题。今天关于代数几何最核心的部分，大多得归功于这一群数学家。

Richard Brauer 在他职业生涯的中期来到哈佛。当时他的整体成就已经令人印象深刻，但是此后他还有更多的成果。他是 Issai Schur 在柏林大学的学生，博士论文的主题是群表现。1933 年，他离开德国，在普林斯顿高等研究院待了一段时间，1934 年至 1935 年成为大数学家 Weyl 的助理。随后在经历多伦多大学与密歇根大学的教职后，他加入哈佛的教席。在多伦多时，Brauer 投入有限群及其群表现的研究。在这个主题里，他获得许多优异的成就，并结合成一个宏大的理论：有限单群的分类，这是所有有限群的基础。他在 1955 年的论文《偶数阶的群》中提出一个分类单群的策略，后来被称为 "Brauer 纲领"。

Walter Feit 说，正是 Brauer 踏出关键的第一步，才让他们有可能证明出知名的 Feit-Thompson 定理："所有奇数阶有限群都是可解的。"John G. Thompson 因为这个定理获得菲尔兹奖。

1972 年，Zariski 的另一个学生 Daniel Gorenstein 提出一个 16 步骤的纲领，试图证明所有有限单群若不隶属于 18 族群，就只属于例外的 26 种 "异散群"（sporadic groups）。这个纲领的最后一块，是一篇长达 1200 页的论文，作者是加州理工学院的 Michael Aschbacher 与伊利诺伊大学芝加哥校区的 Stephen Smith。

1923 年，Raoul Bott 生于布达佩斯，毕业于加拿大麦基尔大学，并在 Richard J. Duffin 的指导下，在卡内基·梅隆大学应用数学研究所就读。他和 Duffin 解决了电路网理论中一个十分有挑战性的问题。Weyl 十分欣赏这项研究，邀请 Bott 到普林斯顿高等研究院访问。在那里 Bott 结识了 Morse，学习 Morse 的临界点理论，并将它推广到临界点非孤立的情况。

运用这个推广的 Morse 理论，Bott 进行了计算李群同伦群的卓越研究，还发现令人意外的现象：当 n 很大时，SO(n) 的同伦群竟然出现周期 8 的现象，而 SU(n) 的同伦群则出现周期 2。根据 Michael Atiyah 的说法，Bott 在 1957 年的这篇论文是一枚"炸弹"，现在这个定理称为 Bott 周期性定理。这个发现影响极大，开始了拓扑与几何一波接一波的发展。尤其是 K 理论的进展，这是关于向量丛的研究，肇始于 Grothendieck、Serre、Atiyah 与 Friedrich Hirzebruch。这是 Bott 在他还是密歇根大学教授时所完成的工作。

在 John Tate 的大力推荐下，Bott 于 1959 年来到哈佛就职，系主任 Zariski 说："Bott 正是让他感觉无聊沉闷的数学系可以再度鲜活起来的最佳人选。"Bott 在哈佛一直待到退休。

Bott 其他极具影响力的工作，包括了 1964 年的 Atiyah-Bott 固定点公式，以及他与 Atiyah 合作的等变上同调理论（equivariant cohomology）。

Bott 对数学群体与数学系的影响，远超出他所发表的论文。他训练出好几位杰出的数学家，包括在密歇根时的 Smale，哈佛时的 Daniel Quillen 与 Robert McPherson。

雇用 Ahlfors、Zariski、Brauer、Bott 以及随之而来的其他数

学家，哈佛向大洋另一边的数学家打开大门，更促进了数学系、数学领域甚至数学文化的发展。

Bott 说过，他感谢"这个国家，以崇高的心灵与慷慨的胸怀，接受这么多来自不同海岸的人，不介意我们的口音与其他差异，让我们能适才适性，竭尽所能"。

结论

今天的哈佛数学系和往日一样优秀，承续着开系先贤的传统。在 2009 年的一次晚宴中，Tate 宣称现在是本系的全盛时期。这句话也许略嫌夸张，但是我必须承认，这个系继承了让它在过去 150 年如此伟大的恢宏传统。

哈佛数学系的规模仍然很小，只有 18 位资深教席。我们依然相信质量是聘任终身教职时最重要的标准，也继续开放给所有族裔与国籍的杰出数学家，只要他们愿意奉献于研究，并且为哈佛大学训练出最好的学生。

Birkhoff 于 1912 年来到哈佛，从那时开始，在世界上最优秀的心智领导之下，数学系已经发展了 100 年的高阶研究。

回顾这段历史，再比较其他国家还在奋力发展一流数学研究的大学，我们有下列结论：

一、20 世纪之交，正是美国发展高层次科学研究的恰当时机，主要的大学如约翰·霍普金斯、耶鲁、芝加哥大学、哈佛都勤力于争取欧洲最好的学者（例如 Sylvester），并尽全力培育最好的学生（如 Birkhoff、Whitney、Morse）。这些努力也得到大学校长（如 Eliot）与院长（如 Graustein）的大力支持。他们都有极力成为世界上最好大学的远大愿景。

二、在 19 世纪下半叶，美国的经济状况大有改善，其盛势持续至今。私人捐赠者捐献大量的金钱给大学，例如 John D. Rockfeller 捐给耶鲁与芝加哥大学，Leland Stanford 则捐赠他所有的钱财建立了斯坦福大学。他们对高等教育的无私态度，举世无匹，而且这样的奉献态度依然保持到今天。

三、基于大学所提供的良好环境，以及优秀大学彼此之间的良性竞争（相较于某些新发展国家大学的台面下竞争），教授与学生能奉献精力于原创性的研究。

我们也能体认到当时学者研究数学时的强大自信。例如 Birkhoff 在无人指导的情况下，竟然敢孤身尝试解决 Poincaré 留下来的有限制条件三体问题，显示了当时数学领导者的自信。

Birkhoff 不觉得他有必要前往德国跟随大师学习，自己就开展了许多新颖的领域，也栽培了具有同等创造力的学生。他之所以能完成这份艰难的工作，部分得归功于哈佛能够汇聚一批天赋优异的学生，哈佛大学部与研究院的这些学生的总体贡献让哈佛成为名校，他们跟随大师学习，开辟自己的领域与研究子题。

四、这些领导人心胸开阔，愿意尝试新颖的研究方向。从 Birkhoff 时期一直到今天，哈佛的教师与学生在变换新研究方向时从来不畏缩。因此开拓了很多新领域：现代拓扑学、动力系统、遍历论、信息论、非线性偏微分方程、几何观点的复变分析、基于代数的代数几何基础、群论、数论等，几乎包括所有对数学具有根本重要性的领域。

五、数学系的气氛非常友善，因此许多绝对一流的访问学者，都能与我们的教授和学生进行交流。在这样的环境中，新理论逐一诞生，并进而刺激年轻学生继续向前探索。

六、尽管资深教师的人数很少，但他们都投入大量努力去教导学生。教师和学生愉快地一起工作，他们以哈佛为荣，愿意维护哈佛的崇高声誉。

七、美国是最大的移民国家，充满冒险的作风，影响遍及学术界。同时多民族的社会鼓励良性的学术竞争。开国至今，社会大致上兼容并蓄。

让哈佛数学系如此杰出的也许还有其他原因，但我相信以上是最关键的因素。

以上讨论哈佛大学数学系的发展，从中也可以看到哈佛是如何发展科学的。事实上，我们在这里也看到美国科学的发展的一个重要部分。

现在谈谈 64 年来[1] 中国数学发展的走向，它的成功和过失，希望有利于以后的发展。

中华人民共和国成立初期，数学界最重要的事情乃是华罗庚

1　本文系作者 2013 年所写，距 1949 年计 64 年。——编者注

先生放弃美国的待遇，回国服务。他的学问远胜于当时留在中国的数学同仁，他拳拳于领导中国数学走向世界一流的水平，带领一群年轻有为的学者，努力于解析数论、代数和多复变函数等多个学科的研究。虽然不断受到多方阻挠，他还是排除困难，领导中国数学走出了好几个重要的新方向，使那时的中国数学在世界数学中占了一定的地位。除了华先生和他的学生王元、陆启铿、万哲先、龚昇、潘承洞、陈景润等人外，还有陈建功、熊庆来、苏步青、许宝騄、吴文俊、吴新谋、冯康、严志达、廖山涛、谷超豪、夏道行、杨乐、张广厚、王光寅等人，他们有些留日，有些留苏，有些留英法，有些留美，后面三位和华氏子弟都是由本国培养出来的杰出年轻人，开创了一段兴旺的时期。总的说来，以华罗庚为代表的中国数学学人，已经逐渐向世界水平迈进，但由于长期被孤立，没有太多机会接触欧美在 20 世纪后叶发展出来的重要数学学科。

华先生的学问确实一流。但站在学科历史纵深角度来看，与当时一流的国际学者比较，开创性还是有些欠缺，其学生和上述诸人学问也逊色于那时活跃在国际舞台上天才横溢的数学家们。比如，Birkhoff 的学生 Marston Morse、H. Whitney、C. Morrey 和 M. Stone 等人都是一代大师，开创了 20 世纪多个重要学科，构建了现代数学和物理学的基础。在 20 世纪 30 年代一个哈佛小镇就产生了这么多重要的人才，可以说是历史奇迹！遗憾的是，同一时期的哈佛中国留学生（如姜立夫等人）回国后并未推动中国数学研究的发展，这或许与几百年间中国和西方文化巨大脱节有关。但这些学者毕竟花了不少功夫培训后生，培养出了陈省身、华罗庚、周炜良等中国最杰出的数学家。

改革开放后，大批中国青年留学海外，其中有能力的还不少，但与哈佛大学80年来培养的杰出学生水平距离尚远。我读美国史，美国从开国到20世纪中叶，即使积弱的时候，很多人也不抛弃自己的理想，不追求虚伪的面子，却坚持追求真正的结果，宁为玉碎不为瓦全。希望我们的留学生也能把对理想的追求放在首位。

很多年轻学子只愿意做一些小问题，以巴结逢迎有权势的学者，甚至有人去抄袭而不知耻！这些情况令人难以置信。在哈佛，无论教授和学生，都以研究成果为最高目标。100年来，哈佛的师生发展了好几个新的基本而重要的数学学科。反观中国数学，到目前为止，尚未了解的学科分支甚多，能够开拓新的理论尚且路漫漫。中国的国力较比开放初期，要强得多，国家和政府又希望基础科学早日赶上世界一流水平。上面所述，可以看作是：他山之石，可以攻玉。本文无意指责，但一个社会需要认识到不足之处，如果不知自己的缺点，也不知改正的话，恐怕很难成功地发展良好的学问。今日必须在学术界端正学风，树立正气，遏制腐败，完成学术改革。如果成功的话，我相信中国的数学很快能够与哈佛大学的水平相提并论！

科学与历史——中国基础科学发展 [1]

> 有时候中国人视人事关系，远比真理为重。如何解决这个问题是中国科学现代化的重要一环。

1840 年，英国发动鸦片战争，是中国近代屈辱史的开端。此后 100 余年，国家积弱，生民涂炭！从官方到平民都在问：为什么我们比不上西方列强？开始时只看到面临的问题：中国不如西方的船坚炮利。乃至到了甲午战争，中国大败，海军覆灭，签城下之盟，丧权辱国！打败中国的日本海军，船炮竟然不如当时的中国海军。八国联军侵华战争，更显露朝野百姓对现代科学之无知！

100 年来，中国学者逐渐了解到船坚炮利不是唯一的问题，大家都在找寻中国文化的出路。中华人民共和国成立至今，已经 60 多年了，科技确有大进步，但是基础科学领域始终没有改变

---

1 本文系作者 2016 年 12 月 10 日在中国人民大学科学大讲堂的演讲内容，刊于 2016 年 12 月 11 日《数理人文》微信公众号。编者略有修改。——编者注

落后于欧美的局面。国家上上下下渐渐了解到基础科学根柢未深是主要原因，现在要谈的就是：基础科学的起源和发展的条件在什么地方？

基础科学源自穷理致知

现代科技的成果影响着人类生活各方面。例如，民航飞机极大地缩短世界的距离；火箭升空不断地探索宇宙奥秘；人造卫星不断地绕地球运行，传递着亿万讯息；高速公路和高速铁路翻山越岭，四通八达；无人飞机、无人汽车和机器人的能力，远远超过我们十多年前的想象。有谁想到人工智能创造出的软件竟然打败了围棋大师！

这些划时代的科技成果，并不是一蹴则达。它们的背后，有数之不尽的聪明头脑在推动着它的进展。有人在硬件上做出杰出的贡献，有人在软件上做出伟大的创新。但是这些成果，都建立在一个最重要的基础上，这就是今天我们要谈的基础科学！基础科学积累了人类几千年的智慧，去芜存菁，才见到它在工业上的应用。

有时候，我们可以很快地见到基础科学的应用，电磁学就是一个例子。在19世纪法拉第和麦克斯韦发现电磁方程后不久，爱迪生等人就将它用到日常生活中去。但是有些研究却要等很久才见到它们的应用。数论中有很多深奥的理论，一直都以为纸上谈兵。但是这20年来在密码学研究方面，运用了大量的数论的前沿理论。

有些人认为，基础科学需要有深入的训练，有深度的看法，才能产生新的结果，好的创意，旷日弥久，难有快速成功的机会。不如等待别人做好基础的研究后，拿过来用就是了。但是他们忘记了一点，自己觉悟出来的理论，通过自己劳动得到的结果，自己才最了解它的长短，应用起来才能得心应手。在科技发展一日千里的现代社会，我们非得掌握其中精髓，才能与人竞争。

我想从历史的观点来看看中国基础科学的发展。基础科学有别于科技，它是科技能够得以持续发展的基石。中国古代四大发明，确是领先世界，但是对于这些科技发明的基本原理的了解不够深入。到了 19 世纪，西方国家在科学技术的发展上，比中国进步得多，甚至大力地改进了我们的四大发明。这些成就得要归功于文艺复兴后伟大科学家如伽利略、牛顿、欧拉、高斯、黎曼、法拉第、麦克斯韦等人在基础科学上的伟大贡献。

基础科学除了帮助科技的创新和发明以外，它亦是统摄所有和宇宙中物理现象有关的学问。它必须对大自然有一个宏观的看法，因此需要哲学思想作其支持。此哲学思想又需要有助于人类了解大自然，并懂得如何让人类和大自然和谐相处。

近代基础科学家中，有不少是极其伟大的学者。他们的学问、思想和工作，可以影响科学界数个世纪之久（近 30 年来发表的科技刊物，不可胜数，文章的篇幅相信远超历史上所有文献总和。但是大部分文章除了作者外，可能没有人知晓。而有些文章流行两三年后，就被人遗忘。至于能够传世超过 30 年的文章，却是凤毛麟角）。其中，佼佼者有牛顿、欧拉、高斯、黎曼、法拉第、麦克斯韦、爱因斯坦、庞加莱、狄拉克、海森堡、薛定谔、外尔等人。

假如我们仔细去阅读他们的著作时，都会发觉他们有一套哲学思想。例如爱因斯坦在研究广义相对论时，就受到哲学家马赫（Mach）的影响。能够传世的科学工作，必先有概念的突破，而这些概念可能受到观察事物后所得到想法的影响。但是，更大的可能是他们的哲学观在左右他们的想法，影响到他们的审美观念，从而影响他们研究的方向。

哲学引导我们穷究事物最后存在的根据，探求根柢的原理。因此哲学需要探求一般现象共有的原理，来完成宇宙统一的体系。所以科学家不能局限于感觉的观察，必须经过思辨的功夫，方可补其不足！古希腊的哲人在这方面做得极为彻底。毕达哥拉斯、柏拉图和苏格拉底，一方面提出他们的哲学思想，一方面在数学、天文、物理学都有永垂不朽的贡献。

中国的哲学家也有对大自然感兴趣的，如名家和道家，可惜并没有发展出自然科学的基本思想，比如严格的三段论证，也没有系统化地研究一般性原则。

我想中国基础科学不如西方，这与中西方哲学思想的不同有极大的关系。

西方哲学家追求的是穷理致知，中国哲学家追求格物致知。基础科学的精神在于穷理，中国一般学者更讲究应用。在今日中国的学术界，尤其是这三十多年来留学海外的华裔学者，有成就

298

的实在不少。但是领袖群伦，成一家之言的，却实在不多！有这样地位的学者，必须能够创造新的学问，新的方向，有自己的哲学来指引大方向。同时有决心、有毅力来穷究真理的本源。今日中国要在基础科学领域出人头地，必先学习基础科学背后深刻的哲学思想。

以人为本的中国哲学

我们现在来讨论中国古代的情形，并试图和古希腊做个比较。影响中国思想最深远的当然是孔子（约公元前551—前479），可儒家对基础科学的思想兴趣不大，子不语怪力乱神也。夫子有教无类的精神，影响了历代以来平民可以读书而至卿相的格局。儒家思想以人为本位。春秋鲁国大夫叔孙豹论三不朽——立德、立功、立言，却不谈大自然的事情。

在儒家的大师中，荀卿（约公元前298—前238）在楚国兰陵讲学多年，受道家的影响比较深。他一方面主张不可知论的唯理主义，但否认理论研究的重要性，而主张技术的实际应用。所以他说：

从天而颂之，孰与制天命而用之！

故错人而思天，则失万物之情！

故明君临之以势，道之以道，申之以命，章之以论，禁之以刑。故其民之化道也如神，辨说恶用矣哉！

荀子认为政府应该带领和指导人文的发展，老百姓是不必辩说的。这个观点和古希腊精神大相径庭。

既然不用辩说，科学无从而起，工匠技术得以发展。荀卿将儒家的正名移交政治权威时，已经十分接近法家。他的弟子李斯成为秦国丞相，作为法家的实践者，就不足为奇了。秦始皇焚书坑儒，春秋战国时代百家争鸣的局面，从此湮灭，最为可惜。

孔子继承祭祀先人的观念，主张服三年之丧，又说：三年无改父之业，可谓孝矣。历朝皆标榜以孝治天下，宗庙祭祀已经接近宗教信仰了。千百年来，孔子受到历朝皇帝的尊崇，中国主要的城市都有孔庙，儒家变成儒教，这对中国历史上基础科学的发展，也有影响。

和儒家对立的墨子（约公元前 479—前 381），主张兼爱和非攻。他精通筑城和防御技术，研究力学和光学。后期墨子开始注意实验科学基础的思想体系，这个想法可能是要和各家争辩取得胜利的缘故。

此后出现了战国时的惠施和西汉时的公孙龙，被史学家司马谈和班固尊称为名家。他们的著述大部分失传，《公孙龙子》一书，部分留存，还有一部分载在庄子书中。他们开始注意抽象的逻辑理论，发展了悖论。这些悖论和希腊芝诺（Zeno of Elea）的悖论接近。悖论有助于逻辑学的发展，可惜中国在这方面的研究远逊于西方。

在齐国，邹衍得到齐宣王的尊重，在稷下这个地方发展了五行学说和阴阳的观念。稷下学宫容纳几乎各个学派的学者。上述的荀卿在五十多岁就曾游学稷下，其他学者包括淳于髡、慎到、田骈等。在那个时候，楚国的兰陵，齐国的稷下，是天下学术中心，媲美古希腊时代柏拉图的学园。

邹衍提出的五行概念，是中国的自然主义，也是科学的概念。他们认为木克土、金克木、火克金、水克火、土克水，循环又周而复始。邹衍的学说很受诸侯的重视。《史记·历书》说："是时独有邹衍，明于五德之传，而散消息之分，以显诸侯。"又说："而燕齐海上之方士传其术不能通，然则怪迂阿谀苟合之徒自此兴，不可胜数也。"

虽然古希腊和中国五行学说有相似的地方，但是分歧更大。五行的概念也影响了炼丹术的发展。汉儒董仲舒等继续发扬五行之说。西方的元素概念从柏拉图开始，不断地通过推导、观察，形成现代的原子、化学元素的概念。中国的阴阳和五行学说，开始时是自然科学思维雏形，但是逐渐发展为解释人事的学说。

现在来谈道家。儒家和道家影响了中国两千多年来的思想，不可不研究它的内容。和道家有关的著作有老子的《道德经》、庄周的《庄子》，还有《列子》《管子》和《淮南子》。何炳棣先生认为都源于《孙子兵法》。事实上，道家应该起源于战国初期喜欢探索大自然之道的哲学家。他们认为要治理人类社会，必须对超出人类社会的大自然有深入的认识和了解。

道家也受到齐国和燕国的巫师和方士这些神秘主义者的影响。他们认识到宇宙和自身都在不断地变化。他们对于自然界的观察转移到实验，炼丹术成为化学、矿物学和药物学研究的开始。可惜他们并未将观察系统化，缺乏亚里士多德对事物分类的能力，又没有创造一套适用于科学的逻辑方法。这是很可惜的事情！

综观上述诸子，在春秋战国时，百家争鸣，影响了中国两千多年的思想历史。现在很多年轻人即使不在乎这段历史文化，却是受到它们的深刻影响而不自知。汉武帝独尊儒家，儒家享有至高无上的地位。此外，中国还受到道家思想的影响。魏晋南北朝时，基础科学获得空前的发展，刘徽注《九章算术》，祖冲之父子计算圆周率和球体积，以及《孙子算经》的剩余定理，都是杰出的数学成就。

东晋医学家葛洪（公元284-364）开创中国化学的研究基础。天文和地理（如《水经注》）都取得空前的进步。可惜隋唐以后基础科学不受重视，以技术为主要方向，清末遇到西方现代科学文化的冲击，才开始了解中土文化有欠缺的地方。

受到儒家哲学的影响，中国人对定量的看法并不重视，往往愿意接受模棱两可的说法。一个例子是，中国的诗词有很多极为隐晦的语句，其特点是富有意境！

但是当测量师、木工、建筑师、雕塑家、音乐家得到精细的数字时，中国古代学者对这些数字却没有兴趣去做深入的研究。从这点来看中国古代学者对科学的态度和西方不一样。

东西方哲学大相径庭，对人生的看法也不一样。

现代科学与希腊文化

西方的科学，都可以溯源到古希腊时代。从公元前 625 年到公元前 225 年间，哲学家辈出，穷理致知。到柏拉图和亚里士多德的时候，更将哲学范围扩大，包括讨论宇宙和人生的一切。

古希腊的科学观和宇宙观，在文艺复兴和人文主义开始时，由培根（Francis Bacon）和笛卡尔（René Descartes）发扬光大，影响到今日基本科学的想法，所以我们在下面纵述古希腊哲学家源流和中国哲学源流的比较，从中可以找到中国基础科学落后于西方的原因。

哲学的任务，在于聚集一切的事物，总结一切的知识，构成整个的宇宙观和人生观的基础。有系统的哲学研究，大致上从公元前 625 年开始。希腊哲学的奠基时代从这年开始到公元前 480 年（该年希腊海军打败波斯人，亦是孔子卒前一年）。公元前 625 年到公元前 480 年的早期希腊哲学，开始摆脱希腊神话的传统思维，转而探寻本源。这个时期分东西两派。

东派以泰勒斯（Thales，约公元前 624—前 546）为代表，他可说是古代第一位几何学家、天文学家和物理学家，开始了论证的方法，并提出世界本质的观念（idea of nature）。他生于米利都（Miletus），是米利都哲学学派的创始人。此地濒临大海，海洋变化多端，因此有好奇心来考究与自体相同而同时能运动的宇宙本质。他们认为物质之中，含有精神的要素。他们主张宇宙为生灭流转之过程，无始无终的大变化。

西派有爱利亚学派（Eleatic School）和毕达哥拉斯学派（Pythagorean School）。爱利亚学派的创导者是齐诺芬尼斯（Xenophanes，约公元前570—前475），他定居于意大利西南部的爱理亚，他认为构成宇宙的原始本质是不变的。这和东派相反。此派学者芝诺（Zeno of Elea，约公元前490—前430）是辩证法（dialectics）和诡辩术（sophistry）的始祖。

西派另一派为毕达哥拉斯学派。毕达哥拉斯（Pythagoras，约公元前570—前495年）是小亚细亚附近的萨摩斯岛人（island of Samos）。他在意大利南部的克罗多纳（Crotona）讲学，以神秘宗教为背景，此种神秘宗教盛行于色雷斯（Thrace）。每年有年会，狂歌狂饮，以图超脱形骸的束缚，谋求精神的解脱。毕氏的贡献以音乐、数学及天文学为主。

他们认为数是万有之型或相（form），并认为宇宙的实体有二，就是数与无限的空间。一切事物的根本性质和"存在"，是基于无限的空间之形成于算数的具体方式。数是"存在"的有限方面，而空间是"存在"的无限方面，真的"存在"即是两方面的联合，缺一不可。数是自然事物的方式或模范，它预备了"模型"（mould）。无限的空间则供给"原料"（raw material）。二者相合而万象生。

此派的宇宙观念，认为世界万有以火为中心，天体有十，绕火作运动，为后来哥白尼（Copernicus）的天文学说之源头。毕氏亦研究音乐，量弦之长短，以定音，是故音亦数也。值得一提的是，《易经·系辞下》中所谓"象"，实即form。谓：《易》

者，象也""圣人立象以尽意"。《易经》认为在变化的现象中，抽出不变的概念，而以简单的方式表达，是所谓象。这个观念和上述的数的概念很接近。

泰勒斯和毕氏学派均主张宇宙本土为一元之说，一派主变，一派主不变；一派主动，一派认为动是假象。为解决这些矛盾，遂有调和派的多元论产生。他们以为变易非变形，乃换位。是大块中各小分子的换位，生灭都不过是位置的变易而已。创造是新结合，破坏不过是分子的分散而已。

这段时期的希腊哲学家认识到知识界的有秩序和感觉界的无秩序。他们的秩序是研究天文学得来的。他们寻求的永存不变的原理，是在诸星单纯的关系中所发现的。

在公元前 480 年，雅典战胜波斯以后，希腊文明逐渐移入雅典，进入了希腊启蒙时代（the Age of Enlightenment）。这时由伯里克利（Pericles）执政，达 32 年之久。

这段时期，名家辈出：雕刻家菲狄亚斯（Pheidias），悲剧大师欧里庇得斯（Euripides）、埃斯库罗斯（Aeschylus）和索福克勒斯（Sophocles），历史学家希罗多德（Herodotus）和修昔底德（Thucydides），哲学家普罗泰戈拉（Protagoras）、苏格拉底（Socrates）和德谟克里特（Democritus）。

在这段时期，平民政治代替了贵族政治。问政需要知识，法庭申辩需要才智，因此学问要求也愈益迫切，同时更加普及化，对政治，对法律，对传统和对自己都加以批评，呈现了灿烂的奇观。

希波战争以后，文化得到自由发展。个人觉醒，由怀疑而批评的精神发展到了极点。由批评而入于怀疑的，当时叫作辩者（sophists）或哲人。由怀疑而再入于肯定的代表人物，则是苏格拉底（Socrates，约公元前 469—前 399）。他生于雅典，是这时代最重要的人物。他认为知识即道德，而道德即幸福。

哲人原文为智者，他们教授平民文学、历史、文法、辩论术、修辞学、伦理学和心理学等学科。哲人运动，长达百年。希腊小孩子学习体育和音乐，所谓音乐包括几何学、七弦琴、诗歌、天文、地理和物理等，16 岁起受教于这些哲人。

苏氏的主要继承人为柏拉图（Plato，约公元前 427—前 347），也是雅典人，仪表堂堂，好美术诗歌，师从苏格拉底 8 年，40 岁后在雅典郊外成立学院（academy），可说是教育史和学术史上之盛事！他认为有两个世界：理念的世界（world of ideas）和物质（现象）的世界，前者为至善，后者要达到至善，通过爱（Eros）人类于不完全中求完全的渴望乃是爱。

柏拉图之后，他的学生亚里士多德（Aristotle）集希腊哲学家科学之大成，他是亚历山大大帝的老师。他的学说，宏博无比，我们常用的三段论证法，即源于亚里士多德。

公元前 338 年腓力二世赢得喀罗尼亚战役，结束了希腊的独立。两年后，他被刺身亡。他的儿子亚历山大继位，在 12 年间征服了一大片土地，希腊文化走向了终结，而开辟了一个新的希腊化时代，他把希腊文化输送到了亚洲的心脏地带。他 33 岁去世。

亚历山大的朋友托勒密（Ptolemy）成为埃及的总督。他在公元前320年征服了巴勒斯坦和叙利亚。在希腊人的统治下，埃及成为东方和西方的融合处，亚历山大城聚集了马其顿人、希腊人、埃及人、犹太人、阿拉伯人、叙利亚人和印度人。因此希腊的城邦观念被世界主义的观念取代了，在这里建立了亚历山大博物馆，希腊文化因此移植到埃及来。

在这里诞生了欧几里得（约公元前325—前265）和他的《几何原本》。该书有13卷，前6卷讨论平面几何，第7卷到第10卷讨论算术和数论，后3卷讨论立体几何。这本书受亚里士多德公理化理论影响，将很多重要和已知的数学定理，用公理严格地统一起来，影响了基础科学的发展。牛顿和爱因斯坦都想用简洁的原理来统一说明物理现象，这也是《几何原本》所追求的精神。

在数论方面，欧几里得证明了一个漂亮的命题：素数有无穷多个。这个命题开创了素数的研究。他发明找寻最大公约数的方法，现在叫作欧几里得算法，至今还是一个很重要和实用的工具。

紧跟着欧几里得的大数学家有西西里岛上的阿基米德（约公元前287—前212）。他发明了穷竭法，从而计算各种立体和平面几何图形的体积和面积（例如球体和抛物线及曲线围绕出来的面积），可以说开近代微积分的先河。他用逼近法计算圆周率，还开创了静力学和流体力学，影响到牛顿力学的发展。

欧几里得和阿基米德以后，罗马帝国兴起，疆域横跨欧亚大陆，将希腊文化传播得更远。但从基础科学的观点来看，罗马帝国虽然击败了希腊，但被希腊文化征服了。波斯人和阿拉伯人倒是保护了希腊的文化，融合了古巴比伦人在代数方面的贡献，将之继续发扬光大。

近代基础科学萌芽于希腊，苗壮于文艺复兴时代。我们以上的论述，基本上集中在公元前625年到公元前225年这400年间的希腊文化，无论从哪个角度看，这是人类文明的极致，现代科学成功的基础。西方科学，由希腊留存下来的哲学引导，至于今日，大放异彩！这些事实，绝不是偶然发生的。例如古希腊哲学家基于哲学的观点而提出的原子理论，到目前还是基本上正确的。至于牛顿和爱因斯坦不同的观点，在于时空是静态还是动态，其实是希腊哲学家辩论的一个重要命题。

结语：科学面前，人人平等

科技的发达，固然是现代先进国家富强和持续发展最重要的一环。科技依赖于基础科学的发展。哪个国家能够领导科技，必将强大；哪个国家能够领导基础科学，其强大必定会历久不衰。科学家是有血有肉的人，所以基础科学需要人文科学来培养他们的气质和意志。

哲学是统摄这些学问的根源，基础科学需要哲学的帮助，才能不断创新前进。中国和古希腊大约都在公元前6世纪开始哲学的研究，但是由于种种不同的历史原因，中国在西方文艺复兴后，大幅落后于西方。这个问题需要从最基本的哲学观点着手，始能够解决我国科学工作者对于科学的基本态度，更深入地了解基础科学的价值观念。

在不同时代，中国学者表现的风骨并不一样。有时，中国人重人事关系，远比真理为重。如何解决这个问题是中国科学现代化的重要一环。在真理面前，人人平等！这个显而易见的科学精神，必须得到重视。

希腊亡于罗马，宋朝亡于蒙古人。亡国者的文化远胜于侵略者。但其实这是两个问题。最理想的状态是，一群人一生致力于文艺和基础科学的研究，另一群人做技术上的研究，还有人致力于将技术变成产业。几方面协力共进，社会和国家才会得益。

数学史与数学教育 [1]

> 真诚是学问之道的不二法门。

数学史的内容，除了它肩负的历史意义外，也应当说明数学的有机发展，不只注意于数学本身，也要顾及数学的外延，要追寻数学发生在怎样环境之下，如何扩散出去。

先父谈哲学史的说法可用在数学史上，因此数学史的目的可归纳为三个：

一是求因。美国哲学家 Walter Mavin 在 1917 年出版的著作《欧洲哲学史》(*The History of European Philosophy*, Macmillan, 1917) 中写道："任何时代的哲学都是文明进程的产物，或是时代变迁的缩影。"数学思想的产生不是凭空而来，因此需要穷源溯流，阐明产生此种思想的原因。

二是明变。数学思想变化至繁，但有一定轨迹，所以需要找

1　本文系作者 2005 年 11 月在丘镇英基金会上的演讲稿修订而成，原载于 2017 年 2月 13 日《数理人文》微信公众号。编者略有修改，增加文中小标题。——编者注

寻其发展的轨迹。

三是评论。我们要将各种数学思想加以客观的评价，对它们对当时及后代的影响、产生何种价值，作评价可以帮助学者发展自己的想法。

学以致用与中国数学

举个例子，我们约略谈谈中国数学史。从前人们总会谈到伏羲、隶首、河图、洛书这些传说。然而，真正重要的中国古代算学书籍是《九章算术》《周髀算经》和《孙子算经》，尤以《九章》为最重要。大略而言，此书非一时一人之作，成书当在汉初，刘徽在公元 263 年为之作注，已经谈到秦末汉初时张苍为之删补。而东汉郑玄、马续则传述此书。刘徽的注疏可能比原书更为重要，此书涉及二次方程、联立线性方程、勾股定理、圆与球之面积和体积，刘徽是第一个证明勾股定理的中国数学家。

《孙子算经》大约为东汉人所作，这是记载"物不知数"的算经，率先给出中国剩余定理，这可说是中国算学史上最伟大的创作。这个定理从命题到应用，都由中国学者首先提出，其重要性影响至今。

刘徽以 3 为圆周率，至祖冲之（南朝人，公元 429 至 500 年）则算圆周率值在 3.1415926 与 3.1415927 之间，这确是一个重要的工作，其方法与阿基米德相同。以后唐朝有王孝通著《缉古算经》，谈到二次和三次方程，然而未提解法。

南宋和元朝期间（12 至 14 世纪）则有李治、秦九韶、杨辉、朱世杰等杰出数学家。杨辉发现帕斯卡三角形定理，秦九韶发现霍纳算法，都比帕斯卡和霍纳早四五百年。总括来说，这一段时间数学以代数为主，尚有天元和四元术的发展。与阿拉伯和印度数学家应当有一定的来往，但需要更多的考证。

明清的数学与西方相差太远，无可观者。明末利玛窦和徐光启才开始翻译欧几里得《几何原本》前 6 卷。而中国学者虽然仰慕《几何原本》的推理方法，却无力吸取其精髓。到 19 世纪初叶，李善兰才将《几何原本》全部译出。

清朝数学家却花了不少时间，去整理中国数学古籍。一方面可以看到清代文字狱的影响，一方面也可以隐约看出学者心存"夷夏之分"，抗拒西方的思想。

当西方文艺复兴、百家争鸣的时候，明清政府却大力钳制思想。明成祖为了证明自己的正统，诛杀方孝孺，"天下读书种子，从此灭矣"。数学和有学问的数学家一直到近代，才得到比较多的尊重。

中国强调中体西用，以"拿来主义"吸纳了大量科学技术，但客观而理性的判断方法，即科学精神远未普及。"'家有敝帚，享之千金。'斯不自见之患也。"这是今日中国数学尚不及西方的一个原因。

纵观中国数学发展，基本上尊崇儒家"学以致用"的想法，对应用科学背后的基本规律研究兴趣并不大。在庄子、墨子和名家的著作中，可以看到比较抽象和无穷逼近法的观念。

《庄子·天下》："一尺之棰，日取其半，万世不竭。"但是这种观念在实际运算上没有表现出来，直到刘徽和祖冲之，才用这种方法来计算圆周率。《九章算术》的写作是用例子来解释数学，读者没有办法知道这些例子有多广泛，更不知道证明的来龙去脉。模棱两可的态度是其中的弊病。

在某种意义上，中国古代数学的主要活动，始终停留在实验科学的层次上，中国数学家对证明定理的兴趣不大。我们的文化强调人治的观点，以家庭、宗族为出发点，甚于考虑复杂的数学现象，可以用几条简单显而易见的公理来推导，这与希腊数学家的态度有显著的不同。

数学描述自然真理

毕达哥拉斯学派（公元前五百多年）以为天地万物都可以用数字来表示。他们率先指出假设和证明的重要性。在公元前300年，欧几里得的公理就清楚地指出，一切平面几何定理都可以由少数公理推出。这可能是欧几里得搜集了几百年来几何发展得出的结论。

欧氏公理影响了整个科学的发展。在物理科学上，引导了牛顿三大定律和现代的统一场论。在数学上，它使我们知道所发现的定理并非互不关联的事实，它们都可以由几条简易公理来推导。希腊学者在两千多年前已经为科学文明奠定了牢固的基础。

数学家历来对欧氏公理有很浓厚的兴趣，其主要的原因是欧氏公理找到了平面几何的精髓。以简御繁，才能搞清楚我们创造出来的数学概念的真正意义。中国画家画山水画，也是想用简单的笔法将画家心中的感觉表现出来。在很少几个公理的前提下推导来的结果，才能表达这些公理的内蕴意义。这个看法有如文学家作诗写文，干净利落，从简洁处看到作品的意境。近代数学的发展也往往在极为复杂的数学问题中，找到它精华的一部分来独立发展，完成一个可以概括很多现象的结构。中国数学家不大熟悉这样子的手段，堂庑不够宏大。

在数学每一个重要的环节都搞清楚后，就需要考虑它们交叉的意义和内容。就如一个交响乐团由不同的乐器和音乐家组合而成，由一个掌控全盘的音乐家来指挥。文学创作里的《红楼梦》也是如此：由很多不同的环节组合而成，这些环节有诗、有词、有祭文，各有重要的特色，而又环环相扣。在数学上，也是如此。数学家证明了不同而又重要的定理。这些定理可能都有它们的重要性，但真正成为一个数学主流的学问，必须将这些定理整合起来，成为一个有完整哲学思维做背景的理论，影响才会深入，这种学问才会有价值，能够流传后世！在数学发展史上，能够做到这样的学问的，除了牛顿发现微积分外，以后欧拉、高斯、黎曼、希尔伯特、庞加莱、外尔、韦伊等人，都能够做到这一点。我们要欣赏他们的工作，最好从他们的历史背景，来找寻他们做研究的踪迹。

还有一个有趣的事实，中国数学家几乎从来不用反证法来证明定理。大概原因：反证法虽然可以指出定理的真实性，却无法得出实际的应用。在欧几里得证明存在无穷多个素数时，西方数学家已经知道反证法的威力。古代中国学者对逻辑的运用远不如西方，对纯粹科学真理的兴趣也不如西方。

希腊数学家对数字、对几何图形有无比的热情。毕达哥拉斯以为整数和有理数可以决定天地的一切，因此研究弦的长度和音调的关系。当他知道直角三角形两边长等于整数一，斜边却是无理数时，大为失望，传说他学派中有人自杀！这是因为毕氏学派是一个哲学团体，他们有一套描述宇宙的想法，但又不得不接受严格推理的结果。但是数学家接受了无理数的存在，并在它的基础上，发展了数学分析这门学问。古代的中国数学家不在乎无理数这种概念，要到20世纪才发展数学分析。现代电子计算机的发展，却大量地运用数字的威力，正好印证毕氏学派万物皆数的想法。

阿基米德研究流体静力学，他在洗澡发现浮力原理时，高兴地跑到街上大叫"Eureka, Eureka（我找到了，我找到了）"。当时他忘记了穿衣服。这种为科学而无比兴奋的心情，恐怕在今日中国的科学界很难找得到了。我记得小时候听我的中学老师黄逸樵讲说阿基米德这个故事时，自觉"大丈夫，当如是"。

我们看伟大的数学家牛顿、莱布尼茨、欧拉、高斯，他们对数学的高瞻远瞩，令人钦佩。他们有强烈的好奇心，为找寻科学真理而努力。他们不在乎他们的研究对政府或对社会有何帮助，也不见得很在乎经费和奖金。但是他们开创的数学，不但流芳百世，也是近代西方文明的支柱。

我从前阅览欧拉的著作，他个人写了 60 多本书，大部分都是开创性的工作。他有 13 个小孩，一边抱小孩一边著作，到晚年时更瞎了眼睛。他的创作，无论在纯数学或应用数学方面的贡献，实在是极尽丰满。

完美复数与现代数学

明朝初年，欧洲文艺复兴之时，在科学界一个极为重要的问题，就是求解三次和四次方程式。这看来是小事，却是数学家第一次理解到复数的重要性。我们来看二次方程：$x^2 + 1 = 0$。很明显，只要 x 是实数，方程左边一定大于零，所以方程无解。对中国古代数学家来说，似乎没有理由去继续讨论这种没有解的方程。但是欧洲数学家追求数的完美性质，就假定上面这个二次方程有一个非实数的解，称之为虚数，同时要求这个虚数和普通实数混合在一起，同样做加减乘除，得到所谓复数域。他们因此得到一个奇妙和惊人的发现：虽然有的多项式没有实数解，但是所有多项式都有复数解，同时解的个数刚好是多项式的次数。

从方程的角度来说，这个复数域是完美的，也是古希腊哲学家所乐见的。很多中国古代数学家大概认为我只想知道现实界的解，不想研究这种虚无的复数域。但是欧洲数学家发现在研究自然界的数学现象时，复数域不但会增强我们理解实数的能力，它已经成为数学的本体。欧拉用复数来解释三角函数，傅里叶用它来解释波动现象。在数论中，高斯、黎曼和之后的学者，广泛应用复函数和复数域深入研究素数的性质。事实上，用一句简单但不算夸张的话，中国古代数学，甚至可以说中国古代科学，落后于西方的一个因素始于复数理论在西方的萌芽。

要求数学体系或者其他科学体系完备化的想法，根植于希腊哲学，影响到今日数学的发展。韦伊和格罗滕迪克建立了一套完备的代数几何结构，初看时，极度玄虚，结果却极大地推动了数论和几何的研究。这是一个追求完美而有大成就的极好例子。我的老师陈省身先生刚开始研究示性类时，想解释苏联数学家庞特里亚金在实纤维丛的工作。结果发现在复纤维丛时，理论更加完美，完成了陈氏类的工作。从这点就可以看出追求完美的哲学观点的重要性。

中国学者少有注意数学发展的历史和支持数学的基本哲学，大部分萧规曹随，解决一些问题而已。但是理论如何叫作完美？它有它的客观性，也有它的主观性。很多学者发展了一套长篇的理论，看似漂亮，却是越来越玄虚，结果无以为继。这是和自然界的真与美愈来愈脱节的缘故。当年我和我的朋友们发展几何分析，就坚持我们必须要有理论，要有长远的看法。但是在这个基础上，我们的理论必须要有能力来解决具体的问题。一般来说，这些问题必须是自然界产生的问题。

学问大流，真诚为源

今日中国科教兴国，科技创新，必以数学为基础。数学在现代社会的影响，可谓无远弗届，上至天文、物理、生物，下至网络、社会人文，都和数学有关。可以预见的是，21世纪大国的竞争，必和科技发展息息相关。谁能掌握科技上流，谁就主导经济和军事的走势。但是科技的上流，却不是解决几个问题就可以完成。我们要有前瞻性的胸襟和理想，才能引领风骚，领导世界。

要做到这一点，我们需要深思我在前面说的求因、明变和评论，才能了解到学问的大流，才能知道如何去赏析数学的真实意义。数学从自然界、从各种学问吸收真和美的真髓。没有深厚的文化和感情，很难做到这一点。既要执着于中国儒家以人为本的精神来看数学，即数学家需要承担起发展数学的责任，也需要接受希腊哲人对真和美追求的狂热精神。当读历代大数学家的生平和研究方法时，我们会知道数学思想的始源。因此在接触到美丽的自然现象时，会有自然的反应，可以开创新的思维。中国不少学者太注重名和利，一生的目标不是做院士，就是得到政府赏赐的奖金和名誉，而并非学问的精进。

孔子说："吾未见好德如好色者也。"在今日的社会，除了好色之外，还当加上好名和好利。然而孔子也说："后生可畏，焉知来者之不如今也？"我相信中国的青年是有为的，我们应该为他们树立一个好的榜样，历史上的伟人都可以作为他们的典范。

《中庸》说："唯天下至诚，为能尽其性；能尽其性，则能尽人之性；能尽人之性，则能尽物之性；能尽物之性，则可以赞天地之化育；可以赞天地之化育，则可以与天地参矣。"真诚是学问之道的不二法门。愿我们能以谦虚真诚的态度，来追随数学先贤们开创的道路。

善哉，天地立心

求真书院 2021 级本科生开学典礼致辞 [1]

> 我们所谋者大，是要为数学创造新的天地。

各位嘉宾、各位同学：

今天很高兴来主持求真书院的开幕礼。

求真书院是中央特批成立的，可以说是我一辈子要做的最重要的一件事情。我从发表第一篇数学论文至今差不多 50 年了，自小我便把数学看成一生的事业，努力不懈，期望为这门学问增砖添瓦。现在回头看，虽然不能说做了很伟大的工作，但贡献总是有的。我很喜欢培养年轻人，不仅是中国的，也培养国外的。我也殷切期望祖国的数学能够强大起来，领导世界数学的潮流。近年来，我国数学以惊人的速度发展。坦白讲，50 年前我无法想象，我的期望能在有生之年实现，现在看来却指日可待。虽然每年我都会抱怨种种不足，但抱怨归抱怨，国家发展的大方向在

历任国家领导人的掌舵下始终朝着正确的方向迈进，国运昌隆是我一辈子最高兴看到的事情！

当前，中央给我们的任务，是要将中国的基础数学提升到世界领导的地位，可说是任重道远。要达成这任务，除了依靠多年来积累的经验和政府的支持外，还要靠社会、企业、朋友的支持。今天在座的就有好几位数学界的朋友，人工智能研究领域的张钹院士，还有无法亲临现场的经济学领域白重恩院长，物理系的老师们，帮忙教授学生诗词的王玉明[1]院士，等等，我铭感五中。为了支持求真书院，我们成立了一个基金会，得到企业界很多老朋友的慷慨支持，这使我十分感动。我们书院的顾问也贡献良多，具体的工作就不在这里细数了，总之那是很重要的事情。让我向他们致以最诚挚的感谢！我们要走的路还很长，但是我们有很好的开始。

杨乐院士和我是老朋友了，对中国数学我们具有相同的理念。1979年中国改革开放，杨乐院士在中国科学院数学领域诸多筹划，我亦有幸参与其中。席南华院士是现在中国科学院数学学院的院长，我们尽力配合数学学院的工作。培养年轻小孩，清华大学比较合适，同时也比较全面，我们期待和科学院合作的机会。

为什么要说1979年很重要？那年我初次回国访问，当时中国真是"一穷二白"，不但是经济上如此，学术上也一样。我们在

---

1 王玉明（1941— ），号韫辉，吉林梨树人。清华大学机械工程系教授，中国工程院院士，中华诗词学会顾问，北京诗词学会副会长，有"院士诗人"之誉。——编者注

中国科学院成立了一个晨兴研究中心，训练了大批年轻人。现在很多学者，包括北京大学、清华大学、复旦大学以及很多地方院校的老师，都是经过晨兴研究中心的培养成才的。这批研究人员有的到了海外，但不少又回来了，对我们帮助很大。2009年，我开始在清华办数学中心，从海外引进一大批年轻学者，也提拔了不少国内年轻老师。这一批学者是今天求真书院的重要资源。求真书院要向前走，没有他们是不行的。正因为我们有了这样雄厚的基础，我才有胆量跟中央提出开办求真书院。教育机构最重要的环节是师资，何况我们要培养的是数学科学的领头羊，面对的不仅是中国而是整个世界。我们期望求真书院的学生目光远大，卓尔不凡，能够"独上高楼，望尽天涯路"。我希望你们了解，不管是今天成为一个"网红"，或是明天人们讲你很了不起，这些都不是我们看重的事情。我留意到，最近有些自媒体开始赞扬我们的同学，你们不要受到他们的影响，因此骄傲自满。

我从中学开始就立志做学问，到现在50多年了，从来没有想过要出人头地。一直到我完成重要工作后，我才愿意接受人家访问。古语有云：满招损，谦受益。你们要常常惦记着，前面还有长远的路要走。你可以在奥数中出人头地，勇夺金牌，但并不意味着什么，你只不过能够做好人家给你的题目而已。真的要对数学有所贡献，是要你自己开拓出一条新路，使其他人翕然跟随，开新风气，得新成果。工作能名留史册，垂百世而不易，这才是重要的工作。伟大的工作不要期望于一两年内完成，花的时间会更长。

从前，我们没有能力做这件事情。可是，经过过去 40 多年在科学院和清华的准备，我们有信心再上一层楼了。无论中外，数学界都认识到中国的数学水平已非吴下阿蒙，它有能力自己培养一流的人才，甚至成为世界数学的领导者。这种看法对国外顶尖的数学家也有所启发。随着专业水平和经济能力的提升，来华长期讲学的国外学者也日渐增加了，其中包括考切尔·比尔卡尔（Caucher Birkar）教授。他是第一个到我国长期任职的菲尔兹奖得主。还有好几个大师都接受我们的聘请。他们不是一窝蜂凑热闹的，由于环境差异需要适应，他们来中国任教是经过全盘考虑的。学校拥有卓越的学生和年轻的老师，一派欣欣向荣的新气象，这样才能够吸引国际知名学者到来。

比尔卡尔教授和其他大师的到来，展示了我们的实力和潜力。我对未来充满信心，希望同学们也一样充满信心，家长、中学老师、大学老师也要了解我们的目标。我们所谋者大，是要为数学创造新的天地，而非奥数之类相对小的事情。

数学是基础科学，基础科学往往能衍生重要的作用，大大有益于社会和工业。我重视数学的应用，欢迎其他领域的学者专家前来帮忙。我很高兴邀请到张钹院士来讲授人工智能跟数学的关系。数学在人工智能的研究中发挥着重要的作用，我希望求真书院的学生将来能在这方面有所贡献。有些研究纯数学的同事认为应用数学会破坏纯数学的学风，我本人不这样看。当然，我总希望我们的基础数学要做得特别好，不是普通的好，能够跟全世界的主要院校竞争。坦白讲，这一批大师进来以后，清华的师资不比哈佛大学差。我在那边做了35年的教授，到了今天，我们有信心能够跟他们比较，希望同学们了解这一点。我们是基础数学为主，应用科学为翼。基础打得好，应用也能得心应手。

事实上，我觉得大学的训练应该是通才教育，比如物理对数学就有很大的影响。同时，我们还需要有人文方面的修养，质木无文成不了大师。我很鼓励你们去研习诗词、历史等，以提高个人的学养。早前我带你们去安阳、西安等地参观，目的也在此。我们培养的是通才，不是读死书只懂一门学科的饾饤小儒。

我们的志愿是很恢宏的，是和国运息息相关的。英明的中央领导看到这一点，所以对我们大力支持。我向中央提出的需求都得到很好的回应和落实，希望你们了解自己所在的位置，你们前途是一片光明的。无论是现在做学问还是以后做事，都会得到国家的支持。如果有的人将来要到企业发展，也会得到企业的支持，我们在座就有不少企业界的朋友。但愿5至8年后，求真书院的学生开始脱颖而出，在社会上头角峥嵘。

我从进大学开始到写出第一篇论文，花了不过4到5年功夫。跟你们接触以后，我觉得你们比我聪明，和我刚进大学时相比，我比不上你们，所以我能在5年内发表文章，你们也有这个能力。我所说的论文要有实质的内容，引起名家关注，同行议论，我希望你们在5至8年内有此成就。这样不但你的父母师长，连中央也会很感动。发表卓越的论文，得到世人认可，这就是我们成功的标志，而不是拿了什么奖。我们也不需要跟别的院校竞争，我们关心的是学问上的成就，这是我对你们的期许。

今天讲到这里，谢谢大家！

求真书院师生开学典礼合影（照片来源：清华大学求真书院）

求真书院首届成人礼上的讲话 [1]

> 通过自己的努力而完成的事情，比世界上的荣华富贵都来得重要。

首先，我很感谢老师们今天的安排，演示了冠礼和笄礼。儒家的思想以礼为主，先父是研究哲学的学者，我很多学问是从他那儿学来的。刚才我看到了冠礼和笄礼，颇有感触。

礼必须出自内心。行礼时，因为心中向往，礼仪才有意义。记得小时候喜欢看《史记》。司马迁写到孔子的时候，说："适鲁，观仲尼庙堂、车服、礼器，诸生以时习礼其家。"司马迁并不是儒家，但他尊崇孔子，到鲁国游历，观看周礼，留下深刻的印象。熟悉礼仪背后的内容以后，儒生们才知道如何去维持社会上的秩序和儒家讲求的中庸之道。

---

1 本文系作者 2021 年 12 月 10 日在清华大学求真书院首届成人礼上的讲话整理而成，刊于 2021 年 12 月 26 日《数理人文》微信公众号。经作者授权，编入本书。略有修改，标题由编者所拟。——编者注

我再讲一个较少人知道的故事。故事见于《史记》和《资治通鉴》。汉朝的开国君主刘邦出身只是个小小的亭长，文化程度低，不太讲究礼法。他常常骂儒生，甚至把儒生的冠抢过来，在上面小便。可是他当上皇帝后，便接受了儒生叔孙通的提议，制订了朝廷的礼仪。看见大臣在朝堂上有秩序地揖让进退，他不禁高兴地说："吾乃今日知为皇帝之贵也。"今天表演的礼仪本质上是对人伦的尊重，通过这个礼，你们懂得尊重自己，也要诚恳待人待物。

孔子说："出门如见大宾，使民如承大祭。己所不欲，勿施于人。在邦无怨，在家无怨。"我们对所做的事情，总要持着诚恳的态度。如见大宾，即我们对交接的人，抱着尊重的心态。心诚则明，这是很重要的事情。

我小时候念的培正中学是所基督教学校。新学期的第一天，大家要唱一首歌叫《青年向上歌》。记得歌词中有两句话，第一句是"我要真诚，莫负人家信任深"。首先要让家长、朋友信任自己。刚才听到家长们真挚的寄语，这并不是随口说来的，你们要慎而重之地记下来。父母一辈子的愿望都寄托在你们身上，所以要时刻把"我要真诚，莫负人家信任深"放在心上。接着的一句歌词是"我要刚强，人间痛苦才能当"。人成年了就要独立自主，不再是父母庇荫下的小孩，不要碰着问题都找父母解决。在未来漫长的日子里，你们会遇上很多很多难题，所以必须刚强，人间的痛苦才能承受。

我 14 岁时父亲去世了，比你们早晓得人情冷暖。这是一辈子的痛苦，但是也是我成熟的关键。真诚和刚强是我成功的主要原因。今年刚好是我母亲 100 岁冥寿，我很怀念她，她对我的一生也很重要。她对我的期望很大，我的姊妹兄弟对我期望也很大，期望我成为一个有用的有学问的人。我没有忘记他们的期许。我没有求名也没有求利，主要做学问，也就是当年立下的志愿，到今天都没有改变。到现在我还是不忘初心。我活得愉快，过去虽然遇过很多艰难困苦，但我处之泰然，只因我相信只要坚强面对，永不言败，问题便可以迎刃而解。父亲去世到现在差不多 60 年了，我没有惧怕过任何事情。同时我也很小心，有错必改，绝不畏缩。我希望你们也好好想想：每个人都会有这样或那样的不良习惯，这些不良习惯对你们的人生有很大的负面影响，你们要狠下决心把它改正过来。

现在你们成年了，要学习如何从失败中站起来，这是非常要紧的。人生不如意事十常八九，假如失败对你来说都不是挫折，总可以跌倒后站起来，抱着这样的态度奋斗，就一定会成功。人成功时，风光一时无两，媒体夸奖你，讲很多溢美之词。事实上，真的成功往往经历很多次失败，其中痛苦，如人饮水，冷暖自知。若不能从失败中站起来的话，就永远成功不了。伟大的事业没有可能不先经历失败的。证明一个伟大的定理，往往失败过五十次，甚至一百次，最后一次才成功。没有痛苦，就没有成功。

但是这里所谓的痛苦，并不是真正的痛苦，而是困难。因为就是通过这种"痛苦"，我们才能了解定理证明的关键在什么地方。若不了解困难的地方在哪里，就无法完成伟大的事业。没有经过"痛苦"，或者不晓得那些伟大数学家——高斯也好、黎曼也好——他们走过的路、经历的艰难险阻，就不能真正地欣赏美妙之所在。

我看传世的论文和著作，刚开始时总觉得不难。但当我进一步思考，如果当时面对这问题的是我，路应该怎么走？就会发觉其实比想象要困难得多。每一件成功的事都要付出。但是你要知道付出努力，投入最美妙的地方，才让你快乐，让你成功。

每天早上，王玉明院士会寄一首他写的诗给我看。他不停地修改，一直到他认为完美为止，最终出来的诗也真的很美妙。所以，做事一定要经过很多奋斗，克服很多困难，才能让自己高兴和满足。

我常常说，通过自己的努力而完成的事情，比世界上的荣华富贵都来得重要。有些人做很多不应当做的事情，最后成功了，至少表面上如此。我并不欣赏他们得到的荣华富贵。我真正欣赏的是通过自身努力，发挥自身能力所完成的事情。

我一辈子花了很多功夫，也做成了一些事情，并不见得达到我最满意的程度，但是我很高兴。我今年70多岁了，我觉得自己一生都很快乐。不是因为赚了很多钱，我也不缺钱，始终不会因为钱而高兴。我觉得因为我自己努力而成功了，才是让我真正高兴的事。我期望你们今天成年也明白这道理，不忘初心，牢记使命。

清华大学讲席教授就职演说 [1]

> 为了认识数学的本质，我们必须要有求真求美的精神。求真求美，必须修身养德。修身才能自强，养德才能致远。

今天，本人十分荣幸受聘为清华大学讲席教授，并作就职演说。

科学史上最著名的就职演说，是 1854 年大数学家黎曼在德国哥廷根大学发表的，这个演说奠下了现代数学和现代物理学的基石。演讲后黎曼的老师高斯极为兴奋，因为它解决了高斯一直想解决的问题，而高斯一般被视为历史上最伟大的数学家。

我的论文导师陈省身先生是清华大学数学系第一届的研究生。我认为他是中国历史上最伟大的科学家，他的成名作就是从研究高斯的著名公式开始的。到了今天，他的工作覆盖了数学和

1　2022 年 4 月 20 日，丘成桐先生清华大学讲席教授聘任仪式在清华大学举行。本文系作者在聘任仪式上发表的就职演说，刊于《数理人文》微信公众号。文章内容编者略有修改。——编者注

理论物理的几个大方向。

本人的工作，也是一辈子在学习黎曼和陈先生。我们师徒二人都以高、黎为师，高山仰止，景行行止；虽不能至，然心向往之！

今天做这个演讲，我不敢东施效颦，也没有能力做出像黎曼般开天辟地引领科学发展的演讲。陈先生去世已经差不多二十年了，我还记得五十一年前，他六十岁时送我一本他的新作，书上题词：

余生六十岁矣，薪传有人，愿共勉之！

今天，我接受清华大学的聘请，回到陈先生的母校任教，为祖国、为全球数学界培养人才。薪火相传，先生泉下有知，当感欣慰。

十年前陈先生百岁冥辰，我写过一副对联来纪念先生：

传薪赠籍，墨迹犹存，相期未负初志；
示性入微，几何丕变，自度无愧师承。

陈先生留给我的，还有另外一个使命，那就是为祖国、为全球数学界培养数学人才。因此，我在清华大学成立了数学中心。十二年来，老师同寅群策群力，砥砺前行。现在，与世界其他数学中心比较，我们已居前列。

去年清华大学成立求真书院。从初中及高中学生中物色人才，培养引领天下数学之精英，期以八年有成。于叱咤学海之余，扬炎黄之威名，慰先烈之厚望，岂不伟哉！

回顾科学史，欧拉、拉格朗日等人以牛顿、莱布尼茨的微积分为工具，开创了数学分析这门数学，从而导致近代力学及工程学的发展，成为工业革命的基础。高斯和黎曼则开始了物理学几何化的宏大构想，将微分几何和复变函数的理论发挥得淋漓尽致，促进了19世纪到20世纪之交电磁学和相对论的发展。到了20世纪初，爱因斯坦和外尔更进一步，将引力场和物质场几何化。现代物理学家根据这理论在20世纪70年代完成标准模型，人类的智慧发挥至此，可谓尽善尽美了。

司马迁说："先人有言，自周公卒五百岁而有孔子。孔子卒后至于今五百岁，有能绍明世，正《易传》，继《春秋》，本《诗》《书》《礼》《乐》之际？意在斯乎，意在斯乎，小子何敢让焉！"

今天的清华大学，汇集了天下的英才，沟通学术，继往开来。陈省身老师领导群英，经过近百年的努力，已经将中国数学带进新的台阶。我殷切期望清华学子，能立大志，和世界各地俊杰携手，究天人之际，觅数学真理。

我认为21世纪的科学走向，现在虽然是百舸争流、群贤竞技，但始终会万流归宗、万学归一。能够导致这伟大成就的，不会是一人一时之力。惟我中华子弟，在这个历史时刻，秉承文王演易推变、周公制礼作乐的精神，同心勠力，同兴中国筹学大业。

我在不同的场合阐释过数学的本质：数学是唯一与时不变的真理，数学的真和美将引领百科，带动科学走向世界的最前沿。

数学家盼望的不是万两黄金，也不是千年霸业，毕竟这些都会成为灰烬。我们追求的是永恒的真理，我们热爱的是理论和方程，它比黄金还要珍贵，它比权力还要真实，因为它是大自然表达自己的唯一方法。它比诗章还要华美动人，因为当真理赤裸裸地呈现时，所有颂词华章都变得渺小。它可以富国强兵，因为它是所有应用科学的泉源。它可以安邦定国，因为它可以规划现代社会的经络。

为了认识数学的本质，我们必须要有求真求美的精神。求真求美，必须修身养德。修身才能自强，养德才能致远。

非学无以广才，非志无以成学。年与时驰，意与日去，有志者岂可不慎！国家兴亡，匹夫有责。数学家究天人之余，也要为万世开太平！

勉之哉！勉之哉！同学们！

2022 年 4 月 20 日

崇高惟博爱，难忘初本；
本天地立心，牢记使命 [1]

人生一世，除了赚钱饮食糊口外，还有很多值得做的事情。有人探索自然的真和美，有人寻求心灵和自然的交流，有人致力建立美好和谐的社会。自强不息，止于至善，这样才不负此生。

纪念崇基学院创办五十周年（1951—2001）

五十载情怀母校，吐露寻往迹。

十万里心悬故国，马鞍载豪情。

（作于 2001 年 10 月 27 日）

以上是我在崇基学院建院五十周年纪念日写的对联。当时我

1　本文系作者 2022 年 4 月 22 日为崇基学院成立 70 周年研讨会作的主旨演讲（线上报告），刊于 2022 年 4 月 24 日《数理人文》杂志。编者略有修改。——编者注

在海外，没有办法参加典礼。蒙老朋友李沛良院长的邀请，写下这几句话。听说李院长很高兴，当场朗读了我怀念母校的心意。

离开母校已经五十三年了。崇基礼堂前清澈的小溪依旧在树林中静静流淌，只是当年碧波荡漾的海湾已经被尘土掩盖了。记得 1969 年 6 月，崇基学院容启东院长颁予我毕业文凭。但是要等到 1980 年 9 月，我才从马临校长手上领到大学荣誉博士证书，这是因为我在中大就读只有三年，而中大又坚持四年制。对我来说，1969 年没有取得中大的毕业证书，是很自然的事情。"嘉会难再遇，三载为千秋"，中文大学三年，师长和同学的坦诚交流和支持，我终生受用，至为感激。

记得大一有门必修课，要求阅读沈宣仁教授的书。在其中一本书中，提到希腊英雄亚历山大的一句话：父母生我，我亦以此为荣。今天，我也要同样说：中文大学孕育了我，教我为学做人的道理，我亦以此为荣！我父亲、哥哥和弟弟都在崇基学院待过，无论是教书或读书，都和今天我站立的土地有着密切的关系。无论在课堂上或课堂外，都回响着老师的教导，同学的激励。无论在操场上，海滩上，高山上，都有我们嬉戏的踪影。

当年数学系一年级只有十名学生。我的中学同学黄焕正是其中一位，其他同学有萧煜祥、高锦昭、潘贺琼等。萧子在香港中学教书，活跃于教育界。一年级的老师则有谢兰安、苏道荣、曹熊知行、周庆麟等人。

我和周先生比较熟悉。他刚刚从纽约大学柯朗研究所（Courant Institute）回来，我常常到他办公室和他讨论学问，开始对现代分析学有比较深入的了解。他和柯朗所的应用数学大师Paul Garabedian 颇有过从，他将 Garabedian 亲笔签名的著作转送给我，我十分感激。当时他家在香港岛，虽然比较远，但是还有机会去拜访，印象深刻的是他家养了八只猫，气味很重。

谢先生是系主任，教我们线性代数。我记得数学系一年级、二年级和物理系二年级、四年级的同学一起上课，用的课本是Nering 编写的教科书。谢先生遇到困难，往往由助教陈伟仲帮忙解释。我的表现还不错，高年级同学开始对我另眼相看。

高年级的同学有刘国焜、吴启宏、蔡文端等人。蔡文端以后留校，当了两年助教，再往多伦多深造。他在算子代数的领域很有成就。他的弟弟是我的妹夫。

除了数学外，必修的还有人生哲学。第一年由沈宣仁老师指导，比较注重西方思想。第二年由劳思光老师讲授儒家和老庄哲学，精彩绝伦。三十多年后，劳老师退休到了中国台湾，我有幸能帮忙推举老师为"中央研究院"院士。

国文老师为黄继持先生，教孟子，也讲古代文学。英文由刚从香港大学毕业的何少韵老师负责。她举止温文，谈吐优雅，吸引了不少男士，包括音乐系的一位同学。听说她以后成为香港有名的诗人。英文课上了两个月后，她忽然说我不用再上课了，原因是我大半年前考了英国的 GCE，结果公布，我考试及格，可以免修英文了。离开英文课，倒有些依依不舍。我学外语的资质平平，法文、日文也曾尝试，但都不成功。

第一年的物理和体育老师，分别是冯士煜和李小洛。当时理学院院长是张雄谋教授。他和我的中学老师张启滇写过一本中学教科书，他也认识我的父亲。但我自忖做实验不行，因此敬化学而远之。普通物理倒是修了，老师教得也不错，只是实验室的仪器太差，大部分生了锈，没法将实验做好。第二年修电磁学，我学得不错。老师叫作张岳峙（BY Chang），二十多年前他路过波士顿，刚巧我不在，错过了重聚的机会。我在普林斯顿工作时，有时不在城中，母亲会将房子部分出租。张老师的公子就曾当过租客，我和他见过一次面。他正在攻读凝聚态物理，是个优秀的人才。

崇基学院靠山面海，环抱着一个运动场。由于欠缺泳池，游泳课干脆就在海里上。广九铁路沿着海岸伸延，沿着路轨便可走到其他海滩。一路山清水秀，使人心旷神怡。火车站就在校门边，顺着另一头的小路走，不久就见到一个小码头。从那里坐船，可以到对岸的马鞍山。码头对开有一个浮台，人们可以在码头和浮台之间畅泳，生活惬意得就如在夏威夷度假。很自然地，它成为男女拍拖的好地点。不幸的是，有一对学生情侣被劫，男同学为了保护女同学，不幸丧生。噩耗传来，大家都黯然神伤。

入大学后，有机会接触到更多数学书，我花了不少时间去借书，也在阅览室看。不久，便和那位年轻的管理员熟悉了。他会给我介绍一些新书，也会八卦告诉我哪位漂亮的女生借了什么书，奈何我还在懵懂年华，没什么反应。

二年级时，系里来了几位新教师，使我们十分兴奋。美国Berkeley 的 Stephen Salaff 和伦敦大学的 Turner Smith 刚刚得到博士学位，再加上本来在崇基学院的 E.J. Brody，使学院的水平跃升至新的平台。同一时间，联合书院也聘来了两位剑桥和两位 Swansea 的博士。中文大学的数学水平有如此的飞跃，应归功于李卓敏校长的卓越领导。

大二开始不久，我基本上已经完成了这一年的课程。得到系主任 Turner Smith 的允许，开始修三四年级的课。我和上述三位老师都有密切的交流。交流最密切的是 Salaff，我时常在他的课堂上提出意见，甚至帮他完成定理的证明，因此他对我的印象深刻。他邀请我每星期两天上他家讨论数学，并一起准备上课的讲义。如此过了几个月，他认为我已经有足够知识去念研究院了。

Salaff 花了不少唇舌，试图说服中文大学让我早一年毕业。可是这并不容易，李卓敏校长认为只有天才才可以破例。他找了香港大学的黄用谂教授来考我。黄教授和我见面后，认定我不是天才，因此中大决定不让我早点毕业。但是 Salaff 没有屈服，双方僵持不下。我对此竟一无所知。

在这期间，我哥哥身体突然出现极为严重的问题。当时他在崇基中文系，比我早一届。当时我的家境不好，很感谢崇基学院的同学，在最危急关头，学生会副会长邓若韶深夜到容院长家中求救，并且筹钱送我哥哥入医院。我哥哥在三十八年前去世，但是同学们的深情照顾，使我感动至今。邓若韶是一位举止文雅的中文系女同学，以后和一位美国学生 Mike Ipson 结婚，他是体育健将，后来没有联络。

Salaff 教授知道我家境不好，而助学金又微薄，远远比不上其他同学，于是向校长要求增加补助，但是学校不同意。卢惠卿老师是学生辅导处主任，我跟她学了一年太极拳。为了资助我，她找来了几位想学太极拳的老师，让我来指导。学生中有好几位是美国来的大教授，有一位叫 Dr. Runyan 的，她和她丈夫对我特别好。我也常常到他们宿舍走动，聊聊时事，很有意思。Dr. Lo 训练了一批杨派太极的学生，虽然我心中认为这是花拳绣腿，但是居然作公众演出！学习太极也引起我对瑜伽的兴趣，弄到了一本书，自己练了一阵子。

由于我上的课大部分和高我一班的同学在一起，我的朋友多半在这一班中。熟悉的有谭联辉、马绍良、林添波、梁励梅、彭鉴洒、潘铭燊等人。谭联辉以后成为一流的几何学家。彭鉴洒念经济，后嫁给李沛良（后任崇基院长多年）。潘铭燊来自中文系，他在伯克利成为我的室友。

我读三年级上学期时，正如上面所说，在没有告诉我任何原因的情况下，李校长安排我到香港大学接受黄用诹教授测试，认定了我不是天才。于是 Salaff 把我的情况告诉了他在伯克利的朋友 Sarason 教授，并建议我申请伯克利研究院。为此我花了不少功夫，考了各种必须要考的试，崇基学院的老师们都很帮忙。十二月投寄申请表后，引颈以待，终于在 1969 年 4 月 1 日接到通知，伯克利接受我的申请。我们一家人都很高兴，尤其是我母亲，守寡多年，终于见到出头的曙光。低我一班的邓植唐听到后，跑来跟我说："你听过 Fields Medal（菲尔兹奖）没有？"我说："没有。"他消息灵通，向我解说这个奖。我也没有怎么上心，直到 1979 年，才了解到自己可能有机会得到这个奖项。

回过头来说说这年发生的事。李校长告诉 Salaff，要像华罗庚这样的数学家才算是天才。Salaff 因此对华罗庚大感兴趣。我在中学时就读过华先生的书和文章，为了满足 Salaff 的好奇心，我花了不少功夫翻译华先生的作品，并且到处寻找有关他生平的书籍。我到 Berkeley（伯克利）后，Salaff 也回去了。他访问了华先生的老朋友陈省身老师，从而得到一些内幕消息。于是他洋洋洒洒地写了一篇华罗庚传记，内容都很正面。但是这篇文章出版于特殊期间，不知道对于华先生有没有负面的影响。不过，以后听说华先生对我很欣赏，和这篇文章有关。

Salaff 想要将他的常微分方程讲义出版，提议和我合作。我们参考了不少书籍，远远超过课堂上的内容，例如 Poincaré-Bendixson 理论，以及极限环理论的应用。内地有本讨论这理论中著名的希尔伯特第十六问题的专著，作者叶彦谦，我全部看完了。花了大半年，Salaff 和我完成了这本书。在这段时间，Brody 老师却叫我每个礼拜六到他办公室，一起读夏道行著的《无限维空间上的测度论》，原来他要翻译这本书。当时 Brody 老师正在考虑量子场论的问题，认为此书错误太多，找我一同修正，我从中倒学了不少东西。据说这本书的主要内容是夏道行 20 世纪 50 年代在莫斯科跟随 Gelfand 时做的工作。夏先生本来要继续读完博士，但是受到同学嫉妒，被迫提早回国。

大概在十一月，我考完美国的 GRE，数学得到满分，倒不觉得自满，实在太容易了。到了十二月初，Salaff 突然告诉我有一个美国考试，叫我试试看。他给我六个题目，三个钟头。我只做对了三题，十分恼怒，认为是平生考数学之耻！但是 Salaff 觉得还不错。我以后才知道他给我考的题目来自 Putnam 比赛，那是美国最困难的数学比赛，一般学生得零分。回想起来，虽然只得一半的分数，这个分数可能对于我去美国读书有帮助。

这一年崇基建成了教职员俱乐部（Staff Club），就在教堂（Chapel）对面。几位老师 Salaff、Brody、Turner Smith 会带我到俱乐部吃茶点。当时蔡文端当助教，他喜欢下象棋，我们在俱乐部大战了不少回合。他是拿过奖的棋手，我大败几次以后，摸清棋路，居然反胜了几次。那一年，萧煜祥组织了一个象棋会，举行象棋比赛，他坚持我参加。记得遇到一位亚军棋手，我已经完成一切包围，胜负已分。但是围绕着一大批同学，我想早一点结束，结果反而让对手解了围，反胜为败！这件事情让我印象深刻，影响了我以后做学问的态度。

数学系师生往往在教职员俱乐部茶聚，使我得益不少。印象最为深刻的一次是和 Turner Smith 倾谈。他是伦敦大学的博士，研究的方向是群论。我好奇，问他的博士论文究竟做了什么，他说了一堆名词，也解释了定理内容。我当时不甚了了，只记得两个数学家的名字：Schur 和 Brauer。没有想到一年半以后在 Berkeley 做论文时，需要用到群论，我从两位数学家的名字出发，找到了所需的文献，解决了我的问题。

我和高我一班的同学比较熟悉，和他们多次出游。最常去的地方是坐小船到马料水对面的马鞍山。校歌中说的"鞍山苍苍，吐露洋洋"，今日思之，犹自神往。我们班叫颖社，高一班的叫协社。马绍良、萧煜祥他们组织了数学系会活动，设计了系会的外衣。只可惜一级只有一位女同学，我们班是潘贺琼，协社则有梁励梅。万绿丛中一点红，都受到特殊照顾。

我父亲从前在汕头任职于联合国善后救济署，主管是凌道扬，他原是出身基督教家庭的农林业专家。1955年他出任崇基学院第二任院长，父亲来港后跟随他。当时崇基打算买地建校舍，看中了马料水一块种西洋菜的农地。可是农民说祖传的土地不能卖，幸好这些农民大部分是丘姓客家人。我们也是客家，而且同宗，于是由父亲出面商讨，终于把地买了下来，很多原居民搬到后山的赤泥坪居住。从那时起，父亲在崇基经济系任教了一段日子，崇基学院老一辈的老师和学生都和我家熟悉。

中文系钟应梅教授和王韶生教授都是父亲的老朋友，王教授还替父亲的《西洋哲学史》写过评论。何朋教授是我父亲的学生，少年穷困，参加过打石头建校园的工作。经济系麦健增教授是父亲的上司，他儿子麦继强后来任教于生物系，90年代和我相识。他是古董行家，曾带我去逛荷里活道看古玩，还有所收获。有渊源的还有傅元国教授和王沛雄教授，他们都是父亲的学生。

当时崇基学院有一千多学生，其中不少住在宿舍，比较资深的老师也住在校园。学生中午都在饭堂吃饭，那是全校学生交流的主要场所，学生会开大会时也在这里发表演说。我还很清楚记得同学冯汉明和赖汉明（后任中大物理系主任）辩论的时候，准备充足，口沫横飞，使人激动！有一次学校在运动场举行大型交流茶会，下了一场小雨，别有一番风味。

崇基学院除了面对吐露港和马鞍山外，背后也是一片树林，曲径通幽，花前月下，不少同学成双成对。这个情况在三四年级时特别普遍，穿得花枝招展的女同学和男同学手拉手的比比皆是。他们在准备毕业典礼，但是我完成学业却不准毕业，看起来有点狼狈。毕业礼那天我还是去了，也没有人通知我要干什么，糊里糊涂地披上一件毕业袍，随大队步入 Chapel。原来崇基学院要颁发学院毕业证书，当我从容院长手上拿到证书时，全礼堂鼓掌，历久不息，使我感动不已！

物理系的苏志刚是我培正中学的老同学，他家人替我拍了不少照片。其后在伯克利，毕业典礼因故取消了，所以崇基这次毕业典礼是我一生中唯一穿着黑色袍子拿到文凭的典礼，真的是弥足珍贵。回顾五十三年前尘往事，犹觉当年同学少年，英气十足！

记得 1980 年中文大学颁予我荣誉博士证书的当天晚上，马临校长宴请贵宾。按英国的惯例，主人是当时的港督麦理浩。我记得席间马校长和诸位教授屡次要求港英政府收回成命，容许中文大学继续办校以来的传统，实行大学四年制。麦理浩很有英国绅士风度，斯文应对。他认为中大要与英国看齐，因此港英政府坚持彻底执行英国皇家的命令。我对麦理浩的态度极为诧异。整件事情充分表现出英国人对中国人的傲慢蛮横。

港英政府要求中大四改三的指令，虽然遭到全校师生无数次抗议，终究还是在 1997 年香港回归前落实了。个中港英政府如何威迫利诱，我不得而知。但我看到的，确是末代港督彭定康在同一个时间内，假惺惺地向全世界媒体宣称：香港回归以后，香港市民将丧失他们应该有的民主和自由。

滑稽的是，在母亲打点行李，送我去美留学的日子，我们都自我警惕，不要走近裕华或其他国货公司。据说港英政府会派人偷偷照相，然后送去美国领事馆。事实上，父亲就有一个学生，被政府认为是特务，毒打一顿，驱逐出境。

在这背景下，我热切盼望中华民族复兴，希望在自己土地上做我们喜欢做的事，绝对不甘愿诚惶诚恐地聆听英国官员的训话，受英国人控制。可是当时祖国并不强大，想起文天祥被蒙古人俘虏，经过香港海域时的诗句：惶恐滩头说惶恐，零丁洋里叹零丁！我的心情正与此相当。

离开母校五十三年了，一方面欣喜地看到学校的成长，已经成为一流的大学，一方面看见美国开始尊重中国，和中国正式建交，也看见中国改革开放的成功。凡此种种，都令我兴奋不已。料不到当日在元朗的田野、沙田的郊区成长时，梦想着中国的崛起，竟然成为现实！祖辈一生的奋斗，就是希望见到中华民族复兴。我想我们这一代人真幸福，能够亲眼看到中国在一穷二白的艰难环境下，成为不畏惧强权的有真正主权的国家。这是先人胼手胝足，抛头颅洒热血得来的果实。我们虽然还在不断地摸索，但是成功是必然的。因为这是正义的事情，老百姓的愿望。

世界潮流，浩浩荡荡，不可抵挡！

我从小奋斗，从父亲去世到今天，不曾灰心过。向着明确的目标，本着坚强的意志，不断地努力迈进。在师长朋友的帮忙下，我无惧失败。人生一世间，成败得失，虽然并非个人可以左右，但是无论是国家或是个人，只要有崇高的理想，只要拼尽全力奔向目标，成功的机会往往比自己或别人想象的大得多。

见到一些年轻人遇到困难，心里毛躁，灰心放弃，我很痛心。有些人竟将责任推到别人身上，使出流氓手段，用冠冕堂皇的话来掩饰自己的无知无能。一些所谓学者，自己学问浅陋，却目空一切，连名家如爱因斯坦的学说也看不起。自己"勇"字当头，凡事冒进，就如当年的义和团，自夸刀枪不入，终至八国联军入京，生灵涂炭。狂妄自大，我们必须引以为戒。人生一世，除了赚钱饮食糊口外，还有很多值得做的事情。有人探索自然的真和美，有人寻求心灵和自然的交流，有人致力建立美好和谐的社会。自强不息，止于至善，这样才不负此生。

每个崇基人都知道，学校入口刻着一副著名的对联：

崇高惟博爱，本天地立心，无间东西，沟通学术。
基础在育才，当海山胜境，有怀胞与，陶铸人群。

这是一个何等崇高的境界！我毕业至今，始终记住这对联。希望同学们不要忘记创校诸贤的期望。即使离开香港，在其他地方生活、打拼，也不要忘记对联启示的境界，不要忘记大学的传统：爱我们的学校，爱我们的香港，爱我们的祖国！

崇基感旧（古风）

渔舟暮鼓成追忆，池畔垂杨旧相识。

同学校园乐少年，豪情壮志贯胸臆。

吐露波翻白鸟飞，鞍山月出彩云归。

水湄闲步放情怀，薄雾轻寒湿单衣。

胜景还须久徘徊，文章仍参造化工。

书墨尚求千古意，浩然养气此园中。

落日楼头寻旧影，少年心事竟谁省？

扬州慢

南国明珠，四方才俊，当年锦绣前程。

长风破万里，壮志对山青。

自西房落旗去后，金迷维港，士不言经。

醉黄昏，子规啼月，过谤京城。

孙郎怀抱，到如今，重到须惊！

算暮鼓晨钟，中华梦好，谁念衷情？

虎门铁炮何在，重洋外，先烈吞声。

盼故人旧侣，胜地浴火重生。

在今年过旧历年那一天，中国国家足球队大败于越南足球队，全国哗然。我查看一下中国足球历史，发现当年我喜欢的香港南华队队长是广东客家先贤李惠堂，在足球场中的辉煌成就，震惊欧洲，才知道中国人今天在足球场上大败不是体力不行，而是纪律、意志不够等等原因，于是顺手写了一首新诗如后：

足球颂新诗

在那百年前的南方，在那梅州五华县里，

有位李惠堂，他球名遍天下，他为家国争光。

人们说起国足，都要回头到过去张望！

看着我们的英雄兄弟，

真是猛龙过大江！

他们筹钱赴德，个个顶硬上。

在那洋人的球场上，东传西传，左盘右盘。

我们的李惠堂，卧地射大波！

粒粒过人墙，个个入网罗。

众鬼佬看得心惊胆战，都敬佩我们中华的好儿郎！

校园里，茶楼上，纷纷赞，李惠堂。

巴士里，报纸上，个个谈，足球王。

我们的英雄培训了南华队，兴奋了半个世纪的香江。

时光飞逝了四十年，我们的英雄去了何方？

怅望！怅望！

狮子山下的少年啊，你们的热血去了何方？

难道是买楼花，炒股票，玩电玩，打麻将？

可曾记得，我们曾经英勇救国，为中华争光？

珠江头上的姑娘啊，你们的柔情长留在我们的梦魂中，
你们的学识，长阔高深。

你们在奥运会上，屡夺金牌！

你们孕育了我们的豪杰，也孕育了香江！

先祖们啊，胼手胝足，打造了繁荣的海港！

你们建立的，岂止是世上的财富？

你们建立的，是有特色的文化，灿烂辉煌。

香港，不愧是东方的明珠，在神州的黑空，闪闪发亮！

国外的球场上，

亿万人的眼底下，

新一代的国足健儿高举双手，

慢吞吞地招呼那盘球的对方，

让球滚进了自家的龙门！

…………

欢呼啊，我们的巾帼，

绝不妥协，迎难而上！

我们为她们的精神高歌，

我们为她们的胜利鼓掌！

中华民族的奋斗精神不死，

百年先烈的鲜血不会白淌。

同胞们，

我们要坚持，立壮志，

为华夏复兴展开新的篇章！

我已经年过七十，但是没有忘记少年时立下的志愿。

形骸已随流年老，热血犹争万世功！

谢谢！

数学家的志气与操守 [1]

> 以天为师，可以明天理，通造化。以人为师，可以致良知，知进退。

今日想跟各位同学谈谈我三十多年来做学问和培养学生的经验。

我大学毕业以后，到伯克利跟随当代几何大师陈省身先生，也师从近代偏微分方程的奠基者 Morrey 教授，体验最深刻的是他们做学问的态度。以后我任教过的学校有普林斯顿高等研究院、纽约大学石溪分校、斯坦福大学、加州大学圣地亚哥分校和哈佛大学，三十多年来踪迹满天下，几乎与数学界所有的大师和理论物理学界一部分大师都有交往。我希望将这些经验，供给年轻的学者参考。

1　本文系作者 2006 年 1 月 14 日在华中科技大学的演讲内容，原载于《数学与人文》丛书第 19 辑《丘成桐的数学人生》（高等教育出版社，2016 年 5 月）。编者略有修改。——编者注

我培养和已毕业的博士生已经超过五十名，他们很多已成为有成就的学者。最可惜的却是刚毕业时很用功，以后却被名利所误，而终究不能成才的学生。这与我国近十年来浮夸的学风有密切的关系，希望今天的演讲能改正这种风气。

究天人之际

无论是个人、学校还是研究所，必须要有一个崇高的心愿。我们固然需要一技之长，既要养活自己和家庭，也需要替社会服务。然而作为一个有智慧的现代人，作为一个有远见的学术领导者，我们不能不考虑整个大环境的基本问题。

在考虑基本问题时，我们或许会寻求大自然的奥秘，或许会寻求工程学的基本原理，或许会寻求社会经济学的共同规律。数学家和文学家更可以寻求或制造他们心目中的美境。司马迁说的"究天人之际"，正可以用来描述一个读书人应有的志向。

我自幼读书，得到先父启蒙，又得到中学、大学和研究院诸多良师益友的指导，未尝偏离正道，可说是幸运之至，愿与诸位分享个人的看法。

承前启后，融合中西

一个人的成长就像鱼在水中游泳，鸟在空中飞翔，树在林中长大一样，受到周边环境的影响。历史上未曾出现过一个大科学家在没有文化的背景里，能够创造伟大发明的例子。一个成功的学者需要吸收历史上累积下来的成果，并且与当代的学者切磋产生共鸣。

人生苦短，无论一个人多聪明，多有天分，也不可能漠视几千年来伟大学者共同努力得来的成果。这是人类了解大自然，了解人生，了解人际关系累积下来的经验，不是一朝一夕所能够成就的。这些经验透过不同的途径，在当代学者的行为和著作中表现出来。不同文化背景的学者，在接受先人的文化，与同侪交流时，会有不同的反应。有深厚的文化背景，有胸襟的学者，比较容易汲取多元化的知识。在思想自由的环境里，这种知识很快就会萌芽，成为创新的工具和能力。

古代希腊汲取了古埃及、古巴比伦的文明，学者又能尽量发展个人的意志思维，因此孕育了影响西方文明两千多年的哲学和科学。他们在一两百年间集中了一群学者，谈天论地，求真求美，将当时积聚的知识有系统地整理出来。他们的精神和他们所用的方法，影响到以后文艺复兴时期的科学发展，直至今日。

在同一个时期，中国春秋战国时代百家争鸣。由于战乱，向西、向南、向东拓地的结果，夏、商、周三代的文化，与各地的地方文化融合，学者受到各种文化的冲击，达到了中华民族原创能力的高峰。承受先朝的文化是中华民族优良的传统，孔子就说过"周监于二代，郁郁乎文哉"，孔孟都很重视"存亡国，继绝世"的做法。在中国本土上，文化绵绵不断数千年，可说是全世界绝无仅有的。

秦承七国的文化经验，开始了完备的典章制度。汉唐又继承这个传统，并得到西域和印度文化的融合，达到中国极盛时期。宋朝国力虽然积弱，但在科技上有极大的突破。从宋朝到今日已经 1000 年了。近 200 年来中华民族受到外国的冲击可说是前所未有的。而这 20 年来国家经济的稳定发展，终于使我们民族能够安定下来。我们年轻人对祖国开始有信心，也开始想一些重要的民生以外的问题。希望在这个时候，中华智慧和西方文化，能够得到自然的融合，而迸发出一个求善、求真、求美的新文化。

司马迁自传说："先人有言，自周公卒五百岁而有孔子……有能绍明世，正《易传》，继《春秋》，本《诗》《书》《礼》《乐》之际？意在斯乎！意在斯乎！小子何敢让焉！"由于时代的发展，能够承先启后、融合东西的事业，恐非一人一时之力所能完成。然而诸位都知道，在具有天时、地利、人和的环境里，事情会来得顺利些。回想当年量子力学研究刚开始时，不能不感叹一时多少豪杰。纵观今日科技的发展，只要找到好的方向，在好的气氛栽培熏陶下，人人都可能成为豪杰。

做大学问的门径

故大学问必须有高尚的情操，以下五点最为重要：

一、求不朽之业。

太上有立德，其次有立功，其次有立言，虽久不废，此之谓不朽。

——《左传》叔孙豹论三不朽

盖文章，经国之大业，不朽之盛事。年寿有时而尽。荣乐止乎其身。二者必至之常期，未若文章之无穷。是以古之作者，寄身于翰墨，见意于篇籍，不假良史之辞，不托飞驰之势，而声名自传于后。

——曹丕《典论·论文》

天下君王至于贤人，众矣。当时则荣，没则已焉。孔子布衣，传十余世，学者宗之。自天子王侯，中国言六艺者折中于夫子。

——《史记·孔子世家》

二、承先启后的使命感。

身与时舛，志共道申。标心于万古之上，而送怀于千载之下。

——《文心雕龙·诸子》篇

《春秋》之作：夫《春秋》，上明三王之道，下辨人事之纪……

《史记》之作：……余尝掌其官，废明圣盛德不载，灭功臣、世家、贤大夫之业不述，堕先人所言，罪莫大焉。

——《史记·太史公自序》

西方伟大的巨著，如欧几里得的《几何原本》和牛顿的《数学原理》(即《自然哲学的数学原理》，编者注），都是承先启后的作品。

三、有所见，有所思，而欲示诸众人，传诸后世。

孔子知言之不用，道之不行也……

——孔子

此人皆意有所郁结，不得通其道，故述往事，思来者……仆诚已著此书，藏之名山，传之其人，通邑大都……

——司马迁《报任安书》

字字看来皆是血，十年辛苦非寻常。

——脂批《红楼梦》

满纸荒唐言，一把辛酸泪。

——曹雪芹

四、由于浓厚的好奇心驱使，希望凭观察、推理，来了解大自然的结构，寻找宇宙的真谛。

伟大的科学家都有这种好奇心，爱因斯坦说他的好奇心比其他人更浓厚些，才做得更好一点。相对论和量子力学就是人类因为好奇而产生的。

科技上的创新也跟好奇心有关，例如飞机的发明、太空的探险等。数学上很多领域的探索也是基于数学家浓厚的好奇心而引发的。

五、科学家和文学家为了寻找一个美的结构，可能穷尽毕生的精力。

近代的统一场论，某些晶体结构、数论或几何上种种雅致的命题，都引起热烈的研究，而追寻纯美则是这种研究的主要动力。黎曼几何的创始即为一例。学者并不见得一开始学习就想做大学问，往往由以下两点作为引子而进入做大学问的通路。

一是为了国家和社会的需要。例如电话的发明可以服务人类，第二次世界大战时雷达和各种通讯方法的研究，都因为军事的需要而大有进步。美国的维纳、冯·诺伊曼，英国的图灵在当时的工作，成为20世纪应用科学的基础，就是很好的例子。

二是很多学者以追寻荣誉为主要的原动力。诺贝尔奖确实使很多年轻科学家拼力去做科学研究。这种荣誉不见得单是个人的荣誉，也可以是民族的荣耀。当年李政道、杨振宁得诺贝尔物理学奖，全国兴奋，影响了两代人。

大致上来说，很少学者能够很单纯地只有一个学习的原动力，往往有很多原因和背景使他们成长。但是传世不朽之作，必定有包含第一到第五点的考虑才能够完成。图灵和维纳等大师，因为在纯科学上有深入的研究，才在应用科学做出不朽的工作。我们很容易看得出，以名利、权力为主要原动力的学习，当目的达到后，很难再持续下去。学习的方向受到我们立志的影响，得到师友的熏陶后，择善而固执之，始可成大器。

社会和师友的影响

事实上，社会文化对我们有深刻的影响。300 年以前，中国士大夫看不起外国蛮夷之邦，以为他们不读圣贤书，整个民族自傲而不实事求是地去观摩别人的长处。等到兵败割地后，才开始反省。这是大时代的变迁，在这个时代长大的学者，很难不随波逐流，跟着大方向走。在今日科学研究的领域中，我们亦能够看到不同文化背景的科学家，有不同的气质和做学问的方法。

例如，美国东北方有很多学者，仍然有着浓厚的清教徒作风，有如中国人所说的狷介之士。从前孔子在陈，有归与之叹："归与！归与！吾党之小子狂简，斐然成章……"就是因为狷介之士有可取的地方。很多清教徒愿意为了自己坚信的理念来牺牲生活上的舒适，为学问而做学问，自强不息。

兼收并蓄，集思广益是自古以来，一个国家推动学问成功的最重要因素。希腊的雅典、德国的柏林、法国的巴黎、英国的伦敦、苏联的莫斯科、中国古代的长安及洛阳等，都曾聚集了大量的人才。孔子出于鲁国，到司马迁时仍然见到"诸生以时习礼其家"，人才的汇聚的确可以移风易俗。

在学校里，往往见到教授在发展富有原创性的发明，开始屡次尝试都不成功。最后成功时的喜悦，会使学生们觉得兴奋，也想自己来一点类似的经验。有时会看到两个教授持不同的意见，互相批评对方学说的缺点。学生会受到这种气氛的感染，认识真理的重要性，了解创造的趣味。我们又可以看到一群年轻的学生和教授肆无忌惮地去走前人未走过的路。当一群有热情、有能力的人都在做研究的时候，大部分人都会受到感染而跟着去闯。

除了与当地的学者交往外，我们也可以从阅读中与古人和远方的人交心，"予私淑诸人也"就是这个意思。学问既然是累积的，我们需要知道它的源流，了解伟大学者的思路和经验，来帮助自己进步。

初学时总有困难，即使饱学之士亦然：陶渊明好读书，不求甚解，每有会意，便欣然忘食。

这一点很重要：即使有困难，也要自强不息，读书能够欣然忘食是成功的一大步。对学问的感情能够专一浓厚，自然会有成就。从前屈原、司马迁、李煜等人的作品都极富感情，王国维说他们的作品出于赤子之心，以血书成，千载以后，人们仍然为他们的作品感动不已。当爱因斯坦创立相对论时，满腔热情地来找寻引力场的最自然架构。Watson 在他的自传里，提到他和 Crick 在找寻 DNA 的结构时的疯狂投入，终于完成划时代的贡献。值得注意的是，爱因斯坦对于引力场所需要的几何结构，Watson 对所需要的 X 射线折射理论，都并非专家，都是凭一股热情，而摸索成功的。

现举屈原的著作来描述他的专诚：亦余心之所善兮，虽九死其犹未悔。当我们找到喜爱的方向时，绝不轻言放弃。

民生各有所乐兮，余独好修以为常。虽体解吾犹未变兮，岂余心之可惩。

——屈原

我记得从前为了解决一个很重要的问题时，朝思暮想，有如词赋所说：

天遥地远，万水千山，知他故宫何处？怎不思量，除梦里有时曾去。

——宋徽宗

惟郢路之辽远兮，魂一夕而九逝。

——屈原《九章·抽思》

当感情丰富时，即使开始时不求甚解，经过不断的浸淫，真理亦会逐渐明朗。但是感情丰富，必须有师友的激励。

师者，传道授业解惑也。

三人行，必有我师焉。

学而时习之，不亦乐乎。

找寻学问的方向

通过学习，或与师友切磋，或与古人神交，视野才会广阔，才会放弃自己以前一些琐碎的想法，去找寻学问的重要方向。

昨夜西风凋碧树，独上高楼，望尽天涯路。

——晏殊

能够放弃不重要的研究，而去思考自己的路向，需要有踏实的基础，有好的文化修养、气质，同时不怕别人讥笑。

苟余心其端直兮，虽僻远之何伤。

——屈原《涉江》

始者，非三代两汉之书不敢观，非圣人之志不敢存。处若忘，行若遗，俨乎其若思，茫乎其若迷。当其取于心而注于手也，惟陈言之务去，戛戛乎其难哉！其观于人，不知其非笑之为非笑也。如是者亦有年，犹不改。然后识古书之正伪，与虽正而不至焉者，昭昭然白黑分矣。而务去之，乃徐有得也。当其取于心而注于手也，汩汩然来矣。其观于人也，笑之则以为喜，誉之则以为忧，以其犹有人之说者存也。如是者亦有年，然后浩乎其沛然矣。吾又惧其杂也，迎而距之，平心而察之，其皆醇也，然后肆焉。虽然，不可以不养也。行之乎仁义之途，游之乎《诗》《书》之源，无迷其途，无绝其源，终吾身而已矣！

——韩愈《答李翊书》

学与思并进

找寻自己学问的路向，必须要保持浓厚的好奇心，要不停地发问。中国古代最有名的发问文章是：

> 遂古之初，谁传道之？上下未形，何由考之？……日月安属？列星安陈？
>
> ——屈原《天问》

但是以后中国学者读圣贤书，不敢质问圣人的言行和天地间的物象了。做学问的大方向决定后，中间不可能没有很多疑难的地方。此时有老师"传道授业解惑"，是很有帮助的。然而更应当向师友切磋发问：善待问者如撞钟，叩之以小者则小鸣，叩之以大者则大鸣。(《礼记·学记》)上面两个不同的发问，一个是思考，一个是学习，实在应当并重才能够成功。

> 学而不思则罔，思而不学则殆。
>
> ——《论语》

我们对每个学说需要求因、明变和评论，才能够将整个学说吸收到自己思想的系统里面，再通过发问和思考的过程，向前推进，创造新的学说。一个好的学者，需要不断地观察大自然的现象，从人类累积得来的经验中寻找天地的定律，加以验证、归纳

363

和演绎，循环不息，才能成就大学问，真和美是整个过程最客观的导师。

无论是哪位大文学家或大科学家，都离不开勤苦学习的阶段。

路曼曼其修远兮，吾将上下而求索。

——屈原

衣带渐宽终不悔，为伊消得人憔悴。

——柳永

苦学而能持久，并非易事，最忌的是"一鼓作气，再而衰，三而竭"。中国小孩读书往往小学时就尽力，到大学时已经力竭了。为学另一件忌怕的是基本修养不够，而好议论别人长短来掩饰自己的弱点。

从失败中找成功

在苦学和思考之后，可能发觉以前所走的方向完全错误，或是所要做的问题他人已经完成。在这个时候，如何自处，就如同出征，或打败仗或遇埋伏，都是一个考验我们的修养的时候。司马迁评管仲：其为政也，善因祸而为福，转败而为功。贵轻重，慎权衡。桓公实怒少姬，南袭蔡，管仲因而伐楚，责包茅不入贡于周室……诸侯由是归齐。

从失败的经验中找到成功的路子，是做研究的不二法门。因为尝试各种途径时，往往失败的时候多，成功的时候少。但是我们做研究时走过的路，很少是浪费的。有时做的研究被人抢先做去，可以从对方的文章中得到启发，做一篇更有意义的文章，或者可以看出这些研究不值得去做。取舍的问题，不单是关乎经验，亦关乎学者的气质。

学问与气质

关于气质，我们先看：

> 譬诸音乐，曲度虽均，节奏同检，至于引气不齐，巧拙有素，虽在父兄，不能以移子弟。
>
> ——曹丕《典论·论文》

表面上，做大学问必须要天才才能成功。其实并不尽然：

> 伯牙学琴于成连，三年而成，至于精神寂寞，情之专一，未能得也。成连曰："吾之学不能移人之情，吾师有方子春在东海中。"乃赍粮从之，至蓬莱山。留伯牙曰："吾将迎吾师。"刺船而去，旬时不返。伯牙心悲，延颈四望，但闻海水汩没，山林杳冥，群鸟悲号，仰天叹曰："先生将移我情。"乃援琴而作此歌。
>
> ——《琴苑要录》

从这里可以看出气质亦可以培养。在吸收多元的文化后，在高雅的环境影响下，气质可能会有突变。就如在长期的思考后，我们可能有突然而来的灵感一样。气质的培养最好是从小就开始。司马迁的文章气吞江河，就是因为他父亲从小就让他"西至空桐，北过涿鹿，东渐于海，南浮江淮"，又送他到齐鲁之地学古文并跟董仲舒念书，所以太史公的早熟是有原因的。学者面临大问题时，往往有自信心的考验。孟子说："我知言，我善养吾浩然之气。"如果学者有这种浩然之气，又博览群书，就昂昂然无所惧怕了。

操守与为学

在学者成长的阶段里，假如操守不良，或志向不纯，学业就很容易枯萎。

> 何昔日之芳草兮，今直为此萧艾也。岂其有他故兮，莫好修之害也。
>
> ——屈原
>
> 贫贱则慑于饥寒，富贵则流于逸乐。
>
> ——曹丕

有些学者早熟而工作很好，但因得不到赏识而自怨自艾，终致不能继续。一个很著名的例子是汉朝的贾谊：

屈贾谊于长沙，非无圣主；窜梁鸿于海曲，岂乏明时？

——王勃

若贾生者，非汉文之不用生，生之不能用汉文也。……其后以自伤哭泣，至于夭绝，是亦不善处穷者也。夫谋之一不见用，安知终不复用也？不知默默以待其变，而自残至此。呜呼！贾生志大而量少，才有余而识不足也。

——苏轼

有人学识不足，而妄求上位；有人才学过人，竟妄自菲薄，或自伤不遇。这都是其文化修养未逮，胸襟不阔之故。

以天为师，可以明天理，通造化。以人为师，可以致良知，知进退。

风格与修养

我们的修养往往从问题的取舍、方向的坚持、行文遣字、计算简繁中表现出来。在科学和数学的研究中就有这个现象。

杨振宁先生就曾指出，伟大的科学家如狄拉克（Dirac）和海森堡（Heisenberg）文章的风格不同。在数论上，西格尔[1]和韦伊（Weil）都有伟大的创作，但是风格迥异，这大概与他们出身

---

1 卡尔·路德维希·西格尔（Carl Ludwig Siegel，1896—1981），德国数学家。主要研究领域：数论、不定方程和天体力学。1978年，获沃尔夫数学奖。——编者注。

和经历有关。

在找寻真理时，我们的修养会影响到我们吸收和了解真理的能力。除了地域外，时间的变化也很明显地影响我们的风格。我们都知道一时代有一时代的文学，科学亦然。例如20世纪中叶的数学讲究抽象和严格，现在已经不讲这一套了。

读书的风气、研究的态度，会在科研的文章中表现出来，也可以看到民族的潜力。这一点可和音乐比较，从音乐中可以看国家的盛衰。

> 吴公子札来聘……请观于周乐。使工为之歌《周南》《召南》。曰："美哉，始基之矣，犹未也，然勤而不怨矣。"……为之歌《郑》，曰："美哉，其细已甚，民弗堪也。是其先亡乎？"为之歌《齐》，曰："美哉，泱泱乎，大风也哉！表东海者，其大公乎，国未可量也。"
>
> ——《左传·季札观周乐》

从这里我们可以知道培养气质的重要。有志做大学问的学者更要注重培养气质，人的志向，师友和社会文化的影响都需要重视。当一个学者操守不正，只求名利，只求权柄时，辞气自然衰微，难见到伟大的结构了。最后，仅以数语相赠：

> 行乎名利之途，入乎公卿之门，虽荣受赏，吾不谋也。得乎造物之贞，乐乎自然之趣，虽穷有道，文其兴乎。

368

清华大学经管学院 2022 年毕业典礼讲辞 [1]

> 人生一辈子，不单是为了钱，不单是为了名誉，最主要的还是要活出我们生存的意义，为学术、为社会走出一条自己的路来。

白院长、各位同学、各位嘉宾：

今天很荣幸在这里演讲。当年我在香港中文大学还没有毕业，就去了美国加州大学伯克利分校，在那里获得了博士学位，但还是没参加过自己的毕业典礼，因为那年我在伯克利毕业的时候，由于越战的缘故，学校害怕学生闹事而取消了毕业典礼，所以直到今天我还没穿过伯克利的博士学位袍。今天能够穿上清华大学的博士袍，我很高兴，很荣幸。

我想同学们毕业一定很高兴。毕业以后，海阔天空，你们在

1　本文系作者于 2022 年 6 月 26 日在清华大学经济管理学院 2022 年毕业典礼上发表演讲的内容。刊于 2022 年 7 月 4 日《数理人文》微信公众号。编者略有修改。——编者注。

社会上工作，应当可以开展大事业。但是我也很想告诉你们，我毕业至今 50 多年，除了很记得老师们对我的帮助以外，我特别会想到父母殷切的期望和教养之恩。我希望你们也能记得家庭对你们成长的重要性。20 世纪 50 年代是我父母最辛苦的时候，他们在很拮据的环境下，让我能够继续做学问，我是很感激的。今年是我母亲 100 周年的冥辰，也是我父亲 110 周年的冥辰。我回想当年，我们一家十口人——我父母加上八个兄弟姊妹，在那么辛苦的情况下让孩子们继续念书，其实是很不容易的事。今天，大部分同学们家里基本上丰衣足食，很难想象当年艰苦的日子。从这方面我们也可以看得出来，中华民族走过的这 70 多年，实在是很了不起的成就，从当年一穷二白环境下，老百姓胼手胝足，到实现国家经济和科技的长足发展，中央政府的英明领导可以载入史册。

我与经济学好像没有很深的渊源，但白院长邀请我来演讲，所以我花了一些时间看看我从前跟经济学的关系，我发现我父亲其实对经济学有很大的兴趣。从前在抗战的时候，他在福建参与过财政厅关于财政管理方面的研究，以后他在香港中文大学的前身——崇基书院做讲师，讲经济学历史。我父亲对我有几个重要的影响，一个就是让我看事情要宏观，不要单看一小部分的事情。我做学问，从小学、中学、大学，一路到现在，都期望有一个宏观的观念：就是寻找每一个学问的来源，并研究其发展走向。对我来讲，这影响了我一辈子的学问。我在美国见过不少"中国通"，其中有的只看中国历史十年或者几年的发展就写一篇论文，很快就成了名，自以为是中国文化的专家了，其实他们没有好好地研读中国哲学，没有见到中国文化的精髓，以偏求全，误判了中国儒家"存亡国，继绝世"的王道精神。经济学是影响国计民生的学问，我们更需要有宏观的看法。

我做数学做了一辈子，发现经济里有很多有趣的数学问题。伟大的数学家约翰·纳什（John Nash）拿了诺贝尔经济学奖，我们都很佩服他。我也认识纳什，他最主要的工作不是经济，而是数学。阅读约翰·纳什的文章，我发现很多人对他有不公平的批评，说他只懂得找一些困难的问题来做。我跟他交流以后，觉得其实他是对学问有自己独特看法的学者。我们做学问，都应当有自己的看法，并能够持续不停地向某个方向开发，走出一条有意义的路线。

人生一辈子，不单是为了钱，不单是为了名誉，最主要的还是要活出我们生存的意义，为学术、为社会走出一条自己的路来，这样才会满足，才会有成就感，我想这样的人生才会是一件乐事。我一辈子最艰难的日子是我 14 岁时父亲去世的时候，那时生活很困难，读书能否延续下去都是个大问题。但我父亲在世时认为，我应当做一个有学问的学者，这点我深受影响。在那个最困难的时候，我知道自己要继续读书必须自己去打天下。为了生存，自己必须去找工作。那年，我刚念完初三，也没有什么大的办法，为了坚持继续念书，就去找了很多家教的工作，教小孩子念书，赚到一些经费来维持我的学业。事情并不简单，尽管当时有很多的困难，但我只有一个信念：我要做一个有成就、有学问的学者。当然为了谋生，不得不做一些小道的东西，但是我特别记得父亲的一个很重要的教训：做人要真诚，不能够欺骗别人。我在最艰难的时候还是维持这个信念：真诚是做人很重要的原则。真诚让我交到很多很好的朋友，也对我的学问有很大的帮助，因为我与朋友们真诚相处，所以我很多朋友都是终身的朋友，我们一直都能互相帮忙。这些理念也是我的老师陈省身先生教我的，处事为人必须交好的朋友，有志向的朋友，有能力的朋友，不要交一些只愿意喝酒吃饭的应酬朋友。我从美国回来以后，这一点不大习惯，中国人喜欢喝酒，喜欢敬酒，很多重要的事情非要敬完酒以后才能够开始，这种习惯我还是没有学懂。其实无论喝不喝酒，我对我的朋友一直都很真诚，有不少朋友和我的友情从我 20 多岁开始维持到现在，我们能够继续不停地合作，一同向前走。

我 1971 年毕业，1973 年到斯坦福大学教书。我最早的学生叫孙理察（Richard Schoen），他比我小 1 岁半，既是我的学生，也是我终身的朋友。我们一同做研究、吃饭、游玩，50 多年来，他始终是一个最真诚的朋友，我们联手一起做的学问也成为学界很重要的一个方向。因此，交一个真诚的好朋友，是你毕业以后很重要的事情，在困难和最要紧的时候能够互相帮忙。

人生其实有很多有意义的事情可以去做，但是我觉得，最喜乐的事情莫过于，经过长期的奋斗以后，达到了目标，完成了我们想做的事情。奋斗可能很困难，实际上完成任何重要而有意义的工作都很困难。我重要的工作没有一个不是要花 5 年以上功夫才能完成的，在 5 年的过程里，往往有很多不如意的事情。我做问题往往尝试几十个不同的方向，努力去做，有些时候做到一定地步以后，发现做的方向完全不行了，就尝试不同的方向，卷土重来，最后完成的时候，心里觉得很高兴。举个例子，我太太生小孩的时候，二十多个小时才生出来，我看她很痛苦，但是小孩子一出来，她高兴得很，完全忘掉了这二十多个钟头的痛苦。我们完成一个好的事业，完成一个好的学问，一定要真真正正花功夫去做。完成后，回想当年走过的路，不会觉得辛苦，只会觉得喜悦，这是真真正正的喜悦，因为这都是花了功夫，花了精力完成的。我这样子做题目，一辈子至少有七八次，每一次都是花五六年完成的，十分高兴。

我拿到博士学位那年，陈省身先生很喜欢我。他是我的导师，数学界的一代大师，他很看得起我，认为我是他的继承人，成为他的学生我也很骄傲。从我父亲去世一路到我研究生毕业，我家里生活都很艰苦。毕业的时候，我的博士论文做得还算不错，陈先生让我申请不同的大学。我申请了大概 6 个学校，包括哈佛大学、普林斯顿大学、耶鲁大学、芝加哥大学、斯坦福大学，以及普林斯顿高等研究所。当时，大概是因为陈先生的推荐信写得很好，每个大学都给我很好的 offer，现在我还留着这些offer。前一阵子整理文件，看到哈佛大学当时给我三年的 offer，薪水在当时很好，年薪 14500 美元，可能是数学方面最好的offer，其他大学也不错。当时，我跑去跟陈先生谈，我说这些学校聘请我去，您觉得哪个地方好？陈先生也不问是哪些大学，他大概晓得是哪些地方聘请了我。他告诉我普林斯顿的高等研究所是个很好的地方，所有出色的数学家都应当去一次，那才算对得起自己的数学人生。陈先生最主要的工作是 1945 年在普林斯顿待了两年做出来的，那是一个至今仍值得纪念的成果，因为它影响了整个数学界和物理学界的工作，所以陈先生对普林斯顿高等研究所很有信心，说我应该去那里。我不好意思告诉陈先生，普林斯顿研究所给我的 offer，是比哈佛大学少了一半以上的薪水，年薪 6400 美元；同时哈佛大学给我三年的聘期，普林斯顿高等研究所只给一年。其实高等研究所没有看不起我，只是它的规矩一向都是这样，只给一年的 offer，薪水也就那么低。当时我记得很清楚，陈先生讲的话是十分肯定的，我非去不可，于是当时就答应了陈先生！我想也没有想，也没有再考虑其他学校的 offer，这是因为我晓得陈先生讲的是对的。我一辈子要找一个最好的方向，让我的事业能够走出一条有意义的路来，所以我选择了普林斯顿高等研究所。当然哈佛大学也是一个伟大的学校，毕竟以后我自己在那里做了 35 年的教授。不过我始终没有觉得我做了一个不对的选择，这个选择对我以后影响很大。普林斯顿的好处是基本上全世界有名的学者都会去那里访问，我能够遇到很多世界第一流的学者，而且比其他地方都多得多，跟他们交流，对我以后影响很大。我去哈佛大学当然也可以碰到不少这样的学者，但是范围不会那么广。我觉得，这对我来讲是很重要的人生选择。

我也奉劝诸位，在你们做人生选择的时候，不一定要从金

374

钱、权力、名望来选择，要选择一条路，是能够影响以后一辈子并实现自己志向的康庄大道。我做这个决定的时候，完全没有考虑其他的因素，我觉得很满足，不斤斤计较得到的金钱。以后我在几个美国的名校能够待下来，与我当年在普林斯顿认识的朋友和大师有密切的关系。

回想从前，有些时候，我走错了方向，走了一条不是我本来要走的路，没有做我本来最想做的问题，结果虽然是不错，但我还是很快回去走一条更有意义的康庄大道。开辟一条康庄大道并不简单，我们需要独立思考。我虽然碰到很多当代的大师，但是最重要的还是依靠自己的思想，我需要思考数学发展的宏观大道，我要找到数学尤其跟几何有关的大道应当如何去走。这个思考过程对我影响很大，以后我几十年走的路都是从那时候开始慢慢发展起来的。有了这个起源，我还需要有恒心，一定要坚持，走一条大路，一直走下去。这一点并不容易，因为我看到我的很多学生和朋友，他们做重要但很困难的问题时，一开始都会觉得心慌，然后就放弃。其实很多问题并不是想象中那么困难的，很多人都遇到心理的问题和障碍，不敢做大问题。事实上，我们有了自己的看法，有信心而又尽力地向这个方向走，多交一些良师益友，总是会有好的结果出来的。一个有学问的学者，尤其在现在社会里，不可能一个人赤手空拳、完全不顾别人的想法，就能够做出极为重要的工作。所有大师的学问，都是很多不同的学者共同努力走出来的。唯一的分别是，大师走到最后时，比人家多了一步。

大家都听过，伟大的科学家是站在巨人的肩膀上完成了他的学问。这句话是牛顿讲的。他走过的路、做过的研究，是真正站在巨人的肩膀上完成的。我们不要认为，一个人坐在家里，天上掉下来的灵感就会完成其学问或者事业，世间没有这么简单的事情。历史上也没有出现过，不要被人误导了。一些媒体喜欢讲这样的故事，可能是因为这样讲起来比较有趣。但是事实上，我和20世纪后50年的大数学家，都有一定程度的交流，也没有见过有这种能力的数学家，包括陈先生在内。陈先生主要的工作是1945年在普林斯顿高等研究所受到很多大师影响完成的，他如果没有去普林斯顿，大概就完成不了他的工作，因为他在那边遇到了当时最伟大的大数学家 André Weil（安德烈·韦伊），跟他来往和交流。

我希望你们毕业以后要记得这一点，你们需要很好的朋友，也需要很好的老师，当然这不一定都是指在学校里面的老师。或者在大公司里做事，也可以见到很有成就的商业界的 CEO、董事长，可以跟他们学习。离开普林斯顿以后，我去了纽约大学石溪分校，当时的系主任是一位很出名的学者詹姆斯·西蒙斯（James Simons），这位学者是研究几何的，他对我印象很好，很期望我去石溪做教授。他是一个很有意思的数学大师，我很佩服他，到现在我还跟他很熟。当时，他对做学问兴趣大得不得了，他在几何学里面做了很重要的工作，其中一个就是跟我的老师陈省身先生一同做的，这个工作在物理学界，特别是凝聚态物理方面是很重要的。当时他们也不晓得这个工作有这么重要。科学上有很多重要的工作在被构造的时候，可能不晓得它的重要性，过了十年以后才晓得这么重要。当时我是单身，西蒙斯常常跟我聊天，他对数学的兴奋我看得出来。但是，他也很喜欢钱，要赚大钱，因此他以后慢慢去做生意了。他现在可以说是全世界最有才华的一位对冲基金经理。但是开始时他试了很多不同的方法，将自己住的大房子卖掉、收回来，又卖掉、又收回来，如是反复几次，他尝试了很多不同的做法，结果都不成功。过了十多年以后，他才开始将他的公司、投资的方法稳定下来。有趣的是，过了三十年后，他对数学研究，又产生了很大的兴趣。每一个做大事业的人，我们都知道其成功都有一定困难的，我们不能轻视创业的艰难，认为可以很快就能够成功。我们要不停地向前走，不停地学习。

我最出名的一个研究叫卡拉比猜想，这个猜想并不仅仅是一个有名的问题，而是因为它在几何学里面是一个很重要而且是关键性的问题，不解决它的话，几何学的前进会遇到困难。我从研究生开始就对它有兴趣，当我研究这个问题的时候，已跟卡拉比先生有过不少交流。当时研究学者都不相信这个问题是对的，包括我自己。懂得几何的人，看了以后都觉得这个猜想太漂亮了，这样漂亮的事情不可能对，天下没有这么幸运的事情，所以我们都想证明这个猜想是错的。我花了三年功夫，想尽办法要证明它是错的，也跟很多朋友合作，跟英国一位很有学问的年轻人，也跟美国一些一流的年轻学者一同合作过好几次，就是想证明它是错误的。1973 年，我刚到斯坦福做访问学者的时候，我在一个国际最大的几何国际会议里面宣布找到它的反例，证明它错了。陈先生是当时的主席，他声称，开这个会最伟大的成就，就是丘成桐解决了卡拉比猜想——通过给出反例，证明卡拉比猜想不成立。我当时很年轻，才24岁。陈先生这么讲，我当然很高兴，因为在那么多世界有名的学者面前宣布，我有点沾沾自喜。

过了三个月以后，卡拉比写了一封信给我，他说："上次你讲得很有意义，我也很相信你讲的做法是对的，但是，我还是有一个问题想要你回答我。"那时候，我即刻知道我的证明大概有漏洞。这个事情对我影响很大，错误比什么都严重。假如你一辈子不知道自己错在什么地方，你永远没有办法进步。我记得那是在1973年10月，我对这个问题想了两个礼拜，基本上没有睡，没有做其他任何事，我要重新了解这个问题，看看我原来的方法有没有离谱的地方。经过两个礼拜不眠不休的思考，我对这个问题完全了解了。结果奠定了一个很大的信心，认为这个猜想应该是对的，在这之前，我走了相反的方向，以为这个命题是错误的。这个改变对我来讲是一个很重要的改变。我的朋友们，全世界做这个问题的数学家们都还在想相反的方向，他们不相信猜想有可能是对的。而我自己觉得是走错了方向，应当反过来。反过来很重要，但由走东改成走西是不是那么简单？不像一些人讲的，突然间发现正确方向以后，灵感来了，就全部解决这个问题。事实上没有这么简单。我要重新组合，重新建立基础，花了另外三年的功夫一步一步走，才最后将问题解决了。解决的过程比前三年花的功夫更多，同时也找了很多的朋友，他们帮了很多的忙，终于在 1976 年完成。问题解决的时候，心情很愉快，虽然中间花了很多功夫，这种愉快对我来讲是一辈子的愉快。我觉得，我花了这么多的功夫完成了一个很重要的事情，对这方面的数学，我是真真正正了解了。完成一个重要的事情，是很自然、很愉快的事，而不是赚了很多钱，或者是做了很大的官，我一辈子对赚大钱、做大官的兴趣不大，比不上我做学问的这种愉快。

当年，我做这个猜想的时候，其实不单是为了做数学，因为这个猜想是和广义相对论有关的想法。这个工作完成以后，对于数学有很重要的影响，因为不但是解决了卡拉比猜想，也解决了很多数学里面的重要问题，很多重要的猜想因为卡拉比猜想而完成，尤其是代数几何上的。我那个时候刚好 27 岁，当年可以说是一举成名，从进大学到完成这个猜想，基本上是十年的工作，我完成了以后很高兴。

我回想刚开始研究卡拉比猜想时的一个重要的想法，是要解决物理上的一些问题。因为不忘初心，我就找了很多物理学家讨论，如何用卡拉比猜想做一些物理学的问题。从成名开始，我带了很多博士后。我的博士后，大部分是物理学出身的，他们在物理学上的学问比我好，他们看了卡拉比猜想后，认为不可能对物理有任何的好处。当时我也没有办法，因为我在物理比不上他们，但是我始终不停地跟物理学家有很多的来往，不停地学习，也从他们身上学习了不少物理知识。几年以后，有物理学家高兴地跟我讲，这个猜想对物理学是有重要性的，当时我是普林斯顿高等研究所的教授。整个过程，可以说是一波三折，刚开始的时候觉得不行，继续花功夫，完成以后，还是不要忘掉整个思考的过程是怎样的。然后，可以再出现第二个高峰，这些跟我思考很多问题、花很多功夫考虑有密切的关系；也因为我有大批很好的朋友，帮助我了解我需要的知识。

今天，我的精力比不上从前，但是我的想法没有改变，这是我一辈子很宝贵的经验。我今天跟你们讲这个经验，希望对你们有些帮助。

中华民族现在面临千年不遇的大变动，也是中华民族伟大复兴的重要时刻。未来25年，经济增长和科技创新将成为国家最重要的目标。没有良好的经济基础，尖端的基础科学没有办法完成；没有尖端的基础科学，尖端科技没有创新能力；没有数学科学控制统筹，没有办法发展现代化的经济管理，也没有办法支持创新的军工，没有办法保护百姓；没有稳定安全的投资环境，国家也没法富强。这是一个互为因果的强国之路。我们经管系的毕业生们，你们其实站在强国的第一线上，国家富强，家族也富强！让我们运用我们的学识，做一番事业，对世界和平，对国家，对家族，对自己都有好处的事业，希望十年二十年后看到一个富强的中国，让后世，除了汉唐以外，还记得今日中华人民共和国的盛世！

数学与科技 [1]

> 基础科学是现代科技之母。中国的现代化，必须要意识到
> 基础科学的重要性。

由于促进中国与其他国家的科技交流，而得到中国政府的表扬，本人深感荣幸。

我生于汕头，长于香港，接受的是受殖民统治的教育。可幸先父重视中国文化，把我送到中文中学就读。其后我肄业于香港中文大学。相对而言，在那里学到的数学和科学知识并不算很多，但对中国文化有了一个比较全面的了解。

中国文化博大精深，对我有很大的影响。我引以自傲的是，祖国源远流长、迄今犹自欣欣向荣的文明。我虽然毕生研究基础科学，但亦以推广、普及科学为己任，对与祖国有关的工作，尤

1　本文系作者 2004 年 3 月 24 日在中华人民共和国国际科学技术合作奖颁奖仪式上的演讲，原载《数理人文》(第 4 期，2015 年) 和《数学与人文》丛书第 17 辑《数学的艺术》(高等教育出版社，2015 年)。编者略有修改，文中小标题由编者添加。——编者注

其珍惜。1969 年离开香港时，我并没有拿英国护照。当时中国政府是否会和美国修好，还是一个谜。尼克松访华，我在电视上看到了，感到十分高兴。1979 年华罗庚教授邀请我访问中国科学院。早在中学时，我已经读过不少华先生的著作，获益良多，他是我敬佩的人物。他的来函，令我有受宠若惊之感。

甫出机场，接触到首都的泥土，回到了祖国母亲的怀抱，我心潮澎湃，激动万分。回想获颁数学上的菲尔兹奖时，我不持有任何国家的护照，因此，我是以堂堂正正中国人的身份去领奖的。我为中国数学的发展出了不少力。不无遗憾的是，至今我尚未能回国定居。当然，我对中国数学的贡献，与在此间上生上长，或自海外归来，长期工作的同行相比，是微不足道的。

海外学者对国家发展的种种意见，虽然每有精警之言，但也不必奉之为金科玉律，全盘接受。故此，本人谨就亲眼所见，亲耳所闻，略抒管窥之见，如有一二中的，则于愿足矣。

基础科学是现代科技之母

我国自从孔子开始，便建立了完整的教育体系，这是大家都知道的。从此教育不再是贵族的专利，这可是件石破天惊的大事。

及至汉代，地方举荐贤良文章之士于庙堂。于是乡党小子，亦有望大用于朝廷。这种较为公允的做法，无远弗届，整个国家大一统的局面，或多或少亦由此维系。值得一提的是，甚至外国人也曾在朝廷担任高职。

这种制度逐渐演变，最后便形成考试制度了。在这种制度的早期（例如唐代），考试的范围还是颇为广泛的，数学也包括在内。但在过去 400 年间，考试的范围便大大地缩窄了。大家以为熟读四书五经，便足以治国平天下。因此，考试的知识面变得异常狭窄，国人思想上的原创力在这种钳制下，遂变得奄奄一息了。

重要的是，孔子以为知识是一种美德：大学之道，在明明德，在亲民，在止于至善。

虽然如此，孔子也传授实际的学问。他的门人当中，有的当上外交官，有的做生意，有的做了将军。

希腊哲人苏格拉底也以知识为善。追求真善美乃是希腊教育的宗旨。在无畏的新时代里，知识乃是人类通往幸福的钥匙。任何大国都必须长期投资于教育，不这样做，社会的进步只能是空谈。知识必须建基于道德伦理、人文知识、基础科学和应用科学。

自 19 世纪中叶鸦片战争失败后，中国便深深感受到技术落后的弱点，尝试改革、现代化也不止一次了。当时主要的做法是造船、筑铁路、开矿、生产武器等。经过了差不多两个世纪的努力与失误，到了今日，我们终于看到了中华民族复兴的契机。当前我国经济迅速发展，是近代史上空前的。但是，我们必须牢牢记住，汲取知识和应用知识，才是现代化的真正动力。

然而，发展中国家往往以为知识只指应用科学而言。人们追求立竿见影的效果，忽视长期的利益。我们必须认识到，只有基础科学才是现代科技之母。中国的现代化，必须要意识到基础科学的重要性。阿蒂亚教授（Michael Atiyah）担任英国皇家学会会长时，曾对我说了这番话：

> 中国既望跻身经济大国之列，就必须雄心万丈，志不在小。日本维新之初，一意仿效西洋，但旋即改变方向，致力于发展基础研究。美国虽是当今经济最强体，但它依然大力注资于科研。我想中国要与日本、美国竞争，就必须在各方面与它们并驾齐驱。

在这个世纪，有几门科技会发挥根本性的作用，它们包括信息技术、生命科学、能源科学、材料科学、环境科学、经济与金融、社会科学等。这几门学科互相渗透，但同样依赖于基础科学的发展，因为后者指出了事物发展的根本原理。

回顾历史，科技领域互相依赖，屡见不鲜。两个看似无关的领域，其中的概念一旦能成功地融合，肯定对各方都大有好处。在 19 世纪，人们看到了电学与磁学的结合；在 20 世纪，人们看到了量子力学在化学上的应用，同时也看到了数学和物理如何应用于现代计算机，使之成为所有科学技术中不可或缺的工具。当前人们正在见证物理科学应用于生命科学。凡此种种，都是人类文明的伟大成就。

学科之间的融合，始于其基础部分。融合完成之时，往往出现技术上的突破。对于带动或支持这些发展的国家，其在经济上的收益，是不可低估的。

在过去的两个世纪，欧洲各国因科学及技术的发展，而累积了大量的财富。二次世界大战导致大量科学家及工程人员移民美国。科技进步和人才交流的影响力无远弗届。美国空前繁荣，实归功于技术工艺的进步，而后者多少源自其在基础科学的投资。美国公司和院校所拥有的大量专利权，都拜基础科学研究之赐。

一个国家的国力是否强盛，表现于其国民的科学知识水平，以及其吸引外来精英的能力。就以美国为例，很多在美国工作的海外人才，连英语都说不好。我认为中国应吸引非华裔人才来华工作，不管他们是否认识中国，毕竟科学是没有疆界的。只有不分中外，兼收并蓄，我们才能取得成功。在 21 世纪，数学会成为最基本的学科。数学会成为所有科学的框架，它不但是科学的语言，还有其本身的价值。

数学的纯美和价值

时空的语言是几何，天文学的语言是微积分，量子力学要透过算子理论来描述，而波动理论则靠傅里叶分析来说明。

数学家研究这些科目，最先都为其本身之美所感召，但最后却发现这些科目背后，竟有些共通的特性。这个事实说明了看起来并不相关的科目，它们之间有甚多交缠互倚的地方。

我们先看看通用的语言。语言是一种符号，用以传情达意。

中国诗与西洋诗不同之处在于，前者着重每个单字的用法，因为每个单字都具有不同的意义。然而，就算在中国诗内，字体的多寡也左右了要表达的感情。古诗较随意，汉诗以五言为主，唐代则重七言，到了宋代，流行的便是长短句——词——了。不同的体裁，微妙地反映了不同朝代文人的感受。

因之，数学的研究改变了科学发展的航道。举例而言，对傅里叶分析的理解越深入，我们就越能理解波的运动及图像的技巧。反之，现实世界也左右了数学的发展。波运动及其谱所显示的美，乃是这些科目发展的原动力。这些学科对现代技术及理论科学的影响极其深远。没有微积分这种起源于阿基米德的伟大语言，很难想象牛顿能发展出古典力学。毫无疑问，法拉第精通电学和磁学。但电磁学的完整理论要归功于麦克斯韦方程。电磁学对光、无线电波和现代科学的研究是极为重要的。

除了作为一种语言，以及一门纯美的学科外，数学还是研究秩序的科学。我们引一段美国数学会前会长、哈佛大学教授格臣（Andrew Gleason）的话：

> 数学乃是秩序的科学，它的目的是发现、刻画、了解外观复杂情况的秩序。数学中的概念，恰好能够描述这些秩序。数学家花了几百年来寻找最有效地描述这些秩序的精微曲折处。这种工具可用于外在世界，毕竟现实世界是种种复杂情况的缩影，其中包含大量的秩序。

由是观之，数学能大用于经济学，是毫不奇怪的。好几个诺贝尔经济学奖获得者，其工作皆与数学有关。

大量重要的数学，原意是为解决工程上的问题。比如，维纳（N. Wiener）及其弟子，是信息科学的先驱。他们发展出来的如随机微分方程、维纳测度论、熵论等，最终都远远超出他们原来的动机。Bucy-Kalman 滤子理论在现在控制论中举足轻重，而冲击波则在飞机设计中起着关键的作用。

最纯粹的数学，要算是数论了。其根源可以追溯到古代巴比伦、希腊及其他国度。它精美绝伦，没有大数学家不曾为其倾倒。在过去 20 年间，我们看到了数论在信息安全上的重要应用。解码学依赖于大量与因子分解为质数的问题。自我修正数码也依赖于代数几何学。

几何来源于土地测量及航海。虽然它确实解决了有关的问题，但它的功能远远超出了两者，它演变成为时空物理的基石。

差不多所有原先为追求纯美而发展的数学分支，都在现实世界中找到了重要的应用。

1995 年，美国工业与应用学会发表了一项报告。他们透过电话访问了工业界的 75 位经理。差不多有一半人指出数学是他们必需的背景或工具。这些受访者的教育背景如下：

专业	博士	硕士
数学	16%	11%
工程	13%	6%

续表：

物理	13%	3%
统计 / 生物统计	9%	5%
商业 / 管理	0	11%
计算机	0	6%
化学 / 生物	0	3%

这份报告也指出数学的应用如下：

代数与数论	解码学
计算流体力学	飞机及汽车设计
微分方程	空气动力学、渗流、金融
离散数学	通讯及信息安全
形式系统及逻辑	计算机安全、验算
几何	计算机工程及设计
最优化	资金投放、形状及系统设计
并行计算	天气预告模式、仿真
统计	实验设计、大量资料的分析
随机过程	信号分析

中国数学概观

中国认识到现代科技的重要，这点是不容置疑的。过去十年间我国科技的惊人发展，就论文的数量而言，十分可观。单凭数学一项，从下表可见，中国人发表文章的百分率，就从6%上升到10%（必须指出，所谓中国人包括居于世界各地的中国数学家，在美国侨居者不少）。

美国数学会《数学评论》中国数学家的论文

论文总数	被评论的论文	比例
1990	3472	6.1%
1991	3944	6.9%
1992	4158	7.1%
1993	4458	7.9%
1994	4654	8.1%
1995	5201	8.5%
1996	5369	8.6%
1997	5800	8.8%
1998	6399	9.6%
1999	6587	9.5%
2000	6677	9.6%
2001	6845	9.9%
2002	7239	10.4%

诚然，论文的多寡，可以视为研究频繁疏落的指标。然而细心审视一下，可以看到发表于一流期刊的文章，毕竟只属少数。故此当务之急是提升论文的水平。国人工作能开拓一领域，或指出一重要方向者，寥若晨星。过分重视文章的数量，对研究有负面的效果。我国数学家也有不错的。早在 20 世纪 50 年代末期，华罗庚教授及冯康教授已开拓了某些领域。当时比较封闭的环境，不但没有妨碍其工作，还使他们走出了自己的道路。

政府过分依赖海外学者，唯他们马首是瞻，这会给国内的才俊带来心理包袱。试举一例子。去年数学界宣布的大事是拓扑学中的庞加莱猜想可望解决了。解决的方案基于刘理察·汉密尔顿（R. Hamilton）方程的研究。理察·哈密尔顿与我是老朋友。早在 1996 年，我就了解到他工作的重要性了。于是我跑回来，跟这里的同行说明了这方程的价值，并指出顺藤摸瓜，硕果累累，因此必须开展这方面的工作。

中山大学的朱熹平教授当时正在香港中文大学访问。他接受了挑战，开展了这方面的研究，深入地探讨这个方程式，最后得到一流的成果。

到了 2022 年，俄国人佩雷尔曼（Grigori Perelman）突然宣布，他用汉密尔顿方程解决了庞加莱猜想。他说，他做这个问题七年。在这些年中，他问了我们几个朋友不少问题，我们也向他解释了自己的方法，其中不少想法出现在他的文章中。

我深信新世纪必有新学问，而数学亦会是其主要工具。我国数学家在其中会扮演关键的角色。我们要勇闯新天地，一旦决定自以为重要的方向时，便一往无前，不管能否发表大量的论文。

当今中国数学界面对的大难题，便是缺乏领导者。陈省身老师德高望重，是国内仅存的世界级大师，但他已经年过 90 了。为了解决这个问题，很多大学向海外招手，聘任一些访问教授，每年回来工作一两个月。

我觉得学术上的带头人应该让国内的学者来当。当下许多大学竞相招揽名教授，并以此自炫。其实，这些名教授大都任教于海外，他们不可能全心致力于中国的学术发展。兼之，他们的学术成就，亦往往受到其国内同行的夸大。这种合作的模式，并不如外界看到的那样成功。不过，话说回来，我还是认为国际合作对中国是相当重要的。

中国可尝试邀请那些与中国并无渊源的学者来华。一种真正的国际化气氛，会把中国的科学提升到新的境界。

一个可行的办法，就是成立普林斯顿高等研究院式的机构。当年爱因斯坦及其他伟大的理论科学家，便是在普林斯顿进行研究，终其一生的。这个研究院必须具有崇高的使命，并面向全世界。在其中长期任职的，必须是学术上的殿堂人物，受到政府的尊敬。他们自然也不必局限于中国人。我希望中国能在短期内成为研究大国。

科学是堆砖头，数学家将之变成华厦。

——庞加莱

诚然，没有砖头或有关砖头的知识，便不可能有成功的设计。唯有数学家与其他科学家的紧密合作，才能为科学打下基础。我们应该鼓励数学家与其他科学家合作。数学的本性，决定了它会随着科学研究的需求而拓宽自身的领域，并会随着综合分析而更为深入。因此，在这个新世纪，数学将成为所有科学的中心。

文化与创新 [1]

> 身与时舛，志共道申。标心于万古之上，而送怀于千载之下！

承蒙中国科协的邀请，在这个"我是科学家"的年度庆典上谈谈"文化与创新"这个问题。

我想科协对这个问题有兴趣，大概是这几年来中国工业界发现，在最尖端的科技上，中国始终落后西方国家一步，还没有足够引领世界工业的技术。近年来科技产品发生的激烈竞争，使政府和工业界了解到我国的创新能力不够。西方的高等教育机构和美国的公司，却不断地在创新，不断地从基础上改变原有的技术。

---

1 本文系作者于 2019 年 12 月 21 日中国科协在中国科技馆举办的《我是科学家》年度盛典的演讲稿，同日刊于《数理人文》微信公众号。编者略有修改。——编者注

创新源自对真理的追求

创新恐怕是一个相当深入的文化问题，这里包含着我们民族价值观的探讨。一般中国家庭对于孩子的期望，认为民生的问题高于一切，孩子日后生活能够丰衣足食，就很满足了。至于有家业的，更希望他们继承家业，或许升官发财。至于孩子个人的兴趣和理想，却往往不在父母的计划里，更遑论鼓励孩子去寻找科学中的真和美的理想了！

在这十多年来，我每年都会主持中学生的科学竞赛，和全国优秀的学生多有接触，他们的工作和外国相比，绝不逊色。许多得奖的学生很有天分和能力，假如继续做科学研究的话，应该会有成就的。但是相当多的学生决定去读金融，或是最有可能赚钱的科目。很多同学向我诉说，他们的决定由家长和老师指引。

在浓厚的功利主义的气氛下，即使创新也只能产生二流的结果。究竟我们想达到创新的什么境界？值得我们深思。

一个学者只是创造出一些普通的理论，发表一些普通的论文，是不是有很大意思呢？我们的高校和政府机关，要看论文多少，帽子多少，来决定一个学者的职位。在某些学术方向，中国的论文数目已经超过其他国家，但是做这些学问的学者，却往往知道我们在这些方向的学问深度不如人。由中国学者创作而又领先的学问实在不多，但是我们在别人创作出来的基础上再上一层楼，却还是不错的。政府大概也是很清楚这个状况，尤其在美国的排挤下，极力要求学者创新。

其实要创新必须注意一个重要的事情，就是不单单走前人走过的路，还要走一条有意义的路！很不幸的，中国文化传统不喜欢这样。中国三千多年来，都重视孝道。孔子说：三年无改于父之道，可谓孝矣。这样的孝道以后发展成对老师及其派系的盲从。大部分中国人为了家族的利益，会不顾一切。扬名声，显父母，曾是古代中国人的毕生志愿。直到今天，大部分人心底里还是这么想。在寻求真理的路径上，大部分人都不愿意偏移对于某些老教授的盲目尊崇。即使这些老教授已经几十年不做科研，只在说一些空洞的话。

我们也知道，科学史上记载的重要工作，都是在巨人的肩膀上完成的。所以我们要在巨人肩膀上走出新路来，路固然是由我们自己去摸索。但是最重要的是走出一条有意义的路，这条路必须能够更深入地了解大自然，而不是哗众取宠，让媒体甚至是学校或者是政府来吹捧。

我本人很感激我的父母。在我们家境极度穷困的时候，他们仍然尽心尽力地支持我去读书。在我10岁的时候，我父亲开始教导我文学、诗词、历史和哲学的想法。中国古代的经学和文学，提供了我处身立世的规范，培养了我做人的气质。从历史的事实上，我学习了在处事和研究学问时应对进退的方法。至于哲学思想，尤其是希腊的哲学，让我始终对学问保持宏观的看法。少年时代的教育影响了我一辈子。

我14岁时，父亲去世。对于我来说，这是我一生最艰难的日子，但是它也让我极快成熟。以后我做学问，不怕艰难，不畏强权，择善固执，而又能够苦中作乐，都是从这段日子训练出来的。

上述这些锻炼，对于我来说，可以说是我学习创新的基础。

我从父亲的教导里，开始知道什么是不朽的学问。他写了一本书，叫作《西洋哲学史》(岳麓书社，2011年)，其中引用《文心雕龙》的几句话：

> 嗟乎！身与时舛，志共道申。
>
> 标心于万古之上，而送怀于千载之下！

做好学问至于不朽，使我感动不已。

我最感激我父母的地方，在于他们对于我的教育和期望，精神为重，物质次之。他们认为对我的教育，应该顺着我的兴趣来发展，不用计较我成长以后的收入。

所以我以后做学问时，都希望能够深入了解大自然的奥妙，发现前人之所未知，影响后人，垂久不息。

站在巨人的肩膀上创新

我生平第二件重大的事情，是到加州大学伯克利分校读研究院。初到美国时，我知道的学问实在太过肤浅了。于是我一方面大量地学习经典的著作，一方面揣摩历代大师的想法，终于找到自己喜欢的学问。在研究院一年级时，我决定学习几何学。因为我觉得几何学是一门深刻的学问，同时它和其他科学有着密切的关系，值得花一辈子的功夫。

在我刚开始学习几何学时，我整日泡在图书馆里。在博览群书后，我终于找到了几何学中一个有意思的问题，并且解决了它。

这件事情使我在研究院中略带名气，所幸我不以为傲，继续找寻更有前途、更能够深入了解几何学的方向。当时伯克利分校有一位名叫莫里（Charles Morrey）的老师，教导我偏微分方程的方法，他教导的工具使我终生受用不尽。深思熟虑后，我决定将几何学和分析学（尤其是非线性方程的方法）融合起来，主要目标是产生新的观点，新的工具来解决几何学上一些悬而未决的重要问题。

这个时候我拜陈省身教授为我的博士导师。陈先生是纤维束理论的创始人之一，这个理论在拓扑学上由惠特尼（Hassler Whitney）建立。在物理学上，则是由 20 世纪最伟大的数学物理学家外尔（Hermann Weyl）在 1929 年创立。他提出的规范不变原则，成为现代物理学一个最重要的准则。当时叫作规范理论，以后陈先生在 1945 年发展了这项理论中最重要的陈类，成为现代物理学极为重要的一项数学工具。

我对陈先生构造的陈类极为景仰。因此我认为要发展我想象的几何分析的第一步，可以从分析的立场上彻底理解陈类开始。我认为这一步可以让我建立起几何、分析和代数的主要桥梁。这个计划的第一步就是了解陈类中的第一类。

我对第一陈类情有独钟，终生不渝！为什么呢？

1933 年，陈先生在德国汉堡大学做研究生时，跟随布拉施克（Wilhelm Blaschke）和凯勒（Erich Kähler）两位教授学习几何学。凯勒教授在这一年发表了一篇重要论文，为 Kähler 几何奠基。在这一篇文章里，我们已经看到第一陈类的曲率表示。凯勒发现在 Kähler 空间中，爱因斯坦方程的表述特别简洁而又美丽。

我做研究生时，对于爱因斯坦方程极感兴趣。但是爱氏方程非常复杂，直到 20 世纪 70 年代，学者们只知道这个方程少数的解。正在这时，我在图书馆翻读旧的期刊时，看到卡拉比（Eugenio Calabi）教授的一篇文章，他发挥凯勒文章的内容，建议在 Kähler 空间中解决爱因斯坦的重力方程。他大胆地做了一个猜测，提出一个很漂亮的想法，有系统地去构造没有物质的时空。

当我看到卡拉比教授的建议时，极为激动！因为我认为几何学发展的瓶颈，在于构造大量有意义的空间，这些空间又必须要具备良好的曲率。我当时想，几何学要有突破，必须要找到这些空间。卡拉比猜测正好提供了我梦寐以求的解决方法。

但奇怪的是，当我向陈先生解释卡拉比猜想的时候，他的回答让我失望：他说数学上猜测多如牛毛，不用太过在意区区一个卡拉比猜想。

但是我已经形成了自己对几何学的看法。我认为卡拉比猜想无论是对的，或者是不对的，都必须解决。就如一块大石在江河的中心，不移开的话，水流不会通畅。所以我还是继续努力去考虑这个问题。

陈先生真是伟大，对好的学问愿意兼容并蓄。当我的研究进展顺利时，他开始改变他的看法（这样宽怀的中国学者并不多见！中国科学的崛起，恐怕需要年长的学者都有这样的胸襟）。

苟真理之可知，虽九死其犹未悔

其实对某些现象或者学术方向的好奇，固然是创新的开始。但是在没有完全了解真理以前，我们没有办法肯定如何去发掘它。一般来说，深刻的洞察力要看学者本身学问的深度，有了长年累积的经验，不断接触最新的科研，学者才能看到问题的远景。

历史上很多划时代的贡献，完成的时候可能和出发时候的目标和想法完全不一样。很多人觉得没有完成原本定下来的目标，就是一个极大的失败。这是错误而不科学的观点，他们忘记了严格证明某种事情是不可能达到的，本身就是一个很有意思的成就。

在这里可以举个例子：19世纪以前很多物理学家相信以太的存在。在1887年时，迈克尔逊（Albert A. Michelson）和莫雷（Edward W. Morley）在美国俄亥俄州做了一个实验，证明以太并不存在。对于很多人来说，没有找到任何东西，这个实验是失败的。但是事实上，这个实验对于光的性质有深入的了解，它为相对论奠定了最重要的基础。这个实验可以说是人类有史以来最重要的实验之一。

尽管当时的大物理学家在解释光的波动时，需要以太这种介质来帮忙，深信以太的存在，但是真理毕竟是真理，所谓伟人的意见在真理面前都会变得渺小。我们找寻真理，必须要有崇高的志愿，也需要经得起失败的挫折。

我在做研究生时就要解决卡拉比猜想，可谓朝思暮想，因为这是微分几何中流砥柱的问题。我年轻，将所有精力放在这个问题上，我以后描述当时的心境：苟真理之可知，虽九死其犹未悔！

在开始做这个问题时，我随波逐流，和大家一样，认定这个猜想的结果太过美妙，不可能正确，拼命找寻反例。三年后，在一个大型的国际会议中，我竟然宣布我已经找到反例。当时大家都同意我这个论断，但是真理不是由众人来决定的。过了三个月后，卡拉比先生和我讨论我的论点时，一下子找到了毛病。我极为焦急，于是"上穷碧落下黄泉"地去找寻反例。有两个礼拜几乎不眠不休地工作，结果都不行。经过这个痛苦的经验后，我终于决定这个猜想应该是对的。但是我的其他朋友不相信，还是继续在找寻反例。

找到了正确的方向后，是不是灵感来了，问题就解决了呢？不是的！

要证明卡拉比猜想比做反例困难得多。因为我们需要解一个非线性的偏微分方程，同时要在弯曲的空间上解这个方程。以前从来没有人做过这样的事情，所以我要从基础做起，一步一步地摸索。

刚好我这时已经在斯坦福大学做教授，我有位极为杰出的博士生孙理察（Richard Schoen），他的创造力和想法都远远超过我教导的其他学生。还有当时的同事西蒙（Leon Simon），和在伯克利分校的郑绍远，都可以说是一代英杰。我们互相交流，再加上伊利诺伊大学的乌伦贝克（Karen Uhlenbeck）和康奈尔大学的汉密尔顿（Richard Hamilton），我们努力地将几何分析这门学科一步一步地建立起来，我终于在 1976 年新婚不久，解决了卡拉比猜想。

它的解决很快就引起数学界的重视。因为它建立了从非线性分析到代数和几何的一条重要的桥梁，好几个悬而未决的几何大问题由它解决成功。

八年后，物理学家发现它可以用来构建弦理论中的基本时空，他们将这些空间叫作卡拉比—丘（Calabi-Yau）空间。

好多人问：它究竟是什么空间？简单地说，它是一个不包含物质而又有内对称的空间（内对称有时也被称为超对称）。

什么时候空间存在内对称呢？我现在试着用一个通俗的例子来描述空间的内对称这个观念。

假如空间中不同的地方，有两个不同的天文台 A 和 B。这两个天文台都在观察同样的天象，但是我们需要比较他们观察的结果。于是我们将望远镜放在一部车子从 A 运到 B 来比较，这个望远镜在移动时，尽量保持它的方向。但是车子可以走不同的路径，叫它们做路径 a 和路径 b 吧。我们发现：假如空间的曲率不是零的时候，在路线 a 和路线 b 移动我们的望远镜时，得出来的结果不一样。它们转了个角度，路线很多，转的角度也很多！

现在来看看什么时候，空间存在内对称。

我们在天文台 A 和天文台 B 可能都有 10 个望远镜，但是天文台 A 的 10 个望远镜可以分为两组 C 和 D，每组 5 个。天文台 B 的 10 个望远镜也可以分为两组 E 和 F，每组也是 5 个。

假如每次移动天文台 A 的望远镜到天文台 B 时，无论走任何路线，C 组望远镜的方向总是移动到 E 组望远镜中的一个方向，D 组的望远镜总是移到 F 组望远镜中的一个方向。有这样性质的空间，我们说它存在内对称！

在近代物理学中，内对称是一个很重要的观念。它对研究时空量子化起了十分重要的作用。而卡拉比—丘空间恰恰有这样的内对称，美妙极了！

所以在完成卡拉比猜想后，我心里的感觉用两句宋词来表达：

落花人独立，微雨燕双飞！

物理学家和数学家共同努力的结果，产生出重要的想法，解决了一大片重要的问题。覆盖面愈来愈全面，其中包括代数和数论。

在这个过程中，我需要深入思考。在挫败之后再站起来，学习新的知识，创造自己的路径，寻求朋友和学生的帮忙，这些都是不可或缺的。

我本人相信没有通过个人的努力，没有办法达到宏大的目标。要经得起挫折，才能够成功！

我上中学时每学期开始时唱一首《青年向上歌》：

> 我要真诚，莫负人家信任深。
> 我要坚强，人间痛苦才能当！

科研创新带来无比的快乐。但是没有经过火的考验的创新，往往深度不够。愿新一代的中国学子能够体会和享受大自然真和美的欢乐！

学问、文化与美 [1]

> 从表面上看，音乐的美是用耳朵来感受的，美术的美是用眼睛来感觉的，但是对美的感觉都是一种身心感受，数学本身就是追求美的过程。

今天非常高兴能来到北京师范大学附属中学。北京师范大学附属中学是一座历史非常悠久的学校，到今年已经成立 110 周年了，历史上培养了很多人才，我在这表示钦佩。中学是培养人才非常重要的阶段，所以我非常愿意和中学生交流。由于中学生数学奖的评选，我也了解了国内中学的一些情况，总的来说很不错，但是也有一些需要改进的地方。其实我没有受过教师的专业训练，也没有在中学教过书，我今天来到这里，主要想结合我自己的亲身经历，来谈谈我对中学教育尤其是中学数学教育的看法。

---

1 本文系作者 2011 年在北京师范大学附属中学所作《关于中学数学教育》演讲之内容修订而成，原刊于《数学与人文》丛书第 8 辑《数学与求学》（2012 年）和 2021 年 5 月 15 日《数理人文》微信公众号。——编者注

启蒙教育往往奠定一生事业的基础

一个中学生首先受到的教育是家庭教育，所以我结合个人的成长经验先谈谈家庭教育。

我在 1960 年通过考试到香港培正中学读书。培正中学是一所非常有名的学校。我的小学教育是在香港的乡村完成的，连最基本的英文和算术都不够水平，所以念中学一年级需要比较用功才能追上培正的课程。但是在乡下的学校闲散惯了，始终提不起很大的兴趣念书。当时的班主任是一位叫叶息机的女老师，培正当时每学期有三段考试，每段结束时，老师会写评语。第一期叶老师说我多言多动，第二期说我仍多言多动，最后一期结语说略有进步，可见我当时读书的光景。

所幸先父母对我管教甚严。先父丘镇英，1935 年厦门大学政治经济学专业毕业，翌年进入日本早稻田大学大学院深造，专攻政治制度与政治思想史。先父当学院教授的时候，学生常到家中论学，使我感受良多。我 10 岁时，父亲要求我和我的大哥练习柳公权的书法，念唐诗、宋词，背诵古文。这些文章到现在我还可以背下来，做学问和做人的态度，在文章中都体现出来。

我们爱看武侠小说，父亲觉得这些小说素质不高，便买了很多章回小说，还要求我们背诵里面的诗词，比如《红楼梦》里的诗词。后来，父亲还让我读鲁迅、王国维、冯友兰等的著作，以及西方的书籍如歌德的《浮士德》等。这些书看起来与我后来研究的数学没有什么关系，但是这些著作中所蕴含的思想，对我后来的研究产生了深刻的影响。

我小时候家里很穷。虽然父亲是大学教师，但薪水很低，家里入不敷出。我至今非常感激父母，从来没有鼓励我为了追求物质生活而读书，总是希望我们有一个崇高的志愿。他在哲学上的看法，尤其是述说希腊哲学家的操守和寻求大自然的真和美，使我觉得数学是一个高尚而雅致的学科。父亲在所著《西洋哲学史》的引言中引用了《文心雕龙·诸子》篇的一段："嗟夫！身与时舛，志共道申。标心于万古之上，而送怀于千载之下。"这一段话激励我，使我立志清高，也希望有所创作，能够传诸后世。我父亲一直关心着国家大事，常常教育子女，做人立志必须以国家为前提。我也很喜欢读司马迁的作品。司马迁的"究天人之际"正可以来描述一个读书人应有的志向。

一个学者的成长就像鱼在水中游泳，鸟在空中飞翔，树在林中长大一样，受到周边环境的影响。历史上未曾出现过一个大科学家在没有文化的背景里，能够创造伟大发明的。比如爱因斯坦年轻时受到的都是一流的教育。

一个成功的学者需要吸收历史上累积下来的成果，并且与当代的学者切磋产生共鸣。人生很短，无论一个人多聪明，多有天分，也不可能漠视几千年来伟大学者共同努力得来的成果。这是人类了解大自然、了解人生、了解人际关系累积下来的经验，不是一朝一夕所能够成就的，所以一个人小的时候博览群书是非常重要的。有人自认为天赋很高，不读书就可以做出很多题，在我看来是没有意义的。四十多年来，我所接触的世界上知名的数学家、物理学家、社会学家，还没有这样的天才。

最近有一位日本"80后"作家加藤嘉一在新书《中国的逻辑》中，谈到在中国，知识非常廉价。中国的物价、房价都在涨，独书价不涨。书价便宜的原因是买书的人少。中国的文化是很深厚的，如果你们青年人不读书，几千年的文化不能传承。不论经济怎么发展，但是文化不发展，中国都不可能成为大国。所以我希望大家多看书，看有意义的书，这是一件有意义的事情。

在小学学习的数学不能引起我的兴趣，除了简单的四则运算外，就是鸡兔同笼等问题。因此我将大部分时间，花在看书和到山间田野去玩耍上，也背诵先父教导的古文和诗词，反而有益身心。

在初中一年级，我开始学习线性方程，这使我觉得兴奋。因为从前用公式解答鸡兔同笼问题，现在可以用线性方程组来解答。不用记公式而是做一些有挑战性的事情，让我觉得很兴奋，成绩也比小学的时候好。我父亲在我读 9 年级（初中三年级）的时候就去世了。先父的去世使我们一家陷入困境。但母亲坚持认为孩子们应该继续学业。尽管当时我有政府的奖学金，但仍不够支付我所有的费用。因此我利用业余时间给小孩子做家教挣钱。

我了解了历史上著名学者的生平，发现大部分成名的学者都有良好的家庭背景。人的成长之路很多，原因也很多，相关的学术观点也莫衷一是。但是良好的家教，无论如何都是非常重要的。童年的教育对一个孩子的影响是重要的。启蒙教育是不可替代的，它往往奠定了一生事业的基础。虽然一位家长可能受教育的程度不高，但是他在孩子很小的时候，仍然能够培养孩子的学习习惯和学习乐趣。对孩子们来说，学到多少知识并不是最重要的。兴趣的培养，才是决定其终身事业的关键。我小学的成绩并不理想，但我父亲培养了我学习的兴趣，成为我一生中永不枯竭的动力，可以学到任何想学的东西。相比之下，中国式的教育往往注重知识的灌输，而忽略了孩子们兴趣的培养。甚至有的人终其一生，也没有领略到做学问的兴趣。

无论如何，学生回家以后，一定要有温习的空间和时间；遇到挫折的时候，需要家长的安慰和鼓励。这是很重要的事情。

另外，家长和老师需要有一个良好的交流渠道，才会知道孩子遇到的问题。现在有些家长都在做事，没有时间教导小孩，听任小孩放纵，反而要求学校负责孩子的一切，这是不负责任的。反过来说，由于只有一个小孩的缘故，父母很宠爱小孩，望子成龙。很多家长对小孩期望太高，往往要求他们读一些超乎他们能力的课程。略有成就，就说他们的孩子是天才，却不知是害了孩子。每个人应该了解自己的能力，努力学习。

平面几何提供了逻辑训练

平面几何的学习是我个人数学生涯的开始。在初中二年级学习平面几何，第一次接触到简洁优雅的几何定理，使我赞叹几何的美丽。欧氏《几何原本》流传两千多年，是一本流传之广仅次于《圣经》的著作。这是有它的理由的。它影响了整个西方科学的发展。17世纪，牛顿的名著《自然哲学的数学原理》的想法，就是由欧氏几何的推理方法来构想的。用三个力学原理推导星体的运行，开近代科学的先河。到近代，爱因斯坦的统一场论的基本想法是用欧氏几何的想法构想的。

平面几何所提供的不单是漂亮而重要的几何定理，更重要的是它提供了在中学期间唯一的逻辑训练，是每一个年轻人所必需的知识。有些数学教育家们坚持不教证明，原因是学生们不容易接受这种思考。诚然，一个没有经过逻辑思想训练的学生接受这种训练是有代价的，怎样训练逻辑思考是比中学学习其他学科更为重要的问题。将来无论你是做科学家，是做政治家，还是做一个成功的商人，都需要有系统的逻辑训练，我希望我们中学把这种逻辑训练继续下去。中国科学的发展都与这个有关。

明朝时利玛窦与徐光启翻译了《几何原本》。徐光启认为这本书的伟大在于一环扣一环，能够将数学解释清楚明了，是了不起的著作。开始中国数学家不能接受，清朝康熙年间，只讲定理的内容不讲证明，导致中国近代科学没有能力接受西方近代科学的伟大成就。

几何学影响近代科学的发展，包括工程学、物理学等，其中一个极为重要的概念就是对称。希腊人喜爱柏拉图多面体，就是因为它们具有极好的对称性。他们甚至把它们与宇宙的五个元素联系起来：

·火——正四面体；

·土——正六面体；

·气——正八面体；

·水——正二十面体；

·正十二面体代表第五元素，乃是宇宙的基本要素。

这种解释大自然的方法虽然并不成功，但是对称的观念却自始至终地左右了物理学的发展，并终于演化成群的观念。到 20 世纪影响高能物理的计算以及基本观点的形成，这个概念今天已经贯穿到现代数学和物理及其他自然科学和工程应用等许多领域。

我个人认为，即便在目前应试教育的非理想框架下，有条件的、程度好的学生也应该在中学时期，就学习并掌握微积分及群的基本概念，并将它们运用到对中学数学和物理等的学习和理解中去。牛顿等人因为物理学的需要而发现了微积分。我们中学物理课为什么难教难学？恐怕主因就是要避免用到微积分和群论，并为此而绞尽脑汁，千方百计地绕开。这等于是背离了物理学发展的自然和历史的规律。

至于三角代数方程、概率论和简单的微积分都是重要的学科，这对于以后想学理工科或经济金融的学生极为重要。

音乐、美术、体育对学问和人格训练至为重要

我还想谈谈音乐、美术、体育以及这些课程与数学的关系。

柏拉图于《理想国》中以体育和音乐为教育之基，体能的训练让我们能够集中精神，音乐和美术则能陶冶性情。古代希腊人和中国儒家教育都注重这两方面的训练，他们对学问和人格训练至为重要。

从表面上看，音乐的美是用耳朵来感受的，美术的美是用眼睛来感觉的，但是对美的感觉都是一种身心感受，数学本身就是追求美的过程。20世纪伟大的法国几何学家嘉当（Élie Cartan）也说："在听数学大师演说数学时，我感觉到一片的平静和有着纯真的喜悦。这种感觉大概就如贝多芬（Beethoven）在作曲时让音乐在他灵魂深处表现出来一样。"

美术，是以一定的物质材料，塑造可视的平面或立体形象，来反映客观世界和表达对客观世界的感受的一种艺术形式。而几何也是描述我们看到的、心里感受到的形象。而数学家也极为注重美的追求，也注意到美的表现。伟大的数学家、物理学家外尔（Herman Weyl）就说过："假如我要在大自然的真和数学里面的美做一个选择的话，我宁愿选择美。"很幸运的是：自然界的真往往是极为美妙的。真的要做点学问的话，就要懂得什么叫美，如何在各种现象中找到美的感觉。数学的定理有几千万，如何选择完全凭个人的训练感受。

普林斯顿高等研究院的徽章就体现了真和美，左手面是裸体的女神，右手面是穿着衣服的女神。无论文学家、美术家、音乐家或数学家都在不断地发掘美，表达他们由大自然中感受到的美。一个画家要画山水画，到三峡、到泰山、到喜马拉雅山看到的风景是不同的，你没有去过，一切都是空谈。我们看某个风景的图片和亲自去感受是不同的，所以做学问也是同样道理，只有身临其境才知道什么是真的好，是真的美。

现在来谈谈体育。无论希腊哲学也好，儒家哲学也好，都注重体魄的训练。亚里士多德认为希腊人有超卓的意志（high mindedness），意指希腊人昂昂然若千里之驹，自视甚尊，怜人而不为人怜，奴人而不为人奴。正如孟子所谓"富贵不能淫，贫贱不能移，威武不能屈"。做学问的人也要有这样的气概。综观古今，大部分数学家主要贡献都在年轻时代，这点与青年人有良好的体魄有关。有了良好的体魄，在解决问题时，才能集中精神。重要的问题往往要经过多年持久地集中精力才能够解决。正如《荷马史诗》里面描述的英雄，不怕艰苦，勇往直前，又或如玄奘西行，有好的体魄才能成功。

学习的过程既有渐进，也容突进

现在有很多教育家反对学生记熟一些公式，凡事都需由基本原理来推导，我想这是一个很错误的想法。有些事情推导比结论更重要，但是有些时候是不可能这样做的。做学问往往在前人的基础上向前发展。我们不可能什么都懂，必须基于前人做过的学问来向前发展。通过反复思考前人的学问，才能理解对整个学问的宏观看法。跳跃向前发展，再反思前人的成果。当年我们都背乘数表，而事实上很多科学家都不在乎如何去推导乘数表，物理学家或工程学家大量利用数学家推导的数学公式而不产生疑问，然而科学还是不停地进步。可见学习的过程不见得都是渐进，有时也容许突进。我讲这个例子不是让大家偷懒，不会就算了，而是希望大家不要因为有些不懂就放弃，就停滞不前。

举一个有名的例子，就是 $\exp(i\theta) = \cos\theta + i\sin\theta$，三角函数中比较重要的定理都可以由这个公式推导。我们不难推导它，但是有些学者坚持中学生要找到它的直观意义，其实，我们不需要知道它的直观意义，只要将这个公式灵活运用，就可以得到极大的效果。

很多中学都不教微积分。其实中世纪科学革命的基础在于微积分的建立。而我们的孩子不懂得微积分，等于是回到中世纪以前的黑暗时代，实在可惜。

我听说很多小学或是中学的老师，希望学生用规定的方法学习，得到老师规定的答案才给满分，我觉得这是错误的。数学题的解法是有很多的，比如勾股定理的证明方法至少有几十种，不同的证明方法帮助我们理解定理的内容。19世纪的数学家高斯，用不同的方法构造正十七边形，不同的方法来自不同的想法，不同的想法导致不同方向的发展。所以数学题的每种解法有其深厚的意义，你会领会不同的思想，所以我们要允许学生用不同的方法来解决问题。

实际上，很多工程师甚至物理学家有时并不严格地理解他们用来解决他们问题的方法，但是他们知道如何去用这个方法。对于那些关心如何严格推导数学方法的数学家来说，很多时候也是知道结果然后再回去推导那些公式。所以我们要明白学习的方法，有时候需要倒过来考虑问题，先知道做什么，再知道为什么这样做。要灵活处理这些关系。

要有新的能量激发人

物理学的基本定律说物体总是寻找最低能量的状态，在这种状态下才是最稳定的。你们的学习态度，包括我自己，基本也有同样的状况。人总是希望找到各种理由，使得有时间去做他喜欢的事。就如电子在一定轨道上运行，因为这是它的能量所容许的。但有其他能量激发这些电子后，它可以跳跃。对孩子的学习，我们也需要有新的能量激发使他跳跃。

这种激发除了考试的分数，也来自老师的课堂教学。例如一些有趣的问题，或者非常有名的数学家的故事，都会引起学生的兴趣，学生都喜欢听故事。历史上有趣的故事很多，值得学生们学习。

美国的中学注重通才教育。数学以外的学科，例如文学、物理学、哲学，都会刺激学生的思考能力，值得鼓励。

要注重对人格和品性的培养

假如学生在学校里不能学习与人相处，并享受到它的好处，就不如在家里请一位家庭教师来教导。现代社会乃是一个合群的社会，学生必须学习与同学相处，并尊重有能力有学问的老师和同学。学生必须懂得如何尊重同学的长处，帮助有需要的同学。学生要培养与他人沟通合作的能力、独立思考的能力、团队协作的精神，对周围人和对社会的责任感等，并在这种环境中去训练自己。

美国的教学体系，有很多值得我们学习，虽然它也不是一个理想化的体系。比如美国的高中和大学对成绩就不给出分数，只给出 A、B、C、D。这不是件坏事情，可以削弱学生之间不必要的竞争。为分数的斤斤计较以及争夺班里的第一名，会破坏学生之间的合作，集体的力量得不到尊重。中小学教育里特别注重于对学生独立人格和品性的培养，学生的个性和个人特点也受到充分的尊重和肯定。不少学校把对个人品德的要求，按头一个字母缩写成 PRIDE（荣誉），即 Perseverance（坚持）、Respect（尊重）、Integrity（正直）、Diligence（勤奋）、Excellence（优秀），作为学生自我要求的基本要点。这种美德的评价要尊重人的本性。对于学生本人，要形成自己独立的价值观。

对中学生来说，永葆一颗纯真的童心，保持人与生俱来的求知欲和创造能力，展示自己的个性，这对今后的学习和工作是至关重要的。衷心地希望在座的各位可爱的孩子们快快乐乐、健健康康地成长。

培养数学人才之我见 [1]

> 只要一切处理得宜，我认为十年内，中国的数学会领导世界，菲尔兹奖得主也会在神州大地诞生。

近几年来，国际关系紧张，中国种种先进的科技产品被外国卡脖子。科技界开始认识到基础科学的重要性，它是国家科技能否领先的决定性因素。我们也从中了解到西方积累数百年的竞争力所在。

我们知道，美国众多大学是美国基础科学的支柱。有趣的是，这些大学草创之初，不少是以发展技术为目标的。但是他们发现，要在科技上领先，必须先在基础科学方面有所作为，这是他们总结出来的宝贵经验。世界顶尖的麻省理工学院（Massachusetts Institute of Technology, MIT）和加州理工学院（California Institute of Technology, Caltech）产生了大量的

1　本文系作者 2021 年 11 月 20 日在怀柔综合性国家科学中心第二届雁栖人才论坛上的演讲内容，刊于 2021 年 11 月 22 日《数理人文》微信公众号。——编者注

诺贝尔奖和菲尔兹奖得主（MIT：8位菲尔兹奖得主，Caltech：4位菲尔兹奖得主），可他们的名字都叫理工学院（Institute of Technology）而非大学！

我要进一步指出，基础科学的基础是基础数学。回顾科学演进的长河，基础科学的突破是和基础数学的发展分不开的。从阿基米德、牛顿、欧拉、拉格朗日、高斯、黎曼、麦克斯韦、希尔伯特、庞加莱，直到20世纪的爱因斯坦、狄拉克、外尔、柯尔莫果洛夫等，都是同时在基础科学和基础数学上有突出贡献的学者。

国家领导人对于如何培养杰出的基础数学人才，已经讲过很多次，在总书记和总理的公开谈话中都可以找到。可是，我发现到了部分地方官员或大企业领导的手里，基础数学竟然被改变为应用数学，作为快速提升GDP的方法，结果却是一事无成。

当前，要好好地培养一流的基础数学人才，恐怕先要培养政府官员长远的眼光，使他们了解到政府投资在基础科学，目标不在短期的经济效益，而是长远地培养出一大批杰出的人才。这些年轻人目光远大，如雄鹰展翅，翱翔九霄，志不在小小的物质奖励。

各级政府需要等待，需要知道，投资基础数学的资金虽然很少，但回报是巨大的。为了建立地方官员和学子的信心，希望政府在基础数学上的投资不以地方政府在GDP上的回报为评判标准，只要成功，必定表扬！一旦做出举世公认的科学成就，这些学者和他们工作的单位、城市必定会受到重视。国家如果能够这样做，学子和官员都会士气激昂。有志于学问的人就不需要花费精力和时间去投资金融、炒作地皮。从事基础科学研究的学者受社会尊崇，家长自然也会鼓励孩子向这方面发展。孩子有光明的前途，家族也沾光。

当年俄罗斯彼得大帝和普鲁士腓特烈大帝就曾经清楚地说过：一流的地方须有一流的数学家，这才够光采！大数学家欧拉就在圣彼得堡和柏林待过很长时间，建立了俄罗斯和德国的数学传统。

有了这个政策之后，我们便可以告诉家长，他们要鼓励孩子们心胸广阔，向着崇高的科学理想迈进。国家非常重视这些孩子，孩子以后的生活是充裕的，他们自己也会因孩子的成功而扬眉吐气，光宗耀祖！

现在我们来看如何挑选和培养基础数学人才。

我们需要在本国的土壤上培养出杰出的数学大师，作为全国甚至全世界数学的模范。回顾四十年来，基于公平原则，中国取士以高考为主，反复地操练数学技巧。高中最后一年，甚至把全部时间花在考题上。这种做法使学生对基础数学的精神和兴趣丧失殆尽。假如我们的目标是培养有能力重复先进国家技术的工程师，这样的训练方式公平而又无可厚非。事实上，中国亦因此成为制造业大国。但是，这样训练出来的学子，创意不足，只能跟着别人的脚步。况在危急之际，难免会被外国"卡脖子"。

最近二三十年来，亚洲各国都在基础数学上发奋图强！日本、越南、印度和伊朗四个国家都产生了菲尔兹奖得主！中国作为世界大国，四十年来，竟然无人问鼎，教人情何以堪？

个人建议是集中精力培养一批特别有才华，又对于数学有浓厚兴趣的年轻人。这批人不受高考和奥数的羁绊，从少年开始，就接受数学大师的亲授熏陶。他们中间必定会有人脱颖而出。十年左右，中国本土应该可以诞生菲尔兹奖得主了。

　　要指出的是，训练世界级的大师，即使找不到世界级大师来教授，也不能相差太远。当年俄罗斯大数学家柯尔莫果洛夫就亲自训练了一批年轻学者，影响了俄罗斯 20 世纪的数学。他的学生 Gelfand 也遵循同样的路径，训练了一批十二三岁的年轻人，以后成为俄罗斯数学的骨干。在日本，小平邦彦回国后，也训练出一批代数几何学的领头人。

　　从上面这些人的做法，和我在美国几十年名校教育尖子的经验，可以看到聚集一小批杰出人才攻错切磋，会得到相得益彰的效果。一贯以来，中国教育部门为了做到面面俱圆，往往一刀切，不敢提拔学生中的佼佼者。这种政策抹杀了青少年的锐气，结果是直到如今，中国本土还没有培养出留名青史的数学大师。

　　我们必须要改变这个局面。当年中国改革开放，容许少数人先富起来。今天基础科学的成长，也需要同样的魄力。毕竟中国乒乓球队独霸世界五十年，也是由集中精力培训少数顶尖运动员开始的。

　　我们需要培养学生的国际视野，在学术和文化上引入多样的看法。在大力引进世界一流学者的同时，也需要招收一流的国际学生。美国所有名校的成长，都是这样完成的。杰出学生之间的交流，和老师的教导同样重要。

　　古语有云："以史为鉴，可以知兴替。"不仅社会如此，科学亦如此。在中国，无论学者或学生，一般都忽视科学上的宏观看法。对科学和数学历史缺乏整体的了解，便难于掌握未来发展的大方向。数学大师应当能够身凌绝顶，俯瞰尘寰，山川历历，来龙去脉，皆了然于胸。因此，我们必须加强科学和数学历史的训练。

所谓"十年磨一剑"，为了让学者能把精力花在艰辛的研究课题上，同时也减少人事关系上时间与精力的虚耗，我认为至少在数学科学这领域，政府可以考虑取消所有"帽子"的机制。极度优厚而又往往不公平的竞争起着负面的作用。奖励应该由高校自己决定。从前国内普遍薪资不高，奖项起过一定的作用，但是现在已经过时了。美国政府就没有设立这样的奖项，美国高校也没有根据国家奖金来决定教授的房产待遇。"帽子"制度不改变，恐怕中国未来十年，有可用之饷，而无可用之兵；有夜郎之士，而无创新之将！

现在某些财政充裕的地方政府和高校为使政绩可观，花上大量的金钱去购买论文，又重金礼聘名家。这些受聘名家只是挂个空衔，不需要承担任何责任，甚至一年中大部分时间不需要出现在该地方。听说某院士在全国有八十多个院士工作站，比孙大圣分身能力更强。这些荒谬的现象，对真正做学问的人伤害很大，必须改正过来。

只要一切处理得宜，我认为十年内，中国的数学会领导世界，菲尔兹奖得主也会在神州大地诞生。

北京沃尔夫数学奖致答辞 [1]

> 陶渊明说:"羁鸟恋旧林,池鱼思故渊。"我愿意继续为学问和为祖国做一些有益的事情,我也盼望我的朋友和学生能够摒弃个人的私念,为祖国的建设尽一份力量。

尊敬的领导、各位嘉宾:

今天能够出席这个由清华大学和中国科学院主持的庆典,本人深感荣幸,并衷心地感谢各位的祝贺。

对于获颁沃尔夫数学奖,本人感到十分兴奋。沃尔夫数学奖提到我的贡献,可以追溯到 30 多年前开拓几何分析这学科的一系列工作。除了本人以外,我的朋友和学生都曾经群策群力,为这个学科耕耘,终于在巨人的肩膀上完成了几何分析的奠基工作。这些巨人里面有我的老师陈省身先生,值得一提的是他在

---

1 2010 年 4 月 26 日,中国科学院和清华大学在人民大会堂举办庆祝丘成桐先生荣获沃尔夫奖大会,本文系作者致答谢辞,原载《丘成桐诗文集》(岳麓书社,2011 年 9 月,第 231—233 页)。作者在大会上宣布,将所得奖金捐赠清华设立数学奖学金,奖励在数学方面有突出才能的清华学生。——编者注

20 年前即得到沃尔夫数学奖。他对我影响很深，可谓终生不忘。至于郑绍远、Leon Simon、Richard Schoen、Karen Uhlenbeck、Cliff Taubes 和 Richard Hamilton 等人，都是我的良师益友，我对他们亦致以无限的敬意。到了今日，在这个学科工作的数学家不可胜数，中国数学家尤其占着重要的地位。

为了促进中国数学家对几何分析的研究，1980 年我在北京的双微会议中，提出了一百多个比较重要的几何问题，引起了众多中国学者的兴趣。1983 年钟家庆到美国来跟我学习这方面的工作，他整理了 Richard Schoen 和我的讲义的主要部分，余下的则由张恭庆和丁伟岳完成，1987 年旋即在国内出版。这本书普及了几何分析这门崭新的学科，我深觉欣喜，但是家庆兄的早逝却使我伤痛。直到如今，我还怀念着他的工作，他可以说是国内最杰出的年轻几何学家。

20 多年来，我一方面在国外培养中国留学生，一方面在国内培养研究人员和学生，但总嫌不够分量，希望中国数学队伍早日强大起来。

我到美国已经 41 年了。当年离开香港时我才 20 岁。在做学问方面，虽然雄心万丈，但异国怀乡，内心总是有点彷徨。闲时读李陵《答苏武书》："令先君之嗣，更成戎狄之族，又自悲矣。"未尝不临文嗟叹，感诸于怀。1979 年中美建交，始敢卜归期。然而光阴荏苒，31 年一瞬即过，家国之思，未曾旦忘。

我先祖河南士族，宋代屡次南迁，最终落籍于广东蕉岭，已经有 800 年的历史了。1949 年我在汕头出生，父亲带领我们一家南迁到香港新界居住。他在中文大学的前身几间院校和香江学院教授经济及文史哲。我深受父母的影响，记得每年家祭，父亲总要子女记着祖先和孕育我们的祖国大地。

父亲早逝，我14岁即由母亲抚养。他们对我期望甚殷，不但期望我对学术有贡献，也期望我对祖国有所贡献。这20多年来，我花了不少功夫，但于当日所志所期，实未有成。我今年已经61岁了，陶渊明说："羁鸟恋旧林，池鱼思故渊。"我愿意继续为学问和为祖国做一些有益的事情，我也盼望我的朋友和学生能够摒弃个人的私念，为祖国的建设尽一份力量。

我的家人，尤其是内人，一直都支持着我的理想。她牺牲了和我相聚的时光，全心全意地照顾孩子和家庭，我至为感激。

经过商议后，我们决定将这次得到的奖金，捐赠给清华大学成立一个以沃尔夫命名的大学生奖学金，一方面资助贫苦的学生，一方面激励年轻学者向上。

谢谢各位！

在沃尔夫奖获奖仪式上的演讲 [1]

> 数学自古以来，对人类文明贡献至巨，可谓盛矣。它也是
> 现代科学的基石。

各位嘉宾：

与丹尼斯·沙利文教授一起获颁沃尔夫数学奖，本人深感荣幸。数学自古以来，对人类文明贡献至巨，可谓盛矣。它也是现代科学的基石。我们为实验和理论科学的伟大成就喝彩时，往往忽略了数学家在背后默默做出的贡献。今天，本人想借此机会，向诸位说明一二。

---

1 本文系作者 2010 年 5 月 13 日在耶路撒冷以色列议会大厦接受沃尔夫奖时的英
文致辞，中文由夏木清译，原载《丘成桐诗文集》（岳麓书社，2011 年 9 月，第
229—231 页）。编者略有修改。沃尔夫奖（Wolf Prize）是世界最高成就奖之一，
具有终身成就性质，其中以沃尔夫数学奖影响最大，由以色列沃尔夫基金会颁发。
该奖每年评选一次，奖金为 10 万美元，奖励对推动人类科学与艺术文明做出杰出
贡献的人士，1978 年首次颁奖。颁奖典礼在耶路撒冷以色列议会大厦举行，获奖

欧几里得用公理化的方法来处理几何学，这种做法给牛顿和爱因斯坦借过来，用以研究大自然的基本法则，成就了他们的不朽功业。傅里叶对波动的理解甚深，他的理论后来成为电磁学和波动力学的主要工具，改变了人类的生活模式。到了当代，无论爱因斯坦的相对论，或者是尝试统一各种自然力的规范场论，都要借助于当代的几何学和拓扑学。以上所说的，不过是数学应用于科学的几个例子而已。

对于工程学而言，数学的重要地位更是不言而喻。除了解方程式和阐明运动过程外，它还用于有效率的计算。现今电脑运算的速率惊人，手算逾年，不及其一瞬，推本寻源，必须归功于数学。数学透过现今科技的一日千里，与我们的生活息息相关。数论乃是编码理论的基础，后者正广泛地用于国防和银行体系。没有它，我们便没法安全地通讯。华尔街的人们也在有效地利用数学，但是否都用于正途，那就见仁见智了。数学的重大贡献，以上所举，只及其荦荦大者，它的应用相信还会陆续有来。

今天，沙利文教授与本人同获沃尔夫委员会的赏识，实在令人鼓舞。丹尼斯乃当今数学大师，对拓扑学和复动态系统曾做

者本人必须出席。沃尔夫奖分别设立了农业、物理、化学、数学和医学五个奖项，1981 年增设了艺术奖。因为诺贝尔奖没有数学奖，菲尔兹奖虽有影响，但只授予 40 岁以下的数学家，因此，沃尔夫数学奖也堪称数学领域的诺贝尔奖。2010 年沃尔夫数学奖颁给作者，以表彰作者"几十年来，成果极其丰硕，并将这些成果辐射到纯数学、应用数学与理论物理的许多领域。此外，还通过培养众多的研究生和创建几所活跃的数学研究中心，对数学研究产生了巨大的国际影响"。作者是继导师陈省身先生（1983 年）之后第二位获得该奖的华人数学家。——编者注

出重大贡献，解决了不少难题。他另辟蹊径，给后学开拓了新天地。

至于本人，则有幸与多位同行联手，共同开创了几何分析这一新领域。他们包括 Leon Simon、Richard Schoen、Karen Uhlenbeck、Cliff Taubes、Richard Hamilton、Simon Donaldson 等。我们一起努力，解决了不少几何和拓扑的重大课题。他们的成就叫人惊叹。对他们的尽心帮助，本人至为感激。

本人数学上的一些想法，可以追溯到在伯克利当研究生的日子，或者是后来在斯坦福和哈佛，那时我已比较成熟了。40 年来，除业师陈省身先生外，对本人工作有所影响的学者亦复不少，其中以犹太裔为多。在我接触的多种文化中，犹太文化可说是最重要的。本人成长于香港，自小就深受中华文化的熏陶，中华文化可说是我的根底，数学观或多或少与此有关。犹太文化和中华文化颇有共通之处，是古文化中延绵至今仍然鲜活的，我们都为此深感自豪，并且期望下一代可以继承我们的文化精粹，并为人类的福祉，将之发扬光大。

本人还必须感谢美国，让多种不同的文化共存共荣，让科学在肥沃的土地上成长。沃尔夫基金会认同我的工作，本人谨致谢忱。

本人深信，科学生生不息，数学也如过往一般，担当着重要的角色。谢谢各位！

拔尖创新人才：本土培养更重要
——专访数学家丘成桐 [1]

> 人才培养是一个国家的命脉。无论古今中外，国家的强盛
> 都要靠人才，没有人才的国家无法成为一流大国。

给年轻人空间

《科学时报》：我们拜读了您近年来在国内发表的一些演讲，发现您对高等教育和人才培养的问题十分关注。清华大学数学系主任肖杰说，您对人才培养的瘾头大得很。作为一位数学大师，您为什么对人才培养问题如此倾心？对中国大学拔尖创新人才的培养，您近来有哪些新的思考？

丘成桐：人才培养是一个国家的命脉。无论古今中外，国家

1　本文系作者受聘清华大学丘成桐数学科学中心主任不久，接受《科学时报》记者卢小兵、徐雯、王飞的访谈稿，发表在《科学时报》2010 年 2 月 8 日 A1 要闻版。收入本书时，编者略有修改。——编者注

的强盛都要靠人才，没有人才的国家无法成为一流大国。肖杰教授说我瘾头很大，这其实跟瘾头无关。在美国，各行业的领军人才很多，但他们最担心的还是培养人才，年复一年地讨论怎样培养更多的人才，怎样让年轻人更好地成长。这是美国富强的一个主要原因。

我在20世纪60年代末到美国，至今已有40年了。我发现美国人办大学，讨论的主要问题都是怎样提拔年轻人，他们特别喜欢很年轻的学者，认为这关系到学校的前途，也关系到社会的前途。举例来说，哈佛大学数学系是全世界最好的数学系，最近我们请了三位非常年轻的教授做终身教授，三位教授的平均年龄不超过30岁。这样的例子在国外也少有。我们认为提拔年轻人使我们数学系生生不息地成长。这是很重要的事情。

我觉得中国对年轻人的重视还不够。事实上，许多人不习惯看到年轻人很早就冒出来做重要的决策，不论是行政上的，还是学术上的决策。

其实在科学上，很多重要的工作都是科学家们在20多岁的时候做出来的。一般来说，一个数学家或是一个科学家主要的工作，在40岁以前是可以看得出来的，甚至在30岁以前就看得出来了。如果到40岁还看不出来的话，这个学者的前途就不太乐观了。当然也有例外的情形。

美国的大学之所以有活力，就是因为他们大量地提拔三四十岁的年轻教授。年轻教授的薪水有时候甚至比资深教授还要高。我记得我28岁时候的薪水在数学系大概排名第三。美国的大学愿意做这种事，是因为他们认为年轻教授很重要。同时更有意义的一点是，美国很多资深教授愿意接受这个事实。他们愿意承认，有些年轻学者所做的学问，比他们这些年纪大的教授还要重要。值得敬佩的是：即使年轻教授做得没有他们好，他们有时候也愿意让一些重要的位置给年轻教授，从而使他们能够更好地成长。一般来说，中国的大学还做不到这一点。这是美国和中国大学一个重要的区别。

在培养和引进人才上，中国没抓住这一点——充分认识到年轻人的重要性。问题是怎样去寻找、培养、吸引年轻人？20多岁学问就做得很好的学者不多，中国应该花很大功夫去聘请他们全职回来。因为我们希望在中国本土做出一流的学问，而不是单在国外做研究。不少伟大的华人科学家拿了诺贝尔奖，很值得庆贺，但他们的工作都是在外国做的。我希望在清华、在中国本土做出这些工作，在本土培养比在外边成长更为重要。

最好的学生要从本科开始培养

《科学时报》：今年秋季清华大学开始启动"清华学堂人才培养计划"，您亲自指导清华学堂数学班的建设，还出任清华大学数学科学中心主任一职。请问您对清华数学拔尖创新人才的培养有怎样的考虑和计划？您认为应该怎样推进年轻的拔尖人才快速成长？

丘成桐：清华大学有全国最好的学生。我们希望这批最好的高中生进入清华后，能够在本科阶段得到最好的培养。所以我们在本科成立了这个比较特殊的班级，教授他们扎扎实实的学问。中国有些大学进去时很困难，可是进去后却变得很松懈，学生没有好好念书。事实是近 10 多年来，很多中国大学生入学时是很优良的学生，可是在大学期间没有得到悉心的培养。学生自以为达到了水平，本科毕业后却跟国际水平相差很远。学生不晓得，教授也不在乎，结果在国际的竞争上差了很多，比 10 多年前毕业的学生差很远。我们不能重复这个事实。

首先要在本科阶段培养一批最好的学生，让他们能够继续努力下去。据我了解，目前在中国的名校中，实力最强的数学系每年约有 150 多个学生毕业，但真正能够继续做纯数学而有一定成就的学生不会超过两三个。至于从事跟数学有关的专业，如统计等，加起来也不过七八个学生，所以总数不超过 10 个。这对整个国家数学的投资来说是很可悲的。150 多个数学系毕业生中，对数学有兴趣的才几个人，以后有多大贡献还不清楚，但比例实在不高。

哈佛大学数学系每年有多个本科毕业生，大部分都是继续做学问的，很多已经成为国际上有名的大师，许多名校的大教授都是哈佛的本科毕业生。哈佛（数学系）2008 年有 12 个博士生毕业，其中 10 个继续在名校做教授或助理教授，比例是 6 ∶ 5。我希望，本科生要学到有内容的学问，能够有国际竞争的能力。坦白地讲，现在中国高校的本科生，在数学方面基本上没有国际竞争能力，除了很少数的几个以外。他们往往需要到了国外再重新将基本的科目念好一点。这是不幸的事情。所以我们要在这方面花点功夫。

研究生培养方面，中国改革开放 30 年来确实培养了几十个很好的博士（数学学科），可是 30 年来全国这么多人口才培养了几十个，那是绝对不够的。因此也要重点培养研究生。研究生的成长是整个中国数学的前途，希望他们能够尽快成长；成长起来的这些幼苗还需要继续培养，希望在清华这样的名校里能够保护他们，让他们健康成长。只要他们能够成长，中国的数学很快就能上去。举个例子来讲，清华五年前请来了几位法国教授，他们在这期间带了六七个学生，在清华带了两年，又带他们到法国去学习将近三年，最后他们写出来的论文是很有水平的。这表明清华的学生是绝对有能力的，现在的问题就是要好好带领他们。要让有学问的学者带他们，给予真正的培养。我们的学生其实都很用功，都很愿意学，可是往往不晓得怎么去学，怎么跟名师去走他的路。这批外国人很好，他们真的专心专意培养我们的学生，所以学生很快就成长起来了。

不要以为自己穷就什么事也不能做

《科学时报》：您在清华大学数学科学中心挂牌当天，给学生演讲的题目很有意思——《从清末与日本明治维新到二次大战前后数学人才培养之比较》，为什么选这个题目？通过演讲您要表达什么观点？

丘成桐：在 19 世纪以前，日本数学跟中国是没法比的。但近 100 年来日本的数学比中国要好得多，培养了很多大师。为什么 100 年内他们培养得这么成功？我想有很多值得我们学习的地方。很重要的一点就是学术气氛。日本从英国学习绅士的作风，就是要尊重对方，不会互相为了一些个人无聊的事乱搞。日本的学术界有它良好的作风，值得尊重。

《科学时报》：怎么又联系到二战了呢？

丘成桐：日本人在二战的时候学问做得最好，这是很奇怪的事情。二战后期日本可以说是民穷财尽，可就在 20 世纪 40 年代，却产生了一大批最伟大的数学家，在最穷的时候能够发展出最好的数学。所以我想我们应当明白，不要以为自己穷就什么事也不能做。

《科学时报》：我知道您对中国高等教育历史上的西南联大时期很欣赏。

丘成桐：西南联大当然是很有学术气氛的一个地方，培养了不少人才。不过你要知道西南联大跟东京大学的分别。西南联大是培养了一大批年轻人，可是很多人最后成才是在外国而不是在本土。日本那一批年轻人却在日本本土做出来第一流的工作，而且是划时代的第一流的工作。这是没法比较的。

老师要真正花功夫去教学生

《科学时报》：您的恩师陈省身先生曾在清华大学任教。您选择把清华作为人才培养的重要基地，是否跟陈先生有着千丝万缕的联系？您对清华培养拔尖创新人才的做法有何评价和建议？

丘成桐：我的老师陈省身是在清华成长的，也在清华任过教。当时中国几个数学大师都是在清华成长的，包括华罗庚先生、许宝騄先生。清华的传统很重要，清华的学生也很踏实。我在国外碰到很多清华的学生，我觉得他们很不错，态度很好。所以既然清华能够招收最好的学生，态度也不错，学风也不错，我希望能够帮他们一些忙。毕竟中国要成为人才大国，只能够在有人才的地方培养人才。

《科学时报》："清华学堂数学班"目前第一届有16名学生，第二届有14名学生，如果比较理想的话，您希望将来真正以数学为终身职业的学生比例能达到多少？

丘成桐：哈佛每届的本科生有20多个，其中一半以上是出类拔萃的，有几个学生的论文可以达到在世界一流杂志发表的水平。清华能不能够做到这个水平，要看我们努力。第一步我们要找到杰出而又用功的学生。这又跟指导的教授有关，所以我们请了一大批好的教授，也从海外请了一批学者来帮忙，希望很快能够达到这个水平。

《科学时报》：您觉得学生在教学中应该扮演什么样的角色？对您的学生有什么期待和寄语？

丘成桐：学生应该多找老师谈谈嘛。我从前在香港念大学的时候就常去找老师讨论问题。要多看一些书，多跟老师探讨书本上的问题。中国学生因为功课繁忙不大看课外书。其实好的学生要多看课外书，多跟老师交流。我们有很多来访问的学者，从外国到中国、到北京来的访问学者很多。学生应当多找他们谈谈，找名师谈谈，总会找出有意义的问题。

《科学时报》：您刚才提到清华的学生到了哈佛之后，基础知识比哈佛的学生要差一点，具体体现在哪些方面？

丘成桐：清华学生的基础知识没有美国学生深厚。可能媒体不大相信，美国的本科生其实是很用功的，哈佛的本科生念书很多是念到晚上 12 点才睡觉的，花很多时间在念书上，上课的时候也老问老师问题。清华的学生我想一方面是学习的内容、看的书跟他们不一样，科目不同，看的课外书比较少；同时哈佛的老师大多是某一领域的顶尖专家，学术水平非常高，所以有宏观的眼光，能够讲清楚学科的方向。不过清华学生有个好处，就是用功。一个人的学习环境很重要，假如你的同辈或者你班上的同学，有一个人很用功，在学术上有出色表现的话，你会受到感染，觉得兴奋，念书也会念得比较起劲；如果老师是一流的大师，你念书也会念得更勤奋，这都有关系的。

《科学时报》：您刚才提到清华学堂数学班要为学生创造良好的环境，让他们专心研究学术，那您认为有什么措施能够保护学生，让他们在一个更好的学习氛围中成长？

丘成桐：我想我们要有很好的老师，也要让学生觉得做学问是有意义的，我希望让学生得到最好的指导。平时负责教他们的都是专家，熟悉他们要教的科目内容，书和教材都要挑最好的。我认为一个教师要真正花时间，花精力去教学生。中国有些教授认为教学生不是他们的责任，不愿意花时间在学生身上。我们这个清华学堂数学班希望名师亲自来教学生，这是态度问题。在哈佛大学，大教授、名教授都认为，教本科生，从本科开始带学生，这是我们的责任，很重要的责任。

致中学生的一封信 [1]

数学一直吸引我的因素之一是它的简洁。你可以用很少的语言来描述你周围的世界，你的描述可以是精确的——对于语言来说是不可能的。我经常是在简洁的方程中发现美。

尊敬的丘博士：

我是一名讲授数学 10NE 的教师，班里有七个学生。我的学生挑选了他们想要请教您的问题，一起合写了下面这封信，由 Jasmine 和 Jonathan 执笔。我没有要求他们，但他们自主的积极性令我非常高兴。实际上，这一开始是一个额外的学分计划。在讨论的过程中，他们主动参与。在常规教学的班级中，学生似乎很少有机会参与到积极的教育活动中去。您在数学方面的巨大影响吸引了他们。我希望通过读与您有关的文献，讨论您的事迹，

---

1 本文原载《数学与人文》丛书第 5 辑《数学与教育》(高等教育出版社，2011 年 8 月)，编者略有修改。——编者注

并给您写信的方式，让学生们感到他们也是伟大的数学共同体的一分子，意识到他们可以完成一些创造性的工作。

祝好！

Dawn C. Dreisbach

Special Education Mathematics Waltham High School

尊敬的丘博士：

我们是 Waltham 高中的一个几何班级。老师让我们读了哈佛校报（10 月版）上关于您的文章。她让我们回答一些关于这篇文章的问题。我们大都觉得数学很难，因此，当读到您非常喜欢数学，特别是几何时，我们感到特别有趣。我们不用几何来描述宇宙，也不谈 10 维，真的有 10 维吗？拜读关于您的文章使得我们想到了几个问题：

1. 您是什么时候开始喜欢数学的？（来自 Clara）

2. 什么使得您爱上了数学？（来自 Andrew 和 Jasmine）

3. 您在上学的时候有不擅长的数学吗？（来自 Jassy）

4. 为什么您认为数学会是美的？（来自 Richie 和 Clara）

5. 您不认为 10 维是疯了吗？（来自 Jonathan）

我们知道您非常忙，可能没有时间回复我们的问题。但我们想让您知道，因为您的文章，我们对数学开始有了不同的认识。

真诚的全体同学

亲爱的孩子们：

感谢你们的来信和你们对数学的兴趣。我尽我所能来回答你们的问题。

1. 虽然我在数学上取得现在的成就，但从小并非天赋异禀。我五岁时，小学入学考试数学不及格。我在高中的时候也还不是一个特别出色的学生。当然，我那时认识到我在数学上有一些才能。但直到大学二年级，我对数学才真正地开始感兴趣起来，因为一位新的数学老师来了，他激励了我。

2. 简洁是数学一直吸引我的因素之一。数学可以用很少的语言来描述你周围的世界，它的描述可以是精确的——对于其他语言来说，这是不可能的。我经常是在简洁的方程中发现美。

3. 直到读研究生的时候，我才知道应该专攻数学的哪个领域。起初我假定最抽象的领域是最有意思的。但最后我认识到我最适合几何。和更抽象的领域相比，在几何上，我们总有可以参考的图形，我发现这很有帮助。

4. 给非数学家解释数学的美是很困难的。不过，我认为很多美来自它描写大自然的力量！几乎我们所知道的所有关于如重力、电磁学、量子物理的内容，都可以被归纳成仅仅一页纸的少数几个方程。探索这些方程的含义和影响，可以花去人们一个世纪或更长的时间。

5. 数学家们（包括我自己）通常习惯于讨论一般维数空间，我们的观点、方程有时可以应用到无穷维。弦理论的方程只与10维空间，或者11维时空相一致。大自然也许是，也许不是按照弦论运转。我们需要努力地工作和足够的耐心，因为我们还未肯定宇宙的结构。但是目前来看，十维和十一维都有相当不错的道理。

感谢你们有思想的问题和学习数学的努力！

祝好！

丘成桐

William Caspar Graustein Professor of Mathematics

附录一 训子纯深
——先父及中国文学对我数学工作的影响 [1]

> 几十年来我研究几何空间上的微分方程，找寻空间的性
> 质，究天地之所生，参万物之行止。乐也融融，怡然自
> 得，溯源所自，先父之教乎。

我在母校中文大学成立"丘镇英基金"，纪念我的父亲，一
方面怀念他对崇基学院的贡献和对我的培养，但更重要的是继承
他的愿望，融合中国和西方文化。希望这个基金能培养大学生对
人文科学的兴趣。一所大学甚至整个社会的气质都倚赖于青年一
代的文化修养，我衷心希望大学给予人文科学大力的支持。

今天丘镇英讲座开讲了，也请来了著名学者丁邦新教授来演
讲，我有如释重负的感觉。先父逝世已经四十二年了，他对我的

---

1 本文系作者 2005 年 4 月 1 日在香港中文大学丘镇英基金成立典礼上的演讲内容，
  原载《丘成桐的数学人生》(高等教育出版社，2016 年 5 月)。编者略有修改。——
  编者注

教诲一直影响着我。他的文集最近出版了，从字里行间可以看到我四十年来行事为人和读书想法与先父息息相关。我生逢其时，又得师友的扶持，才略有所成，比先父幸运得多，这是因为先父对我的教育和厚德荫庇的缘故。纪念先父的愿望终于在他服务过的大学实现，我兄弟三人都曾经在崇基读书，可说与中文大学一同长大，我希望大学继续弘扬中国文化的精神，无问东西，沟通学术。

现在简略地谈谈先父对我幼时的教育：

在我十岁时，先父开始教我背诵古文，第一篇是《礼记·檀弓》篇的"嗟来之食"，短短几十个字，使我知道即使在最穷困时，也应当保持儒者的风骨。第二篇是《愚公移山》，第三篇是陶渊明的《五柳先生传》：

> 闲静少言，不慕荣利。好读书，不求甚解，每有会意，便欣然忘食……环堵萧然，不蔽风日；短褐穿结，箪瓢屡空；晏如也。常著文章自娱，颇示己志，忘怀得失，以此自终。

当时家境穷困，先父的生活也确实如陶渊明所述的以读书自娱，他写了一副对联以自况：

寻孔颜乐处　拓万古心胸

以后身处逆境时，总会想到古人和父亲在极度艰难时仍能保持埋首书卷之乐，一切苦恼都觉得渺小了。父亲在《西洋哲学史》的引言中引用了《文心雕龙·诸子》篇的一段：

　　嗟夫，身与时舛，志共道申。标心于万古之上，而送怀于千载之下。

这一段话激励我，使我立志清高，也希望有所创作，能够传诸后世。父亲撰写这本《西洋哲学史》花了数年功夫，在家中与学生不断地讨论哲学史，他认为哲学史有三个重要的目的：

一、求因；二、明变；三、评论。

由于耳濡目染，以后我遇到研究题目时，也自然地提出这三个问题，使我获益良多。

父亲提出哲学史的三个目的，恰好也是科学研究最重要的纲领，在观察自然现象后，需要消化整理的过程，才能够吸收新的知识，发挥洞察力去开创新的路径。由于长期聆听父亲与学生在哲学问题上的讨论，我对抽象的想法渐渐习惯，也开始认同希腊哲学家对大自然和对数学的尊崇，尤其柏拉图氏以几何为万学之基，更使我悠然神往。

父亲论西洋哲学，由希腊文明、希伯来文明，一直说到文艺复兴以后两派文明的错综交流，尚未得出结论为止。父亲以为东方的仁道之爱的伦理精神，可以补救西洋哲学伦理思想的缺陷。父亲从大处着想，纵论古今，真可谓大气磅礴，以后我学习数学时，总不免要思考问题在整体中的重要性。这种态度，无论对做研究还是指导学生来说，都得益不少。

在我 14 岁那年，父亲去世，事出突然，对我打击很大。一方面生活陷于绝境，一方面学问根基未稳，但是极度的困苦却使我成熟，以后在生活和学问上遇到困境也能坦然面对。

很多人会觉得我今日的讲题有些奇怪，中国文学与数学好像是风马牛不相及，但我却讨论它。这是关乎个人的感受和爱好，不见得其他数学家有同样的感受。如人饮水，冷暖自知，每个人的成长和风格跟他的文化背景、家庭教育有莫大的关系。

数学之为学，有其独特之处，它本身是寻求自然界真相的一门科学，但数学家也如文学家般天马行空，凭爱好而创作，故此数学可说是人文科学和自然科学的桥梁。

数学家研究大自然所提供的一切素材，寻找它们共同的规律，用数学的方法表达出来。这里所说的大自然比一般人的了解更为广泛，我们认为数字、几何图形和各种有意义的规律都是自然界的一部分，我们希望用简洁的数学语言，将这些自然现象的本质表现出来。

当然，数学是一门公理化的科学，所有论断都可以由三段论证的逻辑方法推导出来，但这只是数学的形式，而不是数学的精髓。数学的定理不容许有错误的推断，但大部分著作枯燥乏味，而有些却令人叹为观止，其中的分别在哪里？

大略言之，数学家以其对大自然感受的深刻肤浅，来决定研究的方向。这种感受既有其客观性，也有其主观性，后者则取决于个人的气质。气质与文化修养有关，无论是选择悬而未决的难题，或者创造新的方向，文化修养皆起着关键的作用。当然文化修养是以数学的功夫为基础，自然科学为辅，但是深厚的人文知识也极为要紧，因为人文知识也致力于描述心灵与大自然的交流。如《文心雕龙·原道》所说：

周岁时和父亲的合影

写天地之辉光，晓生民之耳目。

刘勰以为文章之可贵，在尚自然，在贵文采。他又说：

> 人与天地相参，乃性灵所集聚，是以谓之三才，为五行
> 之秀气，实天地之灵气。灵心既生，于是语言以立。语言既
> 立，于是文章着明，此亦原于自然之道也。[1]

历代的大数学家，如阿基米德，如牛顿，莫不以自然为宗，见物象而思数学之所出，即有微积分的创作。费马和欧拉对变分法的开创性发明，也是由于探索自然界的现象而引起的。20世纪几何学的发展，则因为物理学上重要突破而屡次改变其航道。广义相对论提出了场方程，它的几何结构成为几何学家梦寐以求的对象，因为它能赋予空间一个调和而完美的结构。我研究这种几何结构垂三十年，时而迷惘，时而兴奋，自觉同《诗经》《楚辞》的作者，或晋朝的陶渊明一样，与大自然浑然一体，自得其趣。

《文心雕龙》说：

1　这段文字表述略有不同，本文沿用作者所引。编者所参考《文心雕龙》(中华书局，2012年6月)，此段文字为："惟人参之，性灵所钟，是谓三才。为五行之秀，实天地之心。心生而言立，言立而文明，自然之道也。"——编者注

云霞雕色，有逾画工之妙。草木贲华，无待锦匠之奇。
夫岂外饰，盖自然耳。

由物理的观点来看，在空间上是否存在满足引力场方程的几何结构是一个极为重要的问题，它也逐渐地变成几何中伟大的问题。尽管其他几何学家都不相信它存在，我却锲而不舍、不分昼夜地去研究它。当时心情，就如屈原所说：

亦余心之所善兮，虽九死其犹未悔。

我花了五年功夫，终于找到了具有超对称的引力场结构，并将它创造成数学上的重要工具。当时的心境，正如前人所说：

落花人独立，微雨燕双飞。

以后大批的弦理论学家参与研究这个结构，得出很多深入的结果。刚开始时，我的朋友们都对这类问题敬而远之，不愿意与物理学家打交道。但我深信造化不致弄人，回顾十多年来在这方面的研究尚算满意，现在卡拉比—丘空间的理论已经成为数学的一支主流。

数学的文采，表现于简洁，寥寥数语，便能概括不同现象的法则，甚至在自然界中发挥作用，这是数学优雅美丽的地方。我的老师陈省身先生创作的陈氏类，就文采斐然，令人赞叹。它在扭曲的空间中找到简洁的不变量，在现象界中成为物理学里求量子化的主要工具，可说是描述大自然美丽的诗篇。

中国诗词都讲究比兴，钟嵘在《诗品》中说：

> 文已尽而意有余，兴也。因物喻志，比也。

刘勰在《文心雕龙》中说：

> 故比者，附也。兴者，起也。附理者切类以指事，起情者依微以拟议。起情故兴体以立，附理故比例以生。

在数学创新的研究里，这两点都很重要。我们在寻求真知时，往往只能凭已有的经验，因循研究的大方向，凭我们对大自然的感觉而向前迈进，这种感觉是相当主观的，因个人的文化修养而定。

中国《古诗十九首》，作者年代不详，但大家都认为是汉代的作品。刘勰说："比采而推，两汉之作乎。"这是从诗的结构和风格进行推敲而得出的结论。数学亦是如此，我们可以利用比的方法去寻找真理。我们创造新的方向时，不必凭实验，而是凭数学的文化涵养去猜测去求证。

举例而言，三十年前我提出一个猜测，断言三维球面里的光滑极小曲面，其第一特征值等于二。当时这些曲面例子不多，只是凭直觉，利用相关情况模拟而得出的猜测，最近有数学家写了一篇文章证明这个猜想。

我们看《洛神赋》：

> 翩若惊鸿，婉若游龙。荣曜秋菊，华茂春松。髣髴兮若轻云之蔽月，飘飖兮若流风之回雪。

由比喻来刻画女神的体态。又看《诗经》：

> 高山仰止，景行行止。四牡骓骓，六辔如琴。觏尔新婚，以慰我心。

也是用比的方法来描写新婚的心情。

我提出上述猜测时，一方面想象三维球的极小子曲面应当是如何的匀称，一方面想象第一谱函数能够同空间的线性函数比较该有多妙，通过原点的平面将曲面最多切成两块，于是猜想这两个函数应当相等，同时第一特征值等于二。

当时我与卡拉比教授讨论这个问题，他也相信这个猜测是对的。旁边我的一位研究生问为什么会做这样的猜测。不待我回答，卡教授便微笑说这就是洞察力了。

从科学史的角度来看，爱因斯坦的广义相对论实在是最伟大的构思，真可谓惊天地泣鬼神。为了统一古典的引力理论和狭义相对论，基于等价法则，爱氏比较了各种描述引力场的方法，终于巧妙地用几何张量表达爱氏方程，将时空观念全盘翻新。

爱氏所用的主要数学工具是黎曼几何，乃是黎曼比他早五十年前发展出来的。当时的几何学家唯一的工具是对比，在古典微积分、双曲几何和流形理论的模拟后得出来的漂亮理论，广义相对论给黎曼几何注入新的生命。

20 世纪数论的一个大突破是算术几何的产生，利用群表示理论为桥梁，将古典的代数几何、拓扑学和代数数论比较，有如瑰丽的歌曲，它的发展，势不可挡，气势如虹，"天之所开，不可当也"。

现在再看钟嵘《诗品》：

> 直书其事，寓言写物，赋也。宏斯三义，酌而用之，干之以风力，润之以丹采，使味之者无极，闻之者动心，是诗之至也。若专用比兴，患在意深，意深则词踬。若但用赋体，患在意浮，意浮则文散。

在数学上也有同样的状况，很多数学家有能力做大量的计算，却不从大处着想，没有将计算的内容与数学各个分支比较，没有办法得到深入的看法。反过来说只讲观念比较，不作大量计算，最终也无法深入创新。

文学家为了达到最佳意境的描述，不见得忠实地描写现象界。例如贾岛只追究"僧推月下门"或是"僧敲月下门"的意境，而不在乎所说的是不同的事实。数学家为了创造美好的理论，也不必依随大自然的规律，只要逻辑的推导没有问题，就可以尽情地发挥想象力，然而文章终究有高下之分。

好的工作应当是文已尽而意有余，大部分数学文章质木无文，流俗所好，不过两三年耳。但是有创意的文章，未必为时所好，往往十数年后始见其功。

我曾经用一个崭新的方法去研究调和函数，以后和几个朋友一同改进了这个方法，成为热方程的一个重要工具。开始时没有得到别人的赞赏，直到最近五年大家才领会到它的潜力。然而我们还是锲而不舍地继续去研究，觉得意犹未尽。

为了达到深远的效果，我们需要找寻问题的精华所在，需要不断地培养我们对问题的感情和技巧，这一点与孟子所说的养气相似。气有清浊，如何寻找数学的魂魄，视乎我们的文化修养。

《文心雕龙·风骨》：

> 《诗》总六义，风冠其首。斯乃化感之本源，志气之符契也。

不少伟大的数学家，以文学、音乐来培养自己的气质，往往与古人神交，直追数学的本源。

《文心雕龙·神思》：

> 文之思也，其神远矣。故寂然凝虑，思接千载；悄焉动容，视通万里。吟咏之间，吐纳珠玉之声。眉睫之前，卷舒风云之色，其思理之致乎。

任何好的数学文章都需要经过思考，但是传世的数学创作则更需要宏观的看法才能成功。三十年来我研究几何空间上的微分方程，找寻空间的性质，究天地之所生，参万物之行止。乐也融融，怡然自得，溯源所自，先父之教乎。

文学和数学还有很多相似之处，以后有机会再谈。

二〇〇五年四月一日

附录二　怀念母亲 [1]

> 我在外面做事能够勇往直前，无后顾之忧，都是母亲的功劳。

1991 年春天，母亲病重，自知不起，交代后事时特别叮嘱成桐，在葬礼时述说其生平。母亲 40 岁以前之事迹，成桐所知有限，多是母亲病中口述，由成瑶姐笔录转告，其他兄弟姐妹亦有补不足之处。

我的母亲若琳，生于 1921 年 2 月 15 日，广东梅县人氏。外祖父梁伯聪为前清秀才，在广东省立梅州中学任教三十多年，桃李满天下。外祖父好吟诗作画，与父亲常有唱和，可谓门第清华之家。母亲从小受外祖父熏陶，养成传统中华文化妇女美德。婚后持家，相夫教子，处处可以看到她的美德。尤其是在家境极困难的时候，更显示出她的客家妇女的坚韧精神。

---

[1] 本文系 1992 年作者母亲逝世一周年所写，刊在《明报月刊》上。原载《丘成桐诗文集》(岳麓书社，2011 年 9 月，第 80—91 页)。编者略有修改。——编者注

母亲的生母陈赛珍为外祖父的偏房，在旧社会的大家庭中，地位低微，受尽族人的歧视。虽然外祖母（外祖父之正室）很疼爱母亲，母亲亦很孝顺她的生母。但是，生为庶出的母亲，由于生母在大家庭中受鄙视，幼小的心灵从小就受到不可磨灭的影响。所以，母亲常常努力做事，希望有所作为，不要为人轻视，又特别孝顺外祖母陈氏和照顾比自己年幼的弟妹。外祖父去世时，舅舅阿姨们都还年幼，母亲坚持由父亲抚养，并携他们一起前往香港。

母亲在梅县女子师范学校读小学，八岁时避乱到汕头，九岁回梅县，在梅州中学念初中，入广益中学念高中，毕业后在梅州中学任图书管理员。21岁时，由父母双方之老师介绍认识父亲。外祖父又极欣赏父亲丘镇英，在父母订婚时还贺诗一首，我们小时候均能背诵。婚后，母亲和父亲一直很恩爱，母亲对父亲一直温柔体贴，这都是从小受外祖父熏陶的缘故。

母亲和父亲对人生有相同的看法，要我们对得起国家，对得起民族，尤其痛恨日本帝国主义侵略中国。

我的父亲丘镇英，生长于农村社会中。祖父为状师（即以前乡间之律师）及中医师，常赠医施药，为乡民所敬仰和崇拜，但不幸早逝。祖父遗留给父亲作学费的存款，为叔伯等先行挪用。父亲无奈，只好借债念书。父亲又以救国做学问为己愿，不善理财，母亲常要想法帮忙经营，维持一家的生计。父母结婚才三个多月，就需将订婚戒指和结婚戒指卖去，用来维持生活。

父母结婚两年后，在梅县生大姐，再后两年生二姐。当时父亲在长汀工作，举家便搬往长汀。1943年，父亲大病，由伤寒转痢疾，每日下痢七十多次。因为居处无厕所，半夜都由母亲服侍父亲。其时，祖母刚过世不久，父亲分得家产最少，连碗筷都没有，债务却分担最多，母亲亦毫无怨言，依靠借钱为生。

父亲在长汀驿运任总站长，家境转好。然而，不久抗战胜利，驿运结束，父亲失业，只好到广州谋事。母亲带回三位姐姐留住蕉岭，用母亲从前替父亲存起的积蓄过日子，随后便以借债为生。半年间，父亲音信全无，母亲被叔伯妯娌所讥笑，甚至建议母亲改嫁。幸而，父亲被聘到汕头担任救济总署的工作，生活始有好转。此时煜哥和我先后在汕头出生。外婆和舅舅、阿姨们亦与我们一起同住，家中十多口人的生计均由父亲一人维持。

1949年，父亲携同一家老小，包括外婆、舅舅和阿姨们，一起来到香港。到港后在元朗居住。当时，元朗还是一个农村，出入很不方便。父亲因没有想到会在香港长住，所以准备不足，经营农场又失败。从汕头带到香港的亲朋亦多，最后连母亲所有的首饰贵重物品都典当用尽，亲朋方才相继离去，只剩我们自己一家人，和一个从汕头带到香港的养女。

在元朗居住时，父亲前往九龙执教。路途遥远，早出晚归，薪水微薄，实在不足以维持生计，往往早上不知道晚上有没有饭吃。每日早上，母亲除准备好早餐给我们吃，还要赶路前往市场买菜。家贫无力购买饭菜，常常向菜贩赊贷，小贩们都尽力帮助母亲，除赊菜外，甚至有急需时还借钱给母亲用。

每日，母亲由街市赶回家，还需刺绣、穿珠、打毛衣挣些钱，协助父亲维持生计。遇上赶活时，往往通宵达旦不寐。儿女们的衣服也由母亲亲自剪裁。为了儿女们的温暖，母亲常通宵不眠地赶打毛衣给我们穿。小时候，我们不懂母亲的辛苦和慈爱。现在，自己只携带两个儿子，已手忙脚乱，才知母亲勤劳之苦。

　　而母亲除抚养我们兄弟姐妹八人之外，还要接济其亲戚的生计，可以想见母亲辛劳之深，而母亲却从无怨言。

　　母亲除心地善良，性情温顺外，尚英明果断，对自己的亲戚或朋友，都先替对方着想，绝不吝啬，不叫别人吃亏。虽然在极度艰苦的境况下，她亦常常救济比我们更穷苦的亲戚朋友，甚至对不相识的人，母亲也常常慷慨相助。所以母亲常常得到朋友的爱戴和帮助，连市场上的小贩或是泥水匠都乐意与母亲做朋友。

　　母亲在汕头时领养的养女妹妮姐，在家里很能干，母亲对她亦很好。当时，虽然家中急需用人，但妹妮姐到了婚嫁年龄，母亲亦能先为她的前途着想，为她物色合适的配偶，替她安排婚事。妹妮姐结婚时，父母都很高兴。

　　由于母亲处事为人处处先替别人着想，我们儿女长大后，对人稍有逾越的地方，母亲即加规劝。母亲临终前，还告诫儿孙，不可为非作歹，有辱丘家祖宗。在其病得最痛苦时，口不能言，尚用笔写字，嘱咐我和栋弟两人互相合作，并说，丘家子孙都要好好合作，才对得起母亲。

　　在元朗居住时，琪妹和栋弟相继出生，家中也曾两次搬家。姐姐、哥哥和我相继入学，生活负担加重，家境日益艰难。然而，母亲依旧持家教子，不出怨言，使父亲出外做事无后顾之忧，儿女们亦高高兴兴。虽然衣食不足，但在母亲的慈爱庇荫之下，我们却毫不觉苦。

我们小时候有病或需要衣物，母亲往往整夜不睡，为我们打点一切。多年以来，母亲每天早上没到六点就起床做家事，直到深夜才睡。所以父亲常说，我们儿女若读书无成，实无以报答母亲。

父亲去世将近30年了。小时候，父亲是严父亦是慈父，母亲却一直都是慈母，疼爱我们之心溢于言表。我们做儿女的，一直以为母亲爱我们是天经地义的。然而，母亲去世了，才知道珍惜这份母爱，已经太迟了。

1954年，父亲任教崇基学院，因交通不便，举家自元朗迁居沙田。当时，珂妹出生，诸兄弟姐妹都要上学，父亲的薪金卑微，家中极穷困。可是，我们兄弟姐妹却度过了最快乐的童年。我们无论在外面还是在家里，有事都会找母亲，都知道有困难的话，母亲总会替我们解决的。

1955年，我们家由排头村迁往下禾輋龙凤台，环境优美，父亲和我们都很高兴。因父亲和母亲待人以诚和睦谦厚，所以，和邻居们都相处得很好。

同年，因生计困难，父亲送瑚姐到澳门友人办的学校做寄宿生，竟染上了恶疾。母亲不但要照顾家中，还要照顾瑚姐的病。为了给她治病，母亲到处奔走，不幸瑚姐终于不治早逝。父母都非常伤心，是为家中第一次不幸事件。

父母结婚照

　　瑚姐去世后，家中尚有七个兄弟姐妹需要抚养。瑚姐之丧事又用去一笔钱，我们兄弟姐妹的教育费便成为大问题。当时，除父亲兼教三所学院外，母亲还要做手工帮补家计。父亲以教育子女为重，虽然困苦，仍坚持供养所有子女念书。大姐当时念英文中学，至初四时，因有很多同学前往英国念护士课程，自己也渴望前往英国进修。当时，我家虽然在赤贫之下，父母还是为大姐去英国读书到处张罗经费。大姐念完初四时，即远涉重洋前往英国攻读。随后，父亲去世，母亲早年守寡，大姐无法在旁照顾。然而，母亲不仅丝毫不责怪大姐，在父亲逝世时，她怕大姐伤心，影响学业，便不把父亲逝世的噩耗告知大姐，处处为大姐着想。大姐婚后，由于她的丈夫的大哥早死，一门孤寡独靠其丈夫一人维持。所以，大姐婚后从未寄过分文给家中。那时，家中极度艰难，母亲不仅不责怪大姐，反而写信安慰大姐说：我们家中虽然很穷困，我尚有其他子女在，不像你婆婆只有你丈夫一人照顾。母亲反复嘱咐大姐放心，悉心照顾婆家。凡此种种，都可以照见母亲博大的慈爱之心。

1963 年初，父亲积劳成疾，加上心境不好，到 6 月 9 日竟然不治逝世。父亲生病时已经失业，需要借债为生，母亲为此常受屈辱，我们当时年纪虽小，亦可以体会到母亲之焦虑，只是不能替母亲分忧。然而，人情冷暖，此时一一可见。很多以前曾得到父亲大力帮助的亲朋，在我们极困难的时候竟然冷眼相看。为了医治父亲的病，母亲想尽了办法，到处哀求别人帮忙。母亲本是一位注重尊严的人，如果仅仅为了自己，她是绝不会去乞求的。可是，为了父亲，她却忍辱负重，连尊严亦不顾。父亲刚去世，母亲悲痛欲绝。父亲因为没有想到他自己会这么快过世，一切后事都没有准备。幸亏得到父亲的朋友和学生们的帮助，母亲才得以将父亲的丧事办理得得体而庄严。

当时，我们有六个兄弟姐妹在香港。母亲除了心情不好外，

家人合影

还要立即面对一大串经济问题。父亲死时未留分文，连房租都没有着落，儿女的学费更是一个大难题。母亲当时 42 岁，自己又营养不良，常患贫血症。现在想来，实在佩服母亲的毅力和坚强。

母亲本来可以依靠她抚养长大的弟弟来维持生活。但是因为他建议小孩子不用念书，去养鸭子，母亲对此意见毫不考虑，坚持要供我们继续读书，母亲的决断令我深受鼓舞。以后不畏强权，建立自己的信心，也是受母亲的影响和熏陶的结果。

母亲一辈子的愿望，就是要看到我们兄弟姐妹的成长。她不单要我们成长，还要我们有成就，不单要我们有成就，还要我们在历史上留名。我们当时年纪小，虽然为父亲早逝而伤心，但是，从未感受到生活的压力，更不晓得是因为母亲的极力张罗，才减轻了我们的重负。在父亲的朋友和学生的帮助下，我们才有机会继续念书。连学校的老师都惊讶，我们在父亲去世后，还有能力继续读书。

我们可以从母亲的言行中，从母亲的眼色中，知道母亲要我们做大事业。母亲对我们的信心，对我们的期望，使我们放心向前。母亲不单勉励我们念书，还常常担心我们营养不足。每当我们念书到深夜时，她就会炖来牛肉汤、炖猪脑或炖猪肝，使我们精神为之一振，母亲的慈爱就是我们的精神支柱。而我们不懂事，有时，还惹她不高兴。有一次，她偷偷地哭了，回想起来，真是追悔从前不懂体恤母亲心啊！有时，我考试不好，母亲也不责怪，因她有信心，知道我总会成功的。后来，我在外面做事能够勇往直前，无后顾之忧，都是母亲的功劳。父亲去世不久，瑶姐刚从中学毕业，就出来做事，全家都很辛苦。到了1967年，大哥和我都在香港中文大学攻读，家庭渐趋安定。不幸，大哥突然患上脑癌，母亲又为大哥的病东奔西跑。为了办事方便起见，我们举家又搬往九龙。那时，大哥的病略有好转，我亦前往美国留学，母亲很是高兴，她总算看到了儿子慢慢成长。然后，我在美国做事，母亲更是高兴，来信要我早日结婚，处处为我打算。我结婚时，母亲还远涉重洋，特地来到美国参加我的婚礼，大家都很高兴。

由于母亲的悉心照顾和循循善诱，弟弟和妹妹们都长大成人而且很有出息。当时最令母亲担心的是大哥的病情。大哥在

父亲母亲

1968年开刀后，病情有好转。到了1979年，病情又突然恶化，我匆忙地将大哥接来美国治病。大哥在医院时，我们兄弟需要上班，不能随时探视大哥。母亲虽然英文不好，却不畏艰辛，每天转几轮公共汽车，前往医院陪伴大哥。大哥身体肥胖，母亲服侍极不容易，母亲却无微不至地照顾大哥，慈母之爱无处不现。那时，幸好儿女们都长大成人有出息，才稍慰母亲心。

1984年大哥去世，母亲非常伤心，特为大哥捐钱给医院作奖学金。大哥死后，母亲因儿女都长大成人，想过过清净的生活，便独自前往加州蒙特利市居住。因为无后顾之忧，生活比较轻松愉快，加上认识了一班好朋友，天天欢聚在一起。在蒙特利市居住的七年，母亲认为是她一生中最无挂虑的岁月。

母亲一共生有八个儿女，还有三个孙子，七个外孙。无论是家孙还是外孙，都很喜欢母亲，对母亲亦很亲切。常在电话中跟母亲聊天，将他们的成绩告诉母亲，或在电话中唱歌给母亲听，或绘画做手工送给母亲。母亲也抽时间前往各地探访他们，为他们打毛衣，做糕点。因为每个孙儿不仅成绩优秀，而且品格良好，母亲甚觉欣慰。

1990年母亲因身体不适，前往医院检查，发现患上癌症，时常疼痛难忍。虽然如此，母亲待人接物还是与平常无异。她常对瑶姐说：我虽然很痛苦，却常常提醒自己，不可因此而乱发脾气。直到逝去前，母亲还称道朋友们对她的友谊。所幸母亲逝世时，除大姐外，儿孙们都在她的身旁，母亲亦很觉欣慰。在中国人来说，人生七十古来稀。母亲能活过七十岁，亦可算是长寿。然而，她一生中任劳任怨地为丈夫、为儿女、为亲戚、为朋友尽了那么大的责任，晚年也只有七年比较享福的岁月。我们做子女的，不能很好地照顾母亲，早日发现母亲的病，使她能够多享几年清福，深感未尽孝道。

今日儿孙聚首，嘉宾满堂，大家都来同母亲告别，而母亲的睡容又很安详。我想，母亲若能知道大家对她的情谊，心中一定很欣慰。

近几个月来，梦中常常惊醒，数年来与母亲所经历的患难日子，历历在目，使我神伤而泪流满面。当年为了赶功课，睡眠不足，但还要早起上学，母亲叫我起床的声音，既温柔又不忍，确实不能忘怀。母亲病重时，想着孙子们，特别做了他们爱吃的年糕。然而，孩子们再也吃不到母亲的年糕了……

母亲，孩子们永远怀念你！

母亲与六个子女的合影

附录三 怀镇公老师[1]

　　十年前，我和弟弟成栋为父亲丘镇英的百年冥寿做了个纪念会，我写了一篇题为《那些年，父亲教导我的日子》[2]的文章，主要是回忆我童年的事情。转眼间十年又过去了，大妹妹成琪在大前年不幸患了癌症，没有处理得宜，前年去世了。先母临终时，我曾答应先母照顾好弟妹。琪妹之离开，虽非意外，但我还是觉得内疚。

　　两个月前，我从波士顿的家搬来一大批收藏已久的个人文件，里面有不少先父遗留下来的文字，虽然曾经多次阅读，重读之下，仍然使我感触良多。在这里，我展出他几首诗和书铭的墨迹，这些都是我童年时就熟悉的作品。

　　写于我三岁时的铭文[3]，虽只寥寥数字，但意味深长，它

1　本文原载于《数理人文》杂志第 21 期（2022 年）。编入本书时，编者略有修改。——编者注

2　《那些年，父亲教导我的日子》刊登于《数理人文》杂志创刊号。

3　1953 年 3 月作者父亲丘镇英教授写《海山楼主书铭》："违时则藏，时用则张；会凌绝顶，俯瞰万方。"详见《丘镇英教授文集》(丘成桐编著，浙江大学出版社，2010 年12 月，第 242 页）。

代表着先父的宏愿。他未遂之志，正由我们兄弟继续完成。国家正在复兴，希望我们能够完成一部分先父的志愿吧。六十年前，先父教我愚公移山篇"子又有子，子又有孙，子子孙孙无穷匮也"。这是中国人坚强不移的传统。华夏悠久的文明，虽有盛衰，但生生不息，蕃衍昌盛。

这几首诗[1]则是写于我七岁时。那年刚好搬家，新居靠山面海，四时风光，尽收眼底，那是我童年最快乐的时光。当时父母兄弟姐妹共聚一堂，乐也融融。我一直谨记在这段日子中父亲的教导，直到如今，它还深刻地影响着我的为学与做人。

陈耀南教授是父亲在中文大学任教时的学生。父亲去世四十年后，他写了一篇纪念文章，提到当日到我家和父亲交流的情况。文中也提到我的外祖父梁伯聪公。他是梅县通儒，前清秀才，创办梅县中学，育才无数。他又精通书画，是名画家林风眠的启蒙老师。他在父母新婚的赠诗中，有

---

1 这几首诗系作者父亲丘镇英教授所作《沙田寓居杂咏》之一（乙未盛夏于英霞别墅）："挈家难到到蓬壶，暂觅幽楼亦自娱。十里海潮看涨落，满林鸣鸟笑相呼。晚来溪溜疑风雨，日上山光似画图。待养天机真活泼，好教妙谛结吾徒。"
《沙田寓居杂咏》之二："夹山孤塔上斜晖，倦鸟知还向翠微。北去车声劳远梦，南来旅雁岂忘归。人天参透真疑幻，物我相残是亦非。可有苍生期再起，平生心事未应违。"
《续沙田寓居杂咏》（作于七月既望）："秋初虫语似弦繁，相和山泉出谷喧。隔岭偶传清磬响，前村时有远车奔。更残悄对松间月，劫后宁令梦旧痕。未许壮心悲伏枥，褐中扪虱向谁论。"前两首诗详见《丘镇英教授文集》（丘成桐编著，浙江大学出版社，2010年12月，第235页）。

"能使欧公让出头，眉山原不等庸流"之句，可见他对于父亲的期许。

嗟乎！父兮生我，母兮育我，养育之恩，昊天罔极！父亲逝世于五十六年前，母亲含辛茹苦，免我兄弟姐妹于饥寒，挺我兄弟姐妹以坚志，不幸弃养亦三十年矣。今日承父母遗志，教育后进，为国储才，岂敢有私？寸草微心，惟此而已。

丘成桐

2021 年 1 月

能使欧公让出头，

眉山原不等庸流；

双修福慧因缘足，

二十年方过九秋。

三十六七年了！丘镇英老师小小的客厅那镜屏上的开首几句，印象还是如此深刻。撰书者是丘老师的岳丈——应当称为"太老师"了。以感动当世文宗欧阳修的青年苏轼相期许，谅想新婚时的丘老师器宇不凡、风华正茂。1949 年前后，丘老师携妻儿家眷，迁居中国香港，传道授业。

我那时在马料水崇基学院念二年级，刚从化学系转入中文系，对文化思想一类科目兴趣浓厚，还修了丘老师的"西洋经济史"。那个时候，对很多事情的背景、真相当然不明白，只觉得丘老师身体似乎有点疲弱，不过教学很认真、很有条理，对我们这些不大懂国语、更不懂经济学的生徒，十分有耐心。但他那时在崇基并不是全职教师，且并不居于什么显赫位置，那般循循善诱令我们感动。

当然，只要全心敬业乐业，不论课节多少，在教育意义上就是"全职"老师。在大多数纯洁的青年人心目中，也不是院长、主任，才会让他们由衷敬仰。我当日就是和其他同学一样，满怀敬仰，在当时的交通条件之下，从港岛到沙田拜访丘老师，第一次看到那些诗句。

丘老师也像苏轼一般多才而又命途多舛，而有欧阳修的慧识雅量与影响力的人，在那个时候的大专界是很不容易找了。不过丘老师自己对于青年学生，还是尽力多所鼓励。1962年（壬寅）暮秋，我以所谓成绩最高毕业，却得不到母校半点栽培，本来不必进什么师范特别一年制，却也因为家境而进了。丘老师那时刚出版了他的大作《西洋哲学史》，也就送我一本，作为勉励。扉页上印了刘勰一千四百六十年前的名句：

嗟夫！身与时舛，志共道申。
标心于万古之上，而送怀于千载之下。

语出于《文心雕龙·诸子》，那时刚好在四年级念过，相当感动。当然更感谢殷殷厚爱的镇英老师。

丘老师对刘勰的名言其实也共鸣已久。他在中学时代，受胡

467

适、丁文江、张君劢等名家"科玄论战"的影响，对东西哲学研究发生兴趣，从此努力三十多年，深深感到国人多是一窝蜂地崇尚西化，但对西方文化骨干的"二希"宗教哲学传统所知甚少，或者先存偏见与成见，仅尝一勺，就以偏概全，炫人耳目。尊古典则无视现代，趋新颖则排击传统；崇精神则反对唯物，尚马列则侮蔑唯心。丘老师以为：心物本属同源，古今原为一脉。并且因为在大专教授本科十年，对学生来说，英语专著则卷帙浩繁，文字艰深；日文资料则无法浏览，中文参考书又寥若晨星，所以奋力整理研究所得，焚膏继晷，著成本书，中间累病了三次。不过镇英老师认为：如果国人因此而对西方文化明其短长，知所取舍，并且引起对中华文化的再检讨，就不负他的初心了！

学术的使命，生活的担子，实在令丘老师过于劳瘁。拜领赠书后不久，就惊闻老师遽归道山的噩耗。可憾自己那时出身未几，没有尽什么绵力，每次想起都惭恨不已。寂寞当时名，萧条身后事，上天似乎真真薄待了丘老师！

老师的长公子那时还在初中，好在不久就知道他崭露头角，从崇基数学系以惊人优绩升学美国；再一个不久，就成了驰誉世界、获得很多荣衔的数学大师，德门有后，我这半个不肖的旧学生，十分欣慰，相信镇公老师在天之灵，就一定更欣慰了。

去年香港回归，崇基校友会也组织全球校友回归母校，并且嘱咐我在七月二日的感恩崇拜中做个见证，因此而在当日午餐中见到名满天下而谦诚朴实的成桐教授，彼此晤谈甚欢，归澳洲后，我把丘老师题赠字迹影成桐教授留念，承诺撰写本文，实在是一个荣幸的任务！仅以此纪念长在敬仰怀念中的丘老师！

香港大学中文系退休教授　陈耀南

1998 年 2 月 24 日于澳洲悉尼

编后记

丘成桐先生是一位享誉世界的当代数学巨擘。近半个世纪以来，他深刻地影响着数学和物理学科的发展；而且，这种影响仍在持续中。"这个从汕头来的穷孩子"，是怎样一头栽进了对自然奥秘的探求，又有幸在其中有所得着的呢？[1] 这个问题指引编者历经十多年，阅读和思考丘先生阐述为人、治学、报国的大量文章，精辑丘先生自 20 世纪 80 年代至 21 世纪 20 年代的重要演讲和文章，编成本书。在这个过程中，感受和体会颇多，编者聊借此文一抒胸臆。

缘起：真美十年待大师

编者与丘先生的缘分要追溯到 2011 年。

---

1 《我的几何人生——丘成桐自传》，译林出版社，2021 年 3 月。——编者注

2011 年 10 月间，编者正在编辑黄且圆 [1] 教授的著作，其中有篇《丘成桐：追求数学的真与美》的文章，朴实恬静地讲述丘先生几十年奋力追求数学至真至美的瑰丽历程，令编者感佩不已。在黄且圆教授的笔下，丘先生与现代文坛巨擘沈从文先生之间的故事，让人印象深刻。20 世纪 80 年代初丘先生访问北京，专程去拜访他久仰的沈老。他们见面时，沈已年近八旬，丘时年30 出头。两位年龄相差近半世纪，深耕在不同领域的大家，因为美的追求，他们跨越时空，跨越专业，成为"何时一樽酒，重与细论文"的忘年交。沈先生觉得，文学是捕捉美的圣境，并用文字将它保存下来。这次见面时，沈先生早已改行研究中国古代服饰，久不从事文学创作。他草书一幅字赠给丘先生。没想到的是，这幅字竟成沈老的绝笔。

此前，编者耳闻已久的是丘先生在数学上的天才成就。看了黄且圆教授的文章后，才知道丘先生文史修养精深，幼承庭训，熟读经典。大学时养成睡前阅读《史记》二三十分钟的习惯，沿袭四五十年而不变。他的夫人甚至说，丘的文言文比白话文好。随后，编者找来《丘成桐诗文集》。果然，丘先生古体诗赋俱

---

1 黄且圆（1939—2012），中国科学院软件研究所研究员，曾任《数学进展》杂志常务编委，中国数学会逻辑专业委员会主任。清华大学水利学家黄万里先生长女，著名民主人士黄炎培长孙女，著名数学家杨乐院士夫人。出版专著《线性逻辑》。晚年致力于科学家人文精神的研究、写作和传播，撰写陈省身、丘成桐、孟昭英、胡先骕、彭桓武、王元、黄万里等著名科学家人文传记，深受好评。2013 年编者将这些科学家传记辑成《大学者》一书由科学出版社出版。——编者注

佳，意境宏大，感情丰沛，文采斐然，坦诚生动。

当时，编者正与一知名出版社合作，编辑科学家的人文精神丛书，旨在倡明科学精神，科学与人文相辅相成，两翼齐飞。丘先生的文章意境高远，可读性佳，感染力强，颇值得向读者推荐。自然而然地，编者在拟编丛书的目录中增加了丘先生的名字，当然他的导师陈省身先生也赫然在列。之后，编者尽己所能地搜集丘先生撰写的文章和接受媒体的访谈报道，将这些材料归纳整理成独立的文档，同时在酝酿书的主题思想。其时，丘先生正在清华大学筹建丘成桐数学科学中心，在哈佛大学工作之余就会来北京。编者想等书稿和主题成熟时，再找机会去拜访丘先生。

随后国内刮起万民创业风，编者随风而动，按下编辑书稿的暂停键。此前所做工作都放到了一边。不过，人生的因缘际会实在是奇妙，心有善念必有回响。2019年，编者却因创业项目的缘故，有幸识得丘先生的哈佛博士弟子、清华1989级计算机系高才生顾险峰老师。顾老师是纽约大学石溪分校计算机教授，在丘先生的指导下，开创出计算共形几何的数学新分支。承蒙顾老师引荐，当年6月10日编者居然有幸拜见丘先生，赠送《一个时代的斯文：清华校长梅贻琦》（2011年首版）给他。

两周后，丘先生再约编者到清华园，专门讨论梅校长。他开门见山地问怎样看梅校长。编者说，梅校长是20世纪伟大的教育家，他把西方教育思想与中国传统文化完美地结合起来，并在中国的土地上开花结果。丘先生说，胡适曾做过北大校长，也是一位教育家。编者说，胡适先生是领风气之先的思想家，重在思；梅校长是行胜于言的教育家，重在行。在偌大的清华园里认真地探讨梅校长，编者此前只与校史权威黄延复和百岁哲人何兆武两位先生深聊过，他们都与梅校长颇有渊源。黄是研究梅校长的大专家，何是梅校长西南联大时的学子。因此，这次与丘先生的见面，编者内心满是感动。

没想到，一周之后，丘先生写了一篇两千多字的《〈一个时代的斯文：清华校长梅贻琦〉读后感》，以独特的视角，解读梅校长通才教育思想。他指出，在当时大学普遍重理工应用的氛围下，梅校长讲究基础学科和应用研究的相辅相成，在内忧外患的艰难环境下，既保护了清华人文社科的薪火，更推动了清华数理学科的发展，将清华办成"一所兼容并蓄的伟大大学"。丘先生这么用心地解读梅校长，编者甚为感念。这大概是真正教育家之间灵心相通吧。丘先生一直在发现真理，而梅校长一生在实践真理。他们都纯粹地热爱真理，无私地作育英才，对民族、对国家、对人类贡献巨大，是中国知识分子的典范。丘先生和梅校长分别用各自的方式，向人类展示真理。他们是人类文明的脊梁。

因着编者在交谈中告诉丘先生，梅校长抗战时期的一部分日记流出清华，被西泠印社拍卖了，下落不明。丘先生在这篇文章里呼吁：梅校长日记"是历史的见证，不应该成为商品，希望收藏家捐献出来"！意想不到的是，没过多久，丘先生居然寻到梅校长日记的藏家，并将藏家引荐给编者。在这样寥寥有数的交往中，编者深深感受到丘先生这位学术大家的待人接物，坦诚明了，豪气仗义，让人如沐春风。

2019年上半年，编者修订《一个时代的斯文：清华校长梅贻琦》，原计划赶在12月底梅校长130周年诞辰之际出版。丘先生年少时曾习过柳体书法，编者虽未在书法上用过功，却偏爱柳体，喜欢那股劲道的风骨。所以，编者期待丘先生能在百忙中拨冗挥毫题写书名，这对所有喜欢梅校长的读者来说，都是一种鼓舞。丘先生初以"书写不行，难登大雅之堂"而婉拒。但令人开心的是，在编者的努力下，他最终答应题写。

丘先生确实是独辟蹊径的大师，他题字方式也与众不同。他用毛笔在每张宣纸上一个字一个字地写出来，有一两个字他可能觉得不满意，还写了两遍。每个字写得工整遒劲，颇有柳体神韵。他不拘一格的题写方式，不辞烦琐的认真精神，如无言身教，令人体会到大学者的境界与谦卑。

2020年5月底，丘先生从美返华，因新冠肺炎疫情防控而在广州隔离后回到北京，准备参加北京雁栖湖应用数学研究院成立大会。他应北京市市长陈吉宁之邀，出任院长，主持数学科学基础和应用科学发展事业。6月10日，丘先生因事邀编者赴雁栖湖共进午餐。席间编者说，想做一本弘扬丘先生学术思想和科学精神的书，鼓励人们热爱数学，献身科学，追求真与美。计划2021年出版，借此纪念他的母亲100周年诞辰（1921—2021）、父亲110周年诞辰（1912—2022）。同时，以编者的专业能力，聊以敬谢丘先生给予的信任、鼓励和帮助。丘先生笑着说：这有些难度；不过，你可以试试看。之后，丘先生在清华园约见我，就本书的编辑提出了中肯的建议。

从暗自起意编书到当面向丘先生说出来，这一路行过了十个年头。回顾起来，一切都恰恰美好。

立言：算筹玄妙自功高

丘先生是一位大学者。学术立言，是学者的本分，古今中外，概莫能外。与许多人一样，编者最初了解丘先生，是从他耀眼的数学成就开始的。丘先生在学术上的贡献是多方面的，读者阅读本书，可以了解得更具体更全面。编者在编辑这些文章的过程中，深感自己对于数学所知太少，不能更好地评价丘先生，但可以择其印象最深者略为介绍。

丘先生少年成名。在香港中文大学提前一年毕业，20岁时即赴美国名校加州大学伯克利分校留学，师从微分几何大家陈省身先生，仅两年时间即获得博士学位，时年22岁。

1976年9月，经过六年锲而不舍的潜心研究，年仅27岁的丘先生完美地证明出卡拉比猜想，构建出卡拉比—丘空间，使得人类对宇宙模型的思考从四维空间上升至十维空间，极大地拓展了人类探索宇宙奥秘的无垠疆域。

卡拉比猜想及其证明，源于丘先生对爱因斯坦广义相对论的持续兴趣和深刻洞见，从而也揭开了物理学弦理论的大幕。著名物理学家、美国哥伦比亚大学教授布莱恩·格林断言："宇宙的密码，也许就刻在卡拉比—丘空间的几何之中。"

1978 年 10 月，29 岁的丘先生和他的学生孙理察（Richard Schoen）合作，用极具技巧性的反证法，创造性地证明了爱因斯坦广义相对论中的正质量猜想。这项成果表明，宇宙质量大于零。他们用高超的数学智慧，洞悉出宇宙深邃的玄秘——人类并非生存在宇宙的"无底洞"里。换句话说，他们"拯救"了宇宙，让人类确信世界"有底"，不会跌入质量的"深渊"（小于零）。

1983 年，丘先生和孙理察基于广义相对论的严格推导，发表文章《物质聚集形成黑洞的存在性》，从数学上证明了黑洞的存在。这一数学证明有多重要？2020 年 10 月，诺贝尔物理学奖颁给了英国物理学家罗杰·彭罗斯、德国科学家赖因哈德·根策尔和美国科学家安德烈娅·盖兹，因为"他们发现了宇宙中最奇异的现象之一——黑洞"。

由于在数学上的卓越成就，33 岁的丘先生获颁 1982 年菲尔兹奖。这份数学界的至高荣誉，每四年才颁发一次给全球 40 岁以下最杰出的数学家。

丘先生不仅是几何难题的"清道夫"，更是开创新领域、创造新技巧的旷世高人。数学大师尼伦伯格（Louis Nirenberg）说："他是当今世界上最伟大和最富创造力的数学家之一。丘对世界的贡献和影响是非凡的。"

丘先生开创性的几何分析研究，尤其是卡拉比—丘空间，深刻地影响着近四十年来物理学重要方向——弦理论。1995 年他与学生连文豪、刘克峰合作，证明了弦理论学者提出的镜对称猜想，被称为十几年来"最激动人心的数学发现之一，它开创了数学与理论物理紧密交汇的时代"。哈佛大学物理学教授 C. Vafa 说："丘与合作者的工作对理论物理，特别是超弦理论有重大影响。卡拉比—丘空间是当今弦理论学家的必备工具。"

丘先生还是一名领袖群伦的大师。1979 年 8 月至 1980 年 4 月，他在普林斯顿高等研究院主持几何分析特别年活动，他面对全球著名几何学家，高屋建瓴地发布了 120 个亟待解决的几何学问题作为闭幕词。这些问题深刻影响着几十年来几何学的发展。如今，全球数学家们已解决其中 30 多个问题，其他难题尚待攻克。这一幕情景，谙熟数学史的朋友是否会忆起 1900 年德国大数学家希尔伯特，在巴黎数学大会上提出 23 个著名问题的高光时刻？

2010 年，因把"偏微分方程、几何和数学物理以崭新的方法共冶一炉"，丘先生荣获数学界终身成就奖——沃尔夫奖（Wolf Prize）。

向来心性孤高的著名物理学家杨振宁先生也不吝赞言："丘成桐教授是当今世界上的领袖数学家。他对数学和物理学都做出了第一流的、持久的贡献，在顶尖数学家中独树一帜。"

由于在数学上的非凡创造和卓越贡献，丘先生已荣膺了数学领域几乎能够得到的所有大奖。1997 年时任美国总统克林顿给他颁发美国国家科学奖。1994 年瑞典皇家科学院颁发克拉福德（Crafoord）奖，这个奖项是为了弥补诺贝尔奖没有数学奖之憾而设立的。近年来，考虑到丘先生以数学为工具在物理学上的突出成就，应该有学者在期盼：诺贝尔物理学奖离他还会远吗？

立功：家国兴荣一任重

　　丘先生不仅仅是一位学者。在编辑本书的过程中，丘先生的母邦情怀和家国贡献，给编者留下极其深刻的印象。丘先生身上的文化基因，喷涌的故国情感，做出的家国贡献——学术立身，育人传世，矢志推动祖国科学进步，无私培养顶尖人才，他堪称时代楷模。在价值多元化的时代，爱国和报国，是人们时常论争的谈资，甚至因看法不同而相互谩骂。如果这些人了解丘先生的所作所为，就不会将时间和精力浪费在不经思考、大而无当的论争上，而应该知道自己如何为这片热土做些什么。

　　许多人也许会说丘先生是不世出的天才。丘先生在书中明白告诉读者，他自己一直很警惕"天才"的说法。他年幼时并不像人们想象的"神童"。因为入学考试不理想，他只能去僻远的乡间小学读书。小升初考试，他的成绩没能通过公立中学录取线，勉强考上私立名校。中学后他开始"脱胎换骨"。到了初二，他开始"尝到数学的真正滋味"。欧几里得几何由五条简单的公理出发，竟然能走得那么远，证明出那么多的定理，令他"神奇得说不出话来"。中学毕业，他考入香港中文大学数学系。只是他在中学培养起来的数学兴趣，在大学里幸得名师激发而发扬光大而已。而真正让丘先生大开眼界，并促使他后来大放异彩，是他到伯克利念研究生之后。

丘先生一生都是顺境吗？答案是否定的。幼年经时局巨变，举家辗转困顿；少年遭父亲英年早逝，雪上加霜；青年时遨游数海，直面最难，孤寂冥思；成名后诱惑如云，变幻莫测。尤其是14岁时父亲去世，对于脆弱贫困的家来说，就像天塌下来一样，甚至亲娘舅要他辍学跟学放鸭谋生。这是他一生最暗黑的日子。然而，真正的强者，从不向困厄屈服，苦难是强者登高的台阶。父亲的教诲和母亲的坚强，让他突然间长大，"是时候掌握自己的命运了"。为了减轻母亲的负担，十四五岁的他在课余时间去做家教。日后丘先生做学问，不畏艰难，不惧威权，坚韧不拔，而又能苦中作乐，天马行空，都是从这段艰难日子训练出来的。

丘先生对母邦的感情感人至深。"我一生最大的愿望就是帮助中国强大起来。"丘先生如是说，"中国要成为经济强国，首先必须成为科技强国，而数学是科学之母，中国只有成为数学强国，才能成为科学强国。"他这样说是有底气的。世界数学大师辛格曾这样评价他："即使在哈佛，丘成桐一个人就是一个数学系。"

1979年夏天，丘先生首次踏足北京，激动得"俯身触摸祖国的泥土"，率性真情的他以独特别致的见面礼致敬祖国。这次故国之旅，他受到巨大的震撼。他暗下决心一定要为当时贫穷落后的祖国做些事情。40多年来，丘先生为祖国这片热土做了些什么呢？

2020年6月12日，在北京雁栖湖应用数学研究院成立典礼上，丘先生豪情满怀地说："现在是中华民族兴起的最好时刻，我本人也愿意将全部时间投入到中国基础科学和应用科学的发展。"兴之所至，他当场赋诗《愿请长缨》：

遥望长城意自豪，风云激越浪滔滔。

雁鸿东返安湖泊，骐骥西来适枥槽。

家国兴荣一任重，算筹玄妙自功高。

廉颇老矣丹心在，愿请长缨助战麈。

这是丘先生在中国的第八份义工。前七份分别是香港中文大学丘成桐数学中心、"台湾交通大学"丘成桐数学中心、台湾大学理论科学中心、浙江大学丘成桐数学中心、中科院晨兴数学中心、清华大学丘成桐数学科学中心、东南大学丘成桐数学中心。虽然在中国做了这么多的事业，但他没有拿过国内一分钱薪资和报酬。甚至有时连差旅费，他都自掏腰包。他曾跟我说，自己是哈佛大学教授，已有一份薪水，够花了。所以，编者曾在一篇小文中把这些事业称之为丘先生的"义工"服务。

早在 1996 年，丘先生就为中国科学院筹得 1600 万元巨款，建起晨兴数学中心。中国数学重镇自此有了现代化的办公环境。是年 6 月，在中科院晨兴数学中心动工仪式上，他说："作为数学家，我们追求的不是财富，也不是千秋万代的权力，这些东西终究不免化为粪土。我们追求的乃是理论和方程，它们带领着我们在寻求永恒真理的道路上迈进。"

他和恩师陈省身先生一起，将 2002 年世界数学大会搬到北京来。这是百年来中国数学家们第一次在家门口，欣赏到瑰丽的世界数学最高峰。为了让中国数学与世界数学紧密相连，让中国数学家有更多机会与世界数学大咖同台切磋，他倡导发起世界华人数学家大会，并设立华人数学最高奖——晨兴奖，大会每三年举办一次，至今已经成功举办了八届。

选才育人是丘先生服务母国的另一大手笔。他担任哈佛大学数学教授35年，后又兼任哈佛大学物理教授，这是哈佛大学数学系建系150年来第一位数学物理双聘教授。作为一名数学家和教育家，自23岁开始指导博士生和博士后以来，丘先生已经培养出了70多位数学博士和博士后，大部分学生都已成长为世界级知名数学家。其中，50多位是华人学子。

2021年4月，经中央特批，清华大学成立求真书院，丘先生担纲院长。他力邀剑桥大学著名数学家、2018年菲尔兹奖得主比尔卡尔（Caucher Birkar）教授全职来清华任教，与他一起集全球顶尖数理大师，用独一无二的八年本博连读的育人模式，因材施教，为祖国培养具有通识水平的、世界一流的数学精英。2022年4月，他全职在清华担任丘成桐讲席教授。

如今，丘先生最开心在国运昌隆的时代，能够做求真书院这件最重要的人生大事，集天下英才而育之，提升中国数理水平，领导世界数学潮流。2009年他刚到清华时，清华的数学水平在世界排不上号。10年后，清华的数学水平已经跻身世界前列。5年后，清华将成为世界数学研究重镇之一。对此，丘先生豪情满怀，人们更是充满期待。

今年73岁的丘先生在清华园里，云集世界一流的学术大师，引领一群才华出众的年轻人，奋力地耕耘在数学和物理的两大基础领域。他那颗探索宇宙真理的赤子之心，指引着人类迈向玄妙的超弦世界。数学是他周游大千世界的通行证，更是他探索自然奥秘的工具。没有人知道丘先生能够助力人类在浩瀚无垠的数理世界走多远。

立德：丹心常明映真理

丘先生以学术立言、为家国立功，令人敬佩。不过，最让编者崇敬的是，他勇于追求真理的求真精神。随着时间流逝，学术或许会更新进步，就如欧氏几何发展到黎曼几何一样，人类探索自然的工具在进步，学术理论自会有所迭代。因着时空转换，家国的观念也可能有所不同，就像封建时代与民主时代，人们对国家的看法也会有变化。然而，人类追求真理、追求理性、追求价值的努力，从未改变过。丘先生的赤子之心，树起的德业丰碑，就闪烁着永恒的人性光辉。

在数学王国里，丘先生纵横捭阖，天马行空，自由自在。2006年10月，美国《纽约时报》刊发长篇报道，盛赞丘先生为"数学国王"。然而，在现实社会里，这位"国王"就面临着不少困惑。

真诚和纯粹，既是丘先生发现数学真理的利器，也是常陷他于学术江湖泥淖的推手。纯粹的人，自然以纯粹的眼光看人看事，喜欢和纯粹的人相处。然而，无论是居庙堂之高，还是处江湖之远，人性是复杂多样的。因此，丘先生直面各色人性的诘难，远比攻克数学难题的挑战大得多。

丘先生为人坦诚，耿直率真，遇到看不惯的事情，常常像揭穿"皇帝新衣"的孩童那样"天真"，自然得罪了不少学界"大腕"。他几十年来不计个人得失，无私无悔地支持祖国科学发展。因此，对于那些捞金钱、捞资源、往上爬、不做真学问的学人，丘先生总是毫不留情地尖锐批评。他希望国人能够站在更高的舞台场上以更大的胸襟，追求人类更高远的价值，推动科学进步，促进中国现代化。

在谈到国内的学术和教育问题时，他一针见血地指出：大多数学术研究只重视应用，忽略基础研究；只重视个人得失，根本不知探索真理的重要性。

中国学界有时候过于重视人情世故，他颇感困惑。对于科学界老人"当道"的普遍现象，丘先生鼓励和支持年轻人敢于挑战权威。他呼吁国内学界应给予年轻人更多的创造性空间，允许年轻人能按照自身想法"另立门派"，从事科学研究，而不是让学生完全依照导师路径。

他曾批评传统文化不合时宜的内容，引导年轻人培养不畏权威的创新精神。他说："不单单走前人走过的路，还要走一条有意义的路！"中国人几千年来，都重视孝道文化。孔子说："三年无改于父之道，可谓孝矣。"丘先生不无遗憾地指出："这样的孝道后来发展成对老师及其派系的盲从……在寻求真理的路径上，大部分人都不愿意偏移对于某些老教授的盲目尊崇，即使这些老教授已经几十年不做科研，只在说一些空洞的话。"因此，他提醒道："科学史上记载的重要工作，都是在巨人的肩膀上完成的。所以我们要在巨人肩膀上走出新路来，路固然是由我们自己去摸索。但是最重要的是走出一条有意义的路，这条路必须能够更深入地了解大自然。"

他跟随导师陈省身先生攻读博士学位时，就没有沿袭陈先生微分几何的方向，而是另辟蹊径，直至开创出几何分析大道。他至今仍然感念恩师："陈先生真是伟大，对好的学问愿意兼容并蓄。当我的研究进展顺利时，他开始改变他的看法。"丘先生觉得，这样宽怀的中国学者并不多见。中国科学的崛起，需要年长的学者都有这样的胸襟。

他对于陈先生的评价始终热烈而客观，但"吾爱吾师，吾更爱真理"。在丘先生看来，陈先生就如毕达哥拉斯和数学史上那些传奇人物一样，在"那群人中自有突出的地位"，其贡献将流芳百世。不过，由于率真的个性，他坦言，陈先生耄耋晚年的工作意义不大，不宜与年轻时所做工作相提并论。他没有"为尊者讳"，也无惧被陈先生颇有影响的家人误会，让被神化的陈先生重新回到人间。编者私心以为，他对恩师中肯理性的评价，其实使陈先生的形象更加真实伟岸；青出于蓝而胜于蓝，以更杰出的学术成就回报师恩，这才是创造了世界数学史上一段真正伟大的师生佳话。

善果：学问至境真与美

在反复体会丘先生文章的过程中，编者越来越感受到：真与美，是丘先生对数学本质的深刻洞见。书中文章反映出丘先生学术以追求真理的科学精神为价值，人生以家国天下的儒家文化为皈依。他是一位中西合璧的君子，体现出真善美的至高境界。真善美是人类永恒的价值追求。虽然只有三个字，却是世界上一切信仰的大经大法。大道至简，就如数学定理一样，越重要越简洁越美妙，人们所熟知的勾股定理即如此。经过反复斟酌，编者将《真与美》定为书名，旨在反映丘先生追求真理与美好、献身科学、致力长远价值，直至抵达理想的至善彼岸。

编者将这本文集按真、善、美三个维度，以"真兮，无问西东""美矣，万古心胸""善哉，天地立心"分别为主题展开。

"真兮，无问西东"是丘先生谈数学认识和研究体会。数学贵在求真，追求真理是数学的使命。探索宇宙奥秘与真理，是科学家们的初心。真理具有普适性，不因时空而改变，因此，需要有无问西东的胸襟，去发现真理。

在这一部分章节里，读者可以感受到丘先生完美的数理人生和数学的美感，以及学习数学的秘籍——热爱和用功。丘先生自从学平面几何之后，学会推理的方法，可以从简单的定理推导出复杂的结论，这让他兴趣盎然。"从古到今，数学家都是为了找寻真理，找寻美的境界而努力不懈。向来真正好的数学或有深远影响的数学，即使在开始研究的时候是从美学的观点出发，但结果无不和现象界有密切的关系。"世界上没有一种学问是不花功夫，就可以得到很好的结果，根本没有什么可以不用功的天才。因此，丘先生提醒读者，下苦功夫练习基本功是学习做学问的第一步。如果要持续不懈地跋涉在学术道路上，就必须培养起兴趣和求真精神。"寻找真理的热情就如同年轻的恋人追慕自己的对象一样。"而且无论是谁，在真理面前，必须要谦卑，努力学习。以大自然为师，才可能做出第一流的学问。

"美矣，万古心胸"是丘先生谈数学史。波澜壮阔的数学发展历史，丘先生高屋建瓴地娓娓道来，让读者感受到不仅是数学的美妙，还有人类不断发现真理的伟大力量——它通过数学发现所展现出的美感和历史感，增进读者的使命感，使读者有更博大的胸怀去拥抱未知的世界。

这一部分涉及数学专业知识，增高了阅读门槛。尤其是首篇《数学史大纲》，煌煌万言，中英对照，从古希腊数学家泰勒斯起谈到21世纪舒尔，上下2600多年。若没有相当的数学功底，自然会有阅读障碍。编者思之再三，仍将此文辑入本书。其一，想请读者感受下丘先生做大学问的万古心胸，人类几千年数学发展史烂熟于心，每一阶段里程碑式的数学家及其精当的学术评价如数家珍，知往鉴今，展现出当代数学宗师学广、思邃、识深的风范。其二，这篇文章中出现的数百位大数学家，群星闪耀，照亮人类数学思想的天空。编者本想逐一做出注解，可发现工程浩大，且会占据本书巨大篇幅，难免有买椟还珠之嫌，干脆将之留给有心的读者考证。再者，一般学者没有宏观的数学思想，不知道数学有一个多姿多彩的历史，只看到数学的部分面貌，很难做出传世的工作。好的数学家需要知道数学的重要概念如何演进。丘先生确信，一旦人们了解数学发展的根源，就更能理解当今数学的发展。因此，他现在给清华求真学院学子系统地讲授数学史。

读史使人明智。一方面，在浩瀚的宇宙中，人类只不过是一颗微尘，因此不能妄自尊大，必须学会谦卑和敬畏，抛弃无敌和倨傲；另一方面，人类尽管渺小，但从古至今，有毕达哥拉斯、欧几里得、阿基米德、伽利略、牛顿、笛卡尔、欧拉、高斯、黎曼、麦克斯韦、庞加莱、希尔伯特、爱因斯坦、外尔、陈省身、丘成桐……这样的天才引导，倍觉人类荣耀，不必妄自菲薄。

"善哉，天地立心"是丘先生谈学问价值。学问价值，重在开化世道人心。天地本无心，仁者立之，以善为根，万物因此而安所遂生，各行其道，各美其美。丘先生强调数理与人文的融合，是洞察了数理的工具性和人文的价值性。只有将二者完美地结合起来，才能使工具发挥出更大价值，使人文具有更强的力量，创造出人类进步的更大善果。这是中国数十年来强调专业教育而忽视通才教育所亟须匡正的理念，是一把解决"大师难题"的金钥匙。

人生一世，草木一秋。有人探索自然的真和美，有人寻求心灵和自然的交流，有人致力建立美好和谐的社会。自强不息，止于至善，这样才不枉此生。因此，丘先生告诫弟子："我们所谋者大，是要为数学创造新的天地。"他建议："以天为师，可以明天理，通造化；以人为师，可以致良知，知进退。"一个好的学者，需要不断地观察大自然的现象，从人类累积得来的经验中寻找天地的定律，加以验证、归纳和演绎，循环不息，才能成就大学问。真和美是整个过程最客观的导师。

结语

2021 年是丘先生母亲梁若琳女士百年冥诞，2022 年是丘先生父亲 110 周年冥诞。他一生尊仰双亲，与父母感情深厚，常在文章中坦露肺腑之言："几十年来我研究几何空间上的微分方程，找寻空间的性质，究天地之所生，参万物之行止。乐也融融，怡然自得，溯源所自，先父之教乎。""我在外面做事能够勇往直前，无后顾之忧，都是母亲的功劳。"本书的编选完成恰与这时间相合。冥冥之中，必有天意。也许本书可为丘先生祭献父母双亲的礼物，精神不朽，诗书传世。

这本书能够顺利与读者见面，编者需要特别感谢顾险峰、邓宇善、牛芸、张蕾等老师和桂延智同学的鼓励和无私帮助！尤其邓宇善和牛芸老师在专业内容上的把关，丰富了编者对丘先生学术思想的理解。感谢丘先生著作版权代理顾问秦立新博士的慷慨授权！当然，北京胡杨文化公司何崇吉先生与团队的专业奉献，功不可没。

作为编辑，编者深深感佩丘先生探索真理的求真精神，研究学问的唯美态度和家国情怀的至善境界，能采撷人世间文字珍宝成书，与读者朋友共享，既是责任所在，更是人生快事。全书所选编文章的时间跨度达 40 年之久，前后文风也略有不同，可字里行间闪烁着作者的求真、达美、至善之心，则一以贯之。编者在此仍想提醒的是，书中部分文章是丘先生多年前的演讲，内容与当时的社会环境和背景有关。时移境迁，若以现在的眼光机械地解读，难免会有刻舟求剑之虞，更不能断章取义，落入盲人摸象之窠臼，误解丘先生为国为民的拳拳之心和殷殷之情。

尤令编者感动的是，丘先生在百忙中仍然拨冗审阅书稿和清样数遍，指导编者订正错讹，完善内容。丘先生精益求精，止于至善，行无言身教，编者受益匪浅。丘先生特为本书撰写雅致的序文，倡明真美心志，字里行间浸透着他对父母双亲的深情厚谊，编者感怀不已。

撰写这篇编后记时，恰逢清华老校长梅贻琦先生逝世 60 周年。丘先生称梅校长是 20 世纪中国最伟大的教育家。两位大师年龄相差一甲子，术业各不相同，却在思想上高度共鸣，令编者叹服。梅校长的大学，是大师的大学。梅校长走了，大师也走了。人事有代谢，文脉续华章。丘先生来了，大师也来了。薪火相传，继往开来，这是致敬一代教育宗师最好的方式。

钟秀斌

2022 年 5 月 19 日于北京月涵斋

图书在版编目（CIP）数据

真与美：丘成桐的数学观 /（美）丘成桐著. —— 南京：江苏凤凰文艺出版社, 2023.8（2024.5重印）
ISBN 978-7-5594-7841-2

I. ①真… II. ①丘… III. ①数学 – 文集 IV.
①O1-53

中国国家版本馆 CIP 数据核字 (2023) 第 120155 号

真与美：丘成桐的数学观

[美] 丘成桐 著

选题策划	钟秀斌　何崇吉	
选　编	钟秀斌	
责任编辑	白涵	
特约编辑	介晓莉　杨子铎	
营销编辑	舒宜文　黄婉蓉	
装帧设计	FBTD studio	
出版发行	江苏凤凰文艺出版社	
	南京市中央路 165 号，邮编：210009	
网　址	http://www.jswenyi.com	
印　刷	北京中科印刷有限公司	
开　本	880mm×1230mm 1/32	
印　张	15.75	
字　数	300 千字	
版　次	2023 年 8 月第 1 版	
印　次	2024 年 5 月第 3 次印刷	
书　号	ISBN 978-7-5594-7841-2	
定　价	88.00 元	

江苏凤凰文艺版图书凡印刷、装订错误，可向出版社调换，联系电话 025-83280257